光电信息科学与工程专业实践教程

主　编　张维光

副主编　段存丽　陈　阳

西北工业大学出版社

西安

【内容简介】 本书包括光电信息科学与工程专业实践教学概述、专业实践项目、编程能力进阶及典型工程技术开发示例四篇。第一篇从新工科专业人才培养理念出发,分析确定专业实践教学环节的教学目标,同时介绍实验项目设计思想与组成结构。第二篇从内涵出发,对专业实践项目进行分类介绍,实验项目全部具有综合性和设计性,有的实践项目具有多学科交叉特征。第三篇以培养学生信息处理算法实现及系统集成软件开发能力为目标,引导学生完成第一个算法程序和第一个集成软件开发,循序渐进地使学生掌握算法实现和集成软件开发技能。第四篇以集成软件系统开发、可见与红外光学系统设计为例,向学生展示工程项目设计的研究结果,引导学生完成大型专业工程项目,提升项目研究的工程能力。

本书可作为高等学校光电信息科学与工程、测控技术与仪器等专业本科生及研究生的实践教学环节教材或自学教材。

图书在版编目(CIP)数据

光电信息科学与工程专业实践教程/张维光主编
. —西安:西北工业大学出版社,2021.5
ISBN 978 - 7 - 5612 - 7758 - 4

Ⅰ.①光… Ⅱ.①张… Ⅲ.①光电子技术-信息技术
-高等学校-教材 Ⅳ.①TN2

中国版本图书馆 CIP 数据核字(2021)第 097141 号

GUANGDIAN XINXI KEXUE YU GONGCHENG ZHUANYE SHIJIAN JIAOCHENG
光 电 信 息 科 学 与 工 程 专 业 实 践 教 程

责任编辑: 朱辰浩 孙 倩 王 尧		**策划编辑:** 孙显章	
责任校对: 朱晓娟 董姗姗		**装帧设计:** 李 飞	

出版发行: 西北工业大学出版社

通信地址: 西安市友谊西路 127 号　　　　　　邮编:710072

电　　话: (029)88491757,88493844

网　　址: www.nwpup.com

印 刷 者: 陕西宝石兰印务有限责任公司

开　　本: 787 mm×1 092 mm　　　　　　1/16

印　　张: 18.625

字　　数: 489 千字

版　　次: 2021 年 5 月第 1 版　　　　　　2021 年 5 月第 1 次印刷

定　　价: 48.00 元

前　言

　　新工科是基于国家战略发展新需求、国际竞争新形势和立德树人新要求而提出的工程教育改革方向,是对"互联网+""中国制造 2025"和"一带一路"等国家重大战略的积极响应,是面向国家和产业的重大需求与科技重大需求问题而提出的人才培养新战略。新工科建设应基于对专业相关技术领域"新业态"的深入分析,其人才培养应具有前瞻性,应面向未来新技术创新需求。在新工科建设与一流专业建设背景下,如何对传统工科专业升级改造,以达到新工科人才培养要求,是新工科建设需要研究的问题。本书以光电信息科学与工程专业综合实践教学为载体,重构专业综合实践教学体系,在实践过程中引入具有未来新技术内涵的工程项目开发思想,增强实验项目专业知识与实践技能之间的纵向支撑和横向联系,便于形成培养学生实践能力的合力,同时有利于学生工程意识、实践技能和创新能力的培养。

　　本书根据西安工业大学办学定位及专业特色,拟定以"新型光电成像及机器视觉人工智能技术""光场滤波调控与全息技术""光纤传感与高能量超短脉冲激光技术"和"基于光电信息传感的瞬态量测试技术"四方面的工程项目与核心技术研发为目标,对实验项目进行分类、分层次设计与构建。实践项目分为专业基础实验项目、专业综合实验项目、面向市场需求的工程项目开发和具有未来新技术内涵的工程项目开发四个层次。每个项目参照工程教育专业认证标准,确定学生做完实验需达到的知识目标与能力目标。实验项目原理是对相关专业理论的深入分析与高度概括,便于学生自学并深入理解与分析。通过明晰项目能力培养目标与各实践项目目标之间的关系,希望学生熟悉各专业知识与技术之间的联系与相互关系,提升对实践教学目标的认识,提高学习的主动性和自主性,同时提高工程意识、创新意识与实践能力。

　　针对光电信息科学与工程专业学生算法编程与集成软件开发方面能力不足的问题,本书第三篇由浅入深,从引导学生完成第一个算法及数据处理程序、完成第一个集成软件项目开发做起,希望学生提升算法编程和集成软件开发的能力。希望本书为学生 C 和 C++编程能力的培养,以及开发基于嵌入式平台、GPU 和 AI 模块程序设计打下坚实的基础。

　　本书由张维光担任主编,段存丽、陈阳担任副主编,郭荣礼、于佳、万文博、时凯参与部分章节初稿的编写。其中,张维光负责第一篇全部内容、第二篇前两章(光电信息传感技术、光电信息处理技术)、第三篇全部内容、第四篇部分内容及附录全部内容的编写,编写字数约20.1万字,段存丽负责第二篇第三章(光纤与激光技术)及第二篇第五章(光电信息系统设计与研发)部分内容的编写,编写字数约15.2万字,陈阳负责第二篇第四章(光学设计与光学检测技术)、第二篇第五章(光电信息系统设计与研发)部分内容及第四篇部分内容的编写。

　　本书的出版得到了陕西省教学改革重点攻关项目和教育部高等学校电子信息类专业教学指导委员会光电信息科学与工程专业教学指导分委员会一流专业建设教改项目的资助,西安知象光电、中科微星和北京杏林睿光等单位在视觉测量及光栅投影相关实验项目开发及内容编写、光场幅度调制与相位调制相关实验项目开发及内容编写、光谱测量与光学检测相关实验项目开发与内容编写等方面给予了帮助,在此表示感谢。

　　由于笔者的项目开发经历与实践能力有限,书中不妥之处在所难免,恳请广大读者批评指正。

编 者
2021 年 1 月

目　　录

第三篇　编程能力进阶——从 C 语言启航

第四篇　典型工程技术开发示例

附　录

参考文献

第一篇　专业实践教学概述

第一章　实践教学目标分析

光电信息科学与工程专业是 2012 年教育部专业结构调整后新命名的专业。本专业的发展历程各学校略有不同。有的学校本专业的发展历史可以追溯到中华人民共和国成立后不久各学校建设的光学仪器专业,其专业内涵包括光学、光学仪器的设计、加工与装调。随后激光技术与红外技术成为光学技术领域新的分支,国内部分院校在光学仪器专业的基础上,建立了激光技术与红外技术等相关专业。有的学校在光学仪器专业的基础上,建立了精密仪器专业或测控技术与仪器专业。2000 年左右,随着信息技术和新型光电传感器技术的发展与应用,国内部分院校将光学、光学技术、精密机械和信息处理等技术结合,建立了光信息科学与技术专业和光电信息工程专业,这两个专业有理科与工科之分。2012 年专业目录调整后,统一为"光电信息科学与工程"专业,此专业也有理科与工科之分,国内大部分学校选择工科专业办学。

从上述本专业的简单发展历程可以看出,其教学内容既有光学与光学技术又有信息处理技术,同时又有将光学技术与信息处理技术相结合的许多新兴学科与方向,如光电成像、计算成像、计算全息与数字全息、光场调控技术等。特别地,将新型光电传感技术、光纤技术、激光技术与信息处理技术相结合,极大地拓展了本专业的内涵。本书根据西安工业大学光电信息科学与工程专业长期办学积累和专业特色,面向"新工科"专业建设和"国家一流专业"建设要求,在探索专业实践教学新模式研究的基础上,总结经验汇集成册。

一、新工科专业理念与人才培养要求

新工科是基于国家战略发展新需求、国际竞争新形势和立德树人新要求而提出的工程教育改革方向,是对"互联网＋""中国制造 2025"和"一带一路"等国家重大战略的积极响应,是面向国家和产业的重大需求与科技重大需求问题而提出的人才培养新战略。自 2017 年 2 月以来,教育部积极推进新工科建设,先后形成了"复旦共识""天大行动"和"北京指南",并发布了《关于开展新工科研究与实践的通知》和《关于推进新工科研究与实践项目的通知》,全力推进并以期形成领跑全球工程教育的中国模式、中国经验,助力高等教育强国建设。新工科的内涵如下:以立德树人为引领,以应对变化、塑造未来为建设理念,以继承与创新、交叉与融合、协调与共享为主要途径,培养未来多元化、创新型卓越工程人才。新工科人才培养标准强调以下核心素养:家国情怀、创新创业、跨学科交叉融合、批判性思维、全球视野、自主终身学习、沟通与协商、工程领导力、环境和可持续发展、数字素养。新工科人才培养目标是培养面向未来新技术创新需求的人才。探索建立工科发展新范式,需要"问产业需求建专业,构建工科专业新结构;问技术发展改内容,更新工程人才知识体系;问学生志趣变方法,创新工程教育方式与手段;问学校主体推改革,探索新工科自主发展、自我激励机制;问内外资源创条件,打造工程教育开放融合新生态;问国际前沿立标准,增强工程教育国际竞争力"。新工科人才培养应具有前瞻性,人才的专业知识、专业技能及素质,应能够适应专业技术领域未来一定时期新技术创新需求。因此,专业的实践教学环节应在原有教学目标的基础上,突出技术技能与社会需求紧密统一,突出技术技能的先进性和与未来技术创新的契合度。

二、专业实践项目组织结构

经过对国内光电信息技术领域技术"新业态"进行调研,结合西安工业大学光电信息科学与工程专业的办学定位及专业优势,确立了以工程项目研发和新技术研发为牵引的实践教学新模式。教学模式以学生面向专业技术领域未来技术发展要求的专业素质和创新能力为目标,分类、分层次组织光电信息科学与工程专业的实践教学活动。教学活动组织以加强各项目之间的横向联系和纵向支撑为基础,同时遵循了"创新、协调、绿色、开放、共享"的发展思想。在新的教学模式实践过程中,需分析明确传统专业实践教学与"新工科"专业实践教学要求之间的差距,突破原有实验项目在学生知识能力培养等方面的不足之处。在确立实践教学过程中学生专业素质与创新能力培养目标时,必须在充分调研的基础上,研究光电信息技术领域"新业态",同时兼顾原有专业人才培养优势,选择具有未来新技术内涵的工程项目作为实践教学的研发目标。

(1)贯彻"创新"发展思想。在继承与创新理念的指引下,分析明确传统专业实践教学与"新工科"专业实践教学要求之间的差距,原有专业实践教学值得肯定的部分(包括硬件条件和软件条析),通过更新教学理念,优化构建实践条件,创新实践教学方法,升级改造传统工科专业实践教学环节的各要求。

(2)落实"协调"发展思想。新的教学模式,需要认真梳理实践项目所涉及的光、机、电、算和信息处理等实践教学环节的关联关系和相互支撑关系,应用分工协作组织实践教学过程,充分发挥每个学生的潜力,实现人与人之间、人与实验设备之间的相互协调。

(3)体现"绿色"发展思想。在实践教学组织阶段,充分尊重每个学生的专业学习兴趣和优势潜力,尽量实现学生专业兴趣、实践项目专业技能、知识培养和内涵培养相统一。同时通过实践资源整合,使原有的实验设备发挥更大的作用。

(4)体现"开放"的发展思想。在新教学模式的构建过程中,针对新技术开发确立共同技术模块。这些技术模块是开发光电信息技术领域新技术的必要组成部分,如光机系统开发、光电信息传感、光电信息处理和光电信息系统构建等。新技术可以在这些基础公用技术上进一步开展特定的、带有特质的技术开发,实现新技术创新研发。

(5)体现"共享"的发展思想。在实践模式的教学效果评价体系构建中也应体现"开放"的思想,采用直接、间接、社会评价及能体现新技术开发能力的其他社会评价方法相结合的方式,如将创新创业等作为评价体系的重要部分。最后在开展实践教学过程中应适当加入学术交流、技术交流和实验设备应用交流等内容,以开放交流的方式实现知识、技术和设备的共享。

本书以"新型光电成像及机器视觉人工智能技术""光场滤波调控与全息技术""光纤传感

与高能量超短脉冲激光技术"和"基于光电信息传感的瞬态量测试技术"等工程项目技术开发为牵引,开发视觉仿生技术、图像目标自动检测识别技术、基于光波波前调制与解调及信息处理技术相融合的新型成像技术、新型光纤激光器技术、瞬态非电量测量技术等,培养学生面向未来新技术的研发能力。在实践教学环节中,各项目在专业实践教学体系中采用分类、分层次的组成形式,其构建原则是加强实践项目之间的横向联系,以及实践项目内含的工程能力纵向支撑,有利于形成培养学生实践创新能力的合力。

第二章　实践教学组成框架

专业实践教学以第一章中四方面的工程项目与核心技术研发为目标,对实验项目进行分类。根据实践知识与技能之间的支撑关系,对实践项目划分层次,通过明确各实践项目需培养的知识目标与能力目标,形成同层次横向联系、不同层次纵向支撑关系,形成学生知识与技能训练的学习网络。使学生在明晰实践项目需达到的专业实践技能目标的同时,明晰实践项目对新技术开发的支撑作用。使学生掌握不同种类、不同层次项目所培养技能之间的联系与相互影响,有利于学生通过实践过程形成专业创新能力。各实验项目与工程项目之间的支撑关系见表1.2.1.1～表1.2.1.4。

表 1.2.1.1　新型光电成像及机器视觉人工智能技术实验项目关系表

项目名称	新型光电成像及机器视觉人工智能技术研发		
未来新技术内涵	新型光电成像技术、机器视觉仿生技术、图像特征理解与目标自识别技术、场景语义识别与任务决策技术		
实践教学阶段与层次	实践教学项目	专业知识与能力培养目标	在项目创新技术开发中的支撑作用
具有未来新技术内涵的工程项目开发	超分辨率成像技术、立体视觉导航技术;低空低小慢目标识别与任务分类决策技术开发(开放性实验、科研能力训练项目、专业竞赛项目)	综合利用光电成像技术、立体视觉技术、图像处理与模式识别、深度学习人工智能技术开展工程应用技术研究,培养学生的工程意识与创新意识	以超分辨率新体制光电成像技术、仿生视觉技术、人工智能视觉成像技术为未来新技术内涵,培养学生面向社会创新需求的工程意识、创新能力
面向市场需求的工程项目开发	单目视觉测量技术;双目立体视觉测量技术;主动光照明光栅投影 3D 及动态 3D 测量技术(实验5.1～实验5.3)	能够根据工程需要设计单目视觉测量系统、双目立体视觉测量系统、主动光照明光栅投影动静态三维轮廓测量系统,并完成数据处理反演结果,初步培养工程意识、工程能力、专业综合素质(包括光、机、电、算、信息技术组合环节的系统研发能力)	使学生熟悉基于光电成像的机器视觉系统技术在光电信息技术领域的技术优势及发展现状、技术发展方向及技术创新方向,同时培养学生坚实的工程开发能力

续表

实践教学 阶段与层次	实践教学项目	专业知识与 能力培养目标	在项目创新技术 开发中的支撑作用
专业综合实验项目	光电成像系统定焦；多光谱高光谱成像；模糊图像复原技术(实验1.2～实验1.4)	掌握光电成像系统自动定焦评价方法、高光谱超光谱成像技术、运动目标模糊图像复原技术，能够构建多光谱成像系统，完成运动目标光电成像系统设计与数据处理	使学生理解并能深入分析光电成像系统特性，能够设计实现不同光谱范围成像系统，能够分析光电成像过程的技术缺陷，并具备通过软件算法提升光电成像系统性能的能力
专业基础实验项目	光电成像系统设计与成像色彩模型分析；光学系统设计及检测(实验1.1、实验4.1～实验4.6)	掌握光学成像系统与图像传感器匹配技术、彩色成像系统色彩模型及参数设置、光学成像系统设计、光学元件与系统性能检测技术，能够根据要求设计搭建光电成像系统	培养学生光学设计与检测、成像传感器的使用、光电成像系统构建等方面的实践能力

表1.2.1.2　光场滤波调控与全息技术实验项目关系表

项目名称	光场滤波调控与全息技术研发		
未来新技术内涵	针对光通信、光电成像、光电信息传输与存储等领域需求，研发新型光场调控技术与全息应用技术		
实践教学 阶段与层次	实践教学项目	专业知识与 能力培养目标	在项目创新技术 开发中的支撑作用
具有未来新技术内涵的工程项目开发	涡旋光束应用技术研发、激光光束波前调制与整型应用技术、计算全息数字全息应用技术研发(开放性实验、科研能力训练项目、专业竞赛项目)	综合利用光学成像频谱面滤波、幅度调制或相位调制、计算全息与数据全息等技术开展面向创新需求的工程应用技术研究，培养学生的工程意识与创新意识	以光学成像频谱面滤波、光波幅度调制或相位调制、光波传输偏振等技术为未来新技术内涵，培养学生面向社会创新需求的工程意识、创新能力
面向市场需求的工程项目开发	全网络实现光场卷积运算、波前调制，基于计算全息、数字全息的光场信息计算、传输与存储技术(实验2.8～实验2.9)	能够设计全光网络光场计算典型系统，设计基于光波波前调制、计算全息及数字全息光信息处理与存储应用系统	使学生熟悉应用全光学系统进行光学信息处理，熟悉基于光波波前调制、计算全息及数字全息相关技术领域的技术优势及发展现状、技术发展方向及技术创新方向，同时培养学生坚实的工程开发能力
专业综合实验项目	基于透镜成像频谱滤波、偏振态调控、幅度与相位调制的光场滤波调控技术(实验2.4～实验2.7)	掌握光电图像微分、相加减等原理，掌握偏振光学典型理论与实验系统，掌握幅度调制和相位调制原理与实现方式，能够设计相关实验方案，完成实验系统搭建并完成数据采集	使学生理解并能深入分析光电信息处理问题与现象，培养学生能够设计实现成像系统频谱面滤波、光波调制、光波传输偏振特性原理与应用系统的能力

续表

实践教学 阶段与层次	实践教学项目	专业知识与 能力培养目标	在项目创新技术 开发中的支撑作用
专业基础实验项目	激光干涉光路、成像频域滤波、光路滤波实验系统搭建与光路调整，光场调控元件性能分析与选用（实验2.1～实验2.3）	掌握基于4f系统的成像频谱面滤波原理，掌握典型干涉光路原理，熟悉常用光路实验器件，能够熟练使用空间光调制器、DMD等光场调控核心器件，能够搭建相关的实验光路	培养学生分析光学成像光路问题，搭建与测试复杂光路系统，使用与二次开发光场调控器件等方面的实践能力

表1.2.1.3 光纤传感与高能量超短脉冲激光技术实验项目关系表

项目名称	光纤传感与高能量超短脉冲激光技术研发		
未来新技术内涵	基于光纤传感的特定环境下非几何量测量技术、激光放大技术、激光倍频技术，基于新型激光材料、结构及器件的高能量超短脉冲激光技术		
实践教学 阶段与层次	实践教学项目	专业知识与 能力培养目标	在项目创新技术 开发中的支撑作用
具有未来新技术内涵的工程项目开发	特定环境下非几何量光纤传感应用系统，高能量光纤激光器、超短脉冲光纤激光器及应用技术（开放性实验、科研能力训练项目、专业竞赛项目）	综合利用光干涉与衍射理论、光纤技术、激光技术开展新型光纤通信技术、新型激光技术以及光纤传感技术的研究，培养学生的工程意识与创新意识	以光纤传感技术、新型激光技术及其交叉应用技术为未来新技术内涵，培养学生面向社会创新需求的工程意识、创新能力
面向市场需求的工程项目开发	语音图像光纤通信技术、激光通信技术、激光能量放大技术应用系统设计与实现（实验3.9～实验3.11、实验3.15）	能够将光纤技术与干涉仪等技术相结合，设计光纤传感应用系统，能够设计实施光纤通信系统，能够设计基于激光技术的应用系统，初步培养工程意识、工程能力、专业综合素质（包括光、机、电、算、信息技术组合环节的系统研发能力）	使学生熟悉光纤通信技术与光纤传感技术的技术优势及发展现状、技术发展方向及技术创新方向，熟悉激光技术研究热点与发展方向，同时培养学生坚实的工程开发能力
专业综合实验项目	光纤通信、光纤传感系统方案设计与实现、激光技术实践能力训练、激光干涉系统设计与实现（实验2.5、实验3.6～实验3.8、实验3.14）	掌握几种典型光纤传输光电信号调制与解调技术，熟悉技术的优缺点及适用范围，熟悉气体、固体、半导体及光纤激光器典型技术方案及技术发展水平，能够设计实施光纤传输、激光技术应用系统	使学生理解并能深入分析光纤中光束传输模式选择及色散等机理，熟悉光纤分类与特性，熟悉几大类激光器典型系统，能够开展光纤技术与激光技术实验研究

续表

实践教学 阶段与层次	实践教学项目	专业知识与 能力培养目标	在项目创新技术 开发中的支撑作用
专业基础实验项目	光电传输性测试、光纤通信信号调制与解调、通信信号测试，激光模式及参数测试等（实验3.1～实验3.5、实验3.12～实验3.13）	掌握光纤中光束传输模式选择、色散等基本理论和光信号调制解调基本理论，熟悉激光器及组件，掌握激光调Q、锁相等几种典型激光技术，能够根据要求设计搭建实验系统	培养学生基于光纤的信息传输系统、激光器性能测试与输出特性调整技术等相关的实践能力

表 1.2.1.4　基于光电信息传感的瞬态量测试技术实验项目关系表

项目名称	基于光电信息传感的瞬态量测试技术研发		
未来新技术内涵	物质光谱分析技术，极端条件下温度、速度、瞬态运动轨迹测量技术等		
实践教学 阶段与层次	实践教学项目	专业知识与 能力培养目标	在项目创新技术 开发中的支撑作用
具有未来新技术内涵的工程项目开发	特定特质光谱测量系统，面向市场需求的光电系统研发，基于光电传感的微小量高速变化的瞬态量测量技术开发（开放性实验、科研能力训练项目、专业竞赛项目）	综合利用激光光束发散角小、相干长度长等特点，辅助干涉衍射技术、高速光电转换技术开展工程应用技术研究，培养学生的工程意识与创新意识	以激光优良的直线传播、干涉等性能为基础，依托新型光电传感器和光电新技术，开发多学科交叉应用技术为未来新技术内涵，培养学生面向社会创新需求的工程意识、创新能力
面向市场需求的工程项目开发	基于光的干涉衍射原理、激光散斑及其他特性开发面向市场需求的应用技术（实验5.4～实验5.5）	能够根据工程需要设计微小运动量、几何尺寸等微小量，温度、速度等瞬态量测试技术方案，完成系统搭建、数据采集与处理	使学生熟悉基于光电传感的测试技术应用领域及发展发展现状，熟悉技术优势及其技术的局限性，熟悉其潜在的应用领域及价值，同时培养学生坚实的工程开发能力
专业综合实验项目	基于光谱测量的应用系统设计与验证（实验1.5～实验1.8）	掌握荧光光谱、拉曼光谱及各种光源光谱的测量技术，基于光电传感的微小量、瞬态量的测量的技术方案设计、数据采集与处理	使学生理解并能深入分析拉曼光谱测量原理、激光与物质相互作用机理、激光干涉与衍射结果与被测量之间关联关系，并能够根据原理设计测试系统方案并使学生掌握相关的工程能力
专业基础实验项目	光学设计与检测、光电成像系统设计，光谱仪等光学检测仪器的性能分析与选用（实验4.1～实验4.6）	掌握光学成像系统、光学系统设计、光学元件与系统性能检测技术，能够根据要求设计搭建光电测试系统	培养学生光学设计与检测、光电传感器的使用、光电测试系统构建等方面的实践能力

第二篇　专业实践项目

第一章　光电信息传感技术

光电信息传感技术主要涉及将光信号转换成电信号和将电信号转换成光信号两方面。光电探测器、图像传感器和光纤传感器等组件均可将光信号转换成电信号。本章主要涉及图像传感器、基于图像传感器的多光谱成像、对运动目标成像、光电定焦技术和物质光谱测量技术等方面的实验项目。

实验 1.1　数字图像系统构建及彩色图像色彩模型分析

一、实验目的

(1)掌握 CCD 相机 SDK 的组成及功能；
(2)能够安装相机驱动并使用相机进行图像采集等操作；
(3)掌握彩色相机白平衡及 Gamma 校正等功能的设置；
(4)掌握提高彩色场景成像质量的方法,能够分析影响彩色图像成像质量的因素,分析上述设置对彩色图像成像质量的影响,能够熟练使用彩色相机。

二、实验要求

完成相机驱动安装及图像显示采集存储,完成相机的白平衡设置和 Gamma 校正设置,改变成像镜头光圈、相机曝光时间及增益等参数采集不同成像质量的图像,并通过色彩模型计算获得设置参数与彩色图像色相及饱合度关系曲线,分析影响彩色场景成像质量的因素。

三、实验原理

图 2.1.1.1 所示为实验系统组成图。

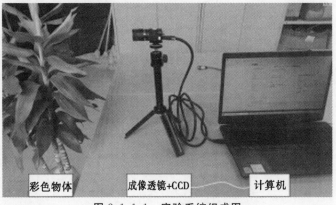

图 2.1.1.1　实验系统组成图

1. 相机驱动安装

购置 CCD 相机时,其携带的 SDK 软件包中包括相机驱动程序、各种语言的 Demo(示例)程序及相机操作程序、相机操作及软件开发说明文档三部分。相机驱动程序一般有两种:一种是驱动安装 exe 文件(StCamSWare_x64.exe 适用于 64 位操作系统,StCamSWare_x86.exe 适用于 32 位操作系统);另一种是只有驱动文件,没有可执行程序(这一种可通过在系统硬件的"资源管理器"用"更新驱动程序"的方法完成安装)。

相机驱动安装完成后,从计算机控制面板的系统硬件的"资源管理器"中进行查看,相机的安装项目应处于正常状态。

2. 白平衡与 Gamma 校正

"白平衡"是使用彩色相机需设置相机采集图像中色彩空间坐标系原点时使用,也就是告诉相机"什么是白色",相机以此为基础,识别色彩并感光成像,采集到准确的彩色。

Gamma 源于 CRT(显示器/电视机)的响应曲线,即其亮度与输入电压的非线性关系。在视频系统中,线性光强 Intensity 通过 Gamma 校正转换为非线性的视频信号,通常在摄像过程内完成。一个理想的 Gamma 校正通过相反的非线性转换把该转换反转输出。相机成像时,光强 Intensity 与最终采集的图像灰度值之间也存在非线性,这种非线性会直接影响彩色 CCD 采集的 RGB 三色的灰度值,从而影响所采集色彩的亮度、色相和饱合度,从而引起色彩失真,因此采集彩色图像需对相机进行 Gamma 校正。

3. RGB 模型向 HIS 模型转换原理

RGB 与 HIS 之间的关系为

$$\begin{cases} Y = 0.3R + 0.59G + 0.11B \\ C_1 = R - Y = 0.7R - 0.59G - 0.11B \\ C_2 = B - Y = -0.3R - 0.59G + 0.89B \end{cases}$$

C_1、C_2 与 HIS 有如图 2.1.1.2 所示的关系:

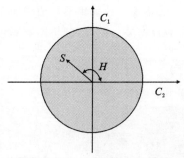

图 2.1.1.2 RGB 转 HIS 模型

由图 2.1.1.2 可知,有

$$\begin{cases} C_1 = S\sin H \\ C_2 = S\cos H \end{cases}$$

$$\begin{cases} H = \arctan\left(\dfrac{C_1}{C_2}\right) \\ S = \sqrt{C_1^2 + C_2^2} \end{cases}$$

四、实验内容及步骤

（1）将相机的 SDK 软件包拷贝到安装相机的计算机上；

（2）根据计算机安装的操作系统，确定 32 位或 64 位操作系统安装的驱动程序；

（3）将相机通过 USB 接口连接到计算机上，运行安装程序（或通过更新驱动程序的方法）完成相机驱动程序，应用 SDK 中的图像采集程序，完成图像显示与采集；

（4）在相机的图像采集软件中，完成白平衡设置，采集图像，改变 Gamma 校正参数，采集多张图像；

（5）应用 HIS 模型，计算不同 Gamma 校正参数下彩色图像的色相 H 及饱合度 S，分析白平衡设置及 Gamma 校正参数对图像色相 H 及饱合度 S 的影响。

五、实验仪器

彩色相机及 SDK 软件包（带有白平衡及 Gamma 校正设置功能）、计算机一台、带有丰富色彩的目标物。

六、思考题

影响 CCD 采集图像色彩失真的因素有哪些？如何在使用 CCD 相机采集彩色图像时，使色彩失真尽可能地小？

实验 1.2　多光谱成像方法与数据融合

一、实验目的

（1）掌握多光谱成像系统各器件的使用方法；

（2）能够分析目标不同光谱反射特性对成像的影响；

（3）掌握相机对不同波段光谱响应的校正方法；

（4）能够分析多光谱成像系统在目标识别中的优势；

（5）能够设计验证多光谱成像数据融合算法。

二、实验要求

通过查阅相关资料了解不同目标的反射光谱特性，并根据光谱特性选择合适波段的多个滤光片和成像探测系统。利用对应不同波段的多个滤光片和成像系统，分波段获取目标辐射信息的相应波段二维光谱信息，以实现多光谱成像。观察获取的目标不同波段光谱图像，与目标白光图像进行对比分析图像信息的差异，并根据空间特性将获取的多个二维光谱图像进行数据融合，形成三维多光谱图像，通过 MATLAB 软件数据分析进一步了解同一目标在不同波段的光谱响应差异和不同目标之间光谱特性的差异，以及多光谱成像技术在目标识别中的优势。训练学生综合分析问题的能力、实验的动手能力，以及在实验数据处理过程中的计算机编程能力。

三、实验原理

多光谱成像技术把传统的二维成像技术和光谱技术有机地结合在一起,再用成像系统获得被测物空间信息的同时,通过分光系统把被测物的辐射信息分解成若干个窄波段的谱辐射,在一个光谱区间内获得同一目标不同光谱波段的图像,即光谱成像技术的本质是充分利用了物质对不同电磁波谱的吸收或辐射特性,在普通的二维空间成像的基础上,增加了一维的光谱信息(见图2.1.2.1)。由于地物物质组成的不同,不同地物对应的光谱之间存在差异(称为指纹效应),所以可利用地物目标的光谱进行识别和分类。

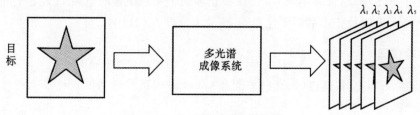

图 2.1.2.1 多光谱成像示意图

······本实验拟采用滤光片型光谱成像技术的原理进行多光谱成像实验系统设计(见图2.1.2.2)。滤光片型光谱成像技术是采用相机加滤光片的原理,每次测量目标辐射信息的一个波段的光谱信息,获取的波段信息与滤光片的光谱滤波特性相对应。

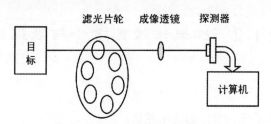

图 2.1.2.2 实验装置原理框图

四、实验内容及步骤

(1)根据目标物光谱特性,选择合适波段的滤光片及成像探测器;

(2)根据计算机安装的操作系统,确定32位或64位操作系统安装的CMOS驱动程序;

(3)搭建实验系统,将相机通过USB接口连接到计算机上,将镜头调焦至目标清晰位置,完成图像显示与采集;

(4)在相机的图像采集软件中,采集目标在某一波长下的图像;

(5)旋转滤光片轮,得到不同波长对应的目标多光谱图像,注意记录滤光片轮位置与滤光片波长的关系;

(6)观察目标的多光谱图像,与目标的白光图像进行对比并分析图像信息的差异;

(7)编程实现多光谱图像融合。

五、实验仪器

滤光片轮、滤光片组、成像镜头、CMOS及驱动程序、计算机一台、设计不同的目标物。

六、思考题

影响相机对不同波长目标辐射的因素是什么？如何进行光谱响应的校正？

实验 1.3　光电成像系统定焦评价方法

一、实验目的

(1)能够分析光电系统的自动定焦技术内涵；
(2)能够设计光电成像系统定焦评价技术方案；
(3)能够编程验证自动定焦算法并对不同的评价方法进行分析。

二、实验要求

至少三次定焦，第一次 10 mm 以内，采集 11 幅图像，利用定焦评价函数优化找出最清晰的图像；第二次 4 mm 以内，采集 11 幅图像，利用定焦评价函数优化找出最清晰的图像；第三次 2 mm 以内，采集 11 幅图像，利用定焦评价函数优化找出最清晰的图像，定焦精度要求 0.02 mm。

三、实验原理

自动定焦技术是集计算机视觉、成像系统和各种精密仪器中的关键技术于一体的技术。目前对自动调焦技术的研究集中在数字图像处理的方法上。基于图像技术的定焦方法是通过对图像进行分析获得图像的质量，从而判断当前的探测器位置，最后完成调焦。

本光电定焦方法的理论是基于光学成像系统的物像关系理论。一个理想的薄透镜成像时，若令物距为 u，像距为 v，焦距为 f 时，则有薄透镜成像公式为

$$\frac{1}{u} + \frac{1}{v} = \frac{1}{f} \tag{2.1.3.1}$$

本方法采用评价函数定焦法，可以高精度找出像面的位置。在光学成像系统中，平面物体通过光学镜头的作用变换成接收 CCD 图像接收器件上的二维图像，若用 (x_0, y_0, z_0) 表示物面上的一点，(x, y) 表示相应的像点，z_0 为物平面在 (x, y, z) 坐标系的轴向距离。若光学系统的特性参数用矩阵可表示为

$$\boldsymbol{G} = \begin{bmatrix} g_{11} & g_{12} & g_{13} \\ g_{21} & g_{22} & g_{23} \end{bmatrix} \tag{2.1.3.2}$$

则根据理想成像系统理论，则像面上某一点 $P'(x, y)$ 必对应物面某一物点 $P(x_0, y_0, z_0)$，则物像关系可表示为

$$\begin{bmatrix} x \\ y \end{bmatrix} = \begin{bmatrix} g_{11} & g_{12} & g_{13} \\ g_{21} & g_{22} & g_{23} \end{bmatrix} \begin{bmatrix} x_0 \\ y_0 \\ z_0 \end{bmatrix} \tag{2.1.3.3}$$

物面上物体一般是三维的，而图像接收器件上得到的却是二维分布图像，仅当正确对焦时，所形成的图像才是清晰的，得到的各像点的信息才是准确的。当光学系统处于对焦状态时，

点 P 光源成点像 P',此时的成像平面称为对焦平面,对应的焦距值也是准确值。在实际应用中,如果物体 P 对焦不准确,则在图像探测器上会形成一个模糊像,对应的焦距值也不准确,会有一定误差。

为了得到清晰的像,可利用对焦深度法实现光学系统的自动对焦,对焦深度法是一种建立在搜寻过程上的对焦方式。它通过一个评价函数对不同对焦位置所成的像的清晰度进行评价,利用正确对焦位置清晰度值最大这个特征找到正确对焦位置,这种方法往往要搜索多幅的图像才能够精确地找到这个位置。这种方法的理论基础在于认为理想的自动对焦评价函数是单峰的,并且在峰值两侧都是分别单调的。这个峰值点就是对焦最清楚的位置,这个方法的关键是定焦评价函数的选择。可选取灰度梯度函数作为定焦函数,这类函数主要是利用对图像灰度的各种处理方法来表征图像的清晰度。当正确对焦时,灰度函数值最大。基于图像微分的平方梯度函数大都属于此类函数。假设图像某点处 (x,y) 的灰度值为 $f(x,y)$,则该点处的梯度(差分形式)可以定义为

$$
\left.\begin{aligned}
F_x(x,y) &= f(x,y) - f(x+1,y)\\
F_y(x,y) &= f(x,y) - f(x,y+1)
\end{aligned}\right\}
\tag{2.1.3.4}
$$

应用图像灰度值计算定焦评价参数的步骤如下:

选择水平方向、垂直方向图像灰度梯度的一个或两个,分别排序,截取梯度值较大的一部分(如 1/10),再对截取的部分求均值,最后绘制不同对焦时对象图像的梯度截取均值,曲线的最高点即为定焦最佳的情况。这种方法的原理是图像清晰度越高,图像边缘梯度越大,排序后截取梯度较大的部分就是图像中边缘处的梯度。

四、实验内容及步骤

本实验所运用的光学定焦原理是先大范围定焦,然后缩小定焦范围,逐步精细,直至达到实验的要求。

实验主要步骤如下:

(1) 首先在大范围内每隔相同距离取一组图像,并记录初始位置;

(2) 用定焦评价函数对该组图片进行处理,找到最清晰的一张,确定其位置,完成第一次调焦;

(3) 缩小范围和移动的距离,按第一次调焦方法完成第二次调焦;

(4) 逐渐缩小范围寻找图像,直至在 2 mm 范围内获得多幅图;

(5) 用定焦评价函数对在 2 mm 内获得的图像进行处理,找到最清晰的图像,完成定焦。

五、实验仪器

白炽灯、成像镜头、二维电控平台、物面、CCD 探测器、CCD 图像采集处理系统、相应的夹持器件。

六、思考题

(1) 光电自动定焦与传统的平行光管定焦有什么异同?

(2) 查资料,还可以采用什么样的定焦评价函数?(至少两种)

实验 1.4 旋转运动物体模糊图像复原算法设计与实现

一、实验目的

（1）能够分析引起运动物体成像模糊的原因及图像特征；

（2）掌握一种直线运动物体成像复原的算法与理论；

（3）掌握旋转运动物体模糊图像与直线运动物体模糊图像的异同点，掌握应用直线运动模糊图像进行旋转运动模糊图像复原的方法；

（4）能够编程验证旋转模糊图像复原算法。

二、实验原理

1. 匀速直线运动模糊图像的退化模型

成像时相机相对于物体匀速运动，假定图像为 $f(x,y)$，运动速度为 v，曝光时间为 t，沿任意方向做匀速直线运动时，在曝光时间 $0 < t < T$ 内，总曝光量由运动方向上的曝光量累积而成。

若不受噪声的影响，匀速直线运动模糊图像的退化模型可用图 2.1.4.1 来表示。

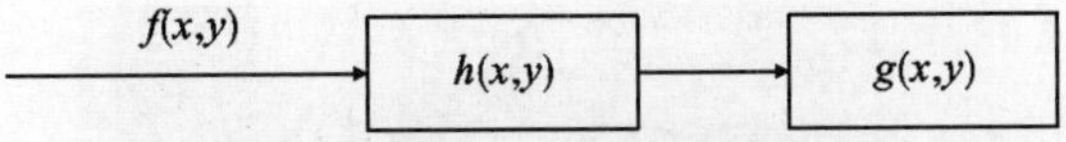

$$f(x,y) \rightarrow \boxed{h(x,y)} \rightarrow \boxed{g(x,y)}$$

图 2.1.4.1　匀速直线运动模糊图像的退化模型

在该模型中，原图像 $f(x,y)$ 在水平方向上做匀速直线运动，在 x 和 y 方向上的运动分量分别为 $x_0(t)$ 和 $y_0(t)$，在曝光时间 T 内，底片上像素点（x，y）的总曝光量等于作用在这一点的像素亮度之和，因此对于匀速直线运动模糊图像而言，其连续退化函数模型可用式（2.1.4.1）表示为

$$g(x,y) = \int_0^T f[x - x_0(t), y - y_0(t)] \mathrm{d}t \qquad (2.1.4.1)$$

其中，$g(x,y)$ 为退化图像。如果图像的模糊是由于目标在 x 方向上做匀速直线运动而导致的，那么模糊图像任意像素点的值为

$$g(x,y) = \int_0^T f[x - x_0(t), y] \mathrm{d}t \qquad (2.1.4.2)$$

如果是离散图像的话，对式（2.1.4.2）进行离散化，可得

$$g(x,y) = \sum_{i=0}^{L-1} f(x - i, y) \Delta t \qquad (2.1.4.3)$$

其中，L 是对图片中景物运动的像素个数进行取整所得的近似值。Δt 表示各个像素产生模糊影响的时间因子。因此，运动模糊图像的像素值就等于原图像的像素与其相对应的时间相乘而得到的积再进行累加的结果。

另外，也可以通过卷积来得到水平方向的匀速运动模糊图像：

$$g(x,y) = f(x,y) * h(x,y) \qquad (2.1.4.4)$$

其中

$$h(x,y) = \begin{cases} \dfrac{1}{L}, & 0 \leqslant x \leqslant L-1 \\ 0, & \text{其他} \end{cases}$$

2.直线运动模糊图像的复原算法设计

车辆一般在行进的过程中速度普遍比较快,拍摄的画面会出现模糊,如图2.1.4.2所示。

图 2.1.4.2　$v = 8.5\ \mathrm{m/s}$ 的运动汽车模糊图像

按照图像复原的理论,对于运动模糊的图像,只要能够确定出点扩散函数,就可以对模糊图像进行复原。

上述示例中图2.1.4.2中的模糊角度为7°,模糊长度为20个像素,选用 Lucy-Richardson(L-R)算法复原图像,根据迭代次数的不同,得到的复原结果如图2.1.4.3所示(迭代次数 $n = 30$)。

图 2.1.4.3　不同迭代次数下的 L-R 算法复原图像(迭代次数 $n = 30$)

复原后的图像,可以看到汽车的"SS"标志。随着迭代次数的增加,模糊图像的细节逐渐变清晰。通过估计点扩散函数来复原图像的方法是可行的。复原过程中准确地估计出模糊角度和模糊长度是关键。本算法的思路如下:首先对彩色图像进行灰度化转换,再求其频谱,从中估计出模糊图像的点扩散函数,最后选用经典的复原方法对图像进行滤波复原,如图2.1.4.4所示。

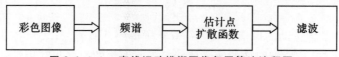

图 2.1.4.4　直线运动模糊图像复原算法流程图

图像的灰度化处理可用两种方法来实现:① 求出每个像素点的 R、G、B 三个分量的平均值;②RGB 和 YUV 颜色空间的变化关系:$Y = 0.3R + 0.59G + 0.11B$。

(1) 频谱预处理。彩色图像转化成灰度图像后,对其进行傅里叶变换。从频谱图中分析判断出原图像的模糊角度(见图2.1.4.5)。

在频谱图上判断模糊方向可以用 Radon 变换。在判断频谱图上模糊角度时,需注意物体本身线条方向的影响。

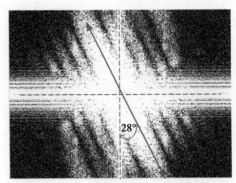

图 2.1.4.5　模糊图像频谱及模糊角度

对图像的频谱图预处理的程序实现代码如下：

F ＝ fft2(I)；　　　　　　　　　　% 对运动模糊图像进行二维傅里叶变换

FC ＝ fftshift(F)；% 将变换后的图像频谱中心从矩阵的原点移到矩阵的中心

P ＝ log(1 ＋ abs(FC))；　　　　% 对其进行灰度级压缩，使图像条纹更加清晰

level ＝ graythresh(P)；　　　　% 确定阈值

J ＝ im2bw(P, level)；　　　　　% 对灰度级压缩后的频谱图像进行二值化

eg ＝ edge(double(J), 'canny', 0.9)；　% 对二值化图像使用 canny 算子进行边缘检测

(2) 估计点扩散函数 PSF。估计点扩散函数，需设定参数模糊长度和模糊方向。

在运动模糊方向上，大多数模糊图像的背景像素点的灰度值是沿着运动模糊方向的轨迹逐渐变化或者不变，即运动模糊图像中的灰度值具有很强的相关性。微分自相关算法是估计模糊长度的有效方法之一。在估计出运动模糊方向后，将原图像旋转至水平方向，其点扩散函数是一个矩形函数，然后对其求自相关函数得到一个对称分布的图像，中心有一个峰值，负峰对称分布在峰值两边。正峰代表未发生运动位移时与原始图像相关性最强，负峰代表运动模糊后和原始图像相关性最差。因此可以得出中心正峰和负峰之间的距离即为模糊长度。

微分自相关算法的流程图如图 2.1.4.6 所示。

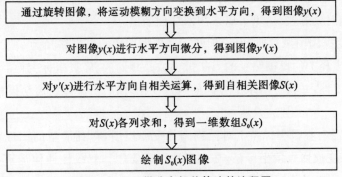

图 2.1.4.6　微分自相关算法的流程图

(3) 滤波复原。图像复原的方法有很多，如逆滤波法、维纳滤波、L-R 算法等，点扩散函数通过上述方法获得后，将选用维纳滤波和 L-R 算法分别对模糊图像进行复原。

直线运动目标模糊图像复原算法 MATLAB 程序源代码见本书附录 3。

3.旋转运动模糊图像的复原算法设计

旋转运动模糊是一种空间可变的运动模糊,即模糊程度与像素点所处位置有关。距离旋转中心越远,图像模糊越严重。旋转运动模糊图像是一系列的同心圆,不同半径圆上的像素分别具有不同的模糊尺度。结合直线运动模糊图像复原方法,在极坐标下将旋转运动模糊图像由直角坐标系变换到极坐标系,使之具有了空间不变性,然后对图像进行复原,最后将恢复后的图像再进行反变换,转换到直角坐标系,即可得到复原图像。其算法流程图如图 2.1.4.7 所示。

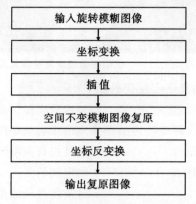

图 2.1.4.7　基于极坐标变换的复原方法流程图

(1)坐标变换。坐标变换是指将原模糊图像上的各同心圆弧的像素以旋转半径为纵坐标,沿极坐标的弧度角展开排列,即将圆弧上的所有像素依次转换成线性排列。每个水平像素线条代表一个线性空间不变的运动模糊像素线。

(2)插值。在直角坐标系转换到极坐标系的过程中,会出现一些空白点,因此图像要进行插值运算,插值越精确,还原度就越高,所得到的复原图像效果越好。插值处理常用的方法有最近邻域插值和双线性插值两种,前一种方法是直接将空白点的像素赋值为和它最相近的像素点,计算简单,但会出现马赛克现象;后一种方法是采用一些插值算法来计算空白点相应的像素值,处理效果相对要好些。这里可以选用双线性插值。

(3)空间不变模糊图像复原。由于旋转运动模糊图像的模糊路径为一系列的同心圆,所以可以推断出相同半径上的模糊路径的点扩散函数是相同的。经过坐标变换后,在极坐标系中的图像具有空间不变性,并且是沿水平方向的线性模糊,然后借鉴直线运动模糊图像复原思路来对图像去模糊。

(4)坐标反变换。在极坐标系下对模糊图像复原以后,得到清晰的图像,然后进行坐标反变换,从极坐标系变换回直角坐标系,在此过程中还要用到双线性插值运算,对图像中没有复原的像素点进行插值,从而得到清晰图像。

三、实验内容及步骤

(1)将相机的 SDK 软件包拷贝到安装相机的计算机上;

(2)根据计算机安装的操作系统,确定 32 位或 64 位操作系统安装的驱动程序;

（3）将相机通过 USB 接口连接到计算机上，运行安装程序（或通过更新驱动程序的方法）完成相机驱动程序，应用 SDK 中的图像采集程序，完成图像显示与采集；

（4）将相机固定在实验箱相机固定杆上，连接实验箱电源，将旋转运动台控制接口与计算机 RS232 串口联接，打开串口调试助手，通过指令控制旋转运动台运动；

（5）通过指令调整旋转台转速，采集不同转速下的图像；

（6）按照模糊图像复原方法，应用 MATLAB 编程，实现图像复原结果并进行数据分析。

四、实验仪器

图像处理实验箱（见图 2.1.4.8）、观测目标物、安装有 MATLAB 的计算机。

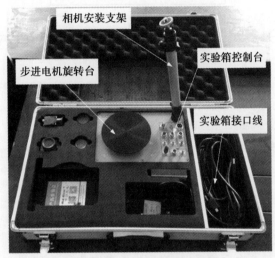

图 2.1.4.8　图像处理实验箱

其中，图像处理实验箱旋转步进电机控制指令如下。

1.通信标准

（1）通信协议电器标准：RS-232，双工；

（2）通信参数：波特率 = 9 600 b/s，数据位 = 8 b，校验位 = NO，停止位 = 1 b。

2.上位机指令

（1）上位机向 VLK2001A 发送指令格式见表 2.1.4.1。

表 2.1.4.1　指令格式

Head	CMD	Data			End2	End1
		D2	D1	D0		
	ASCⅡ	ASCⅡ	ASCⅡ	ASCⅡ		
0x53 或 0x73	0x2B/0x2D/0x2A	0x3X	0x3X	0x3X	0x0D	0x0A
"S" 或 "s"	"+"/"−"/"＊"	"0"—"2"	"0"—"9"	"0"—"9"	"CR"	"LF"

1）CMD——"+"启动电机顺时针转动；"−"启动电机逆时针转动；"＊"改变电机转动速度。

2)Data——电机转动角度范围为"001～200"，每位代表转动 1.8°，如 X 值为 100 时，转动角度为180°；若参数值为 0 时，表示发送停止命令；参数值大于 200 时为电机连续转动指令，要停止时发送命令"S＋0"或" S－0"。

3）电机更改速度范围为"1～5"，速度逐步递增。

注意：产品默认转动速度为"2 挡"，若需高速转动时需低挡启动后再进行速度更改。

（2）指令返回数据格式与发送数据格式相同。

五、思考题

模糊图像复原技术潜在的应用需求有哪些?模糊图像复原后如何评价?

实验 1.5   土壤有机物荧光光谱测试实验

一、实验目的

（1）掌握荧光光谱分析法的基本原理；

（2）能够搭建荧光光谱测量系统；

（3）完成定量测量土壤有机物的荧光技术方案设计；

（4）能够分析测量土壤有机物的荧光光谱及其浓度。

二、实验原理

物质受激产生荧光与该物质原子（或分子）内部各电子能级分布关系密切。在常温条件下，物质原子各能级的电子运动处于平衡状态。当受外界光源照射时，处在低能级（基态）的电子吸收特定波长的光子能量后，其运行的轨道会跃迁到高能级（激发态）上。由于电子处于激发态时，其状态很不稳定，所以电子以激发态的形式运行一定时间后，会以发射荧光光子的形式释放一定能量后，重新返回基态。

荧光是物质吸收光或者其他电磁辐射以后再发射的光。作为一种冷发光，荧光与白炽发光截然不同，后者是因为热而发光的（如热辐射）。根据产生的机理不同，荧光可分为化学发光、电致发光和光致发光等很多种。本实验中的荧光现象是光致发光现象，即物质吸收光以后，再发射光的现象。

光致发光又可细分为荧光和磷光，一般以 10 ns 为限，关闭激发光源以后，持续发光时间大于 10 ns 的为磷光，小于 10 ns 的为荧光。但一般把荧光和磷光这类微弱的发光均称为荧光，而不区分发光的机理。

为了便于讨论，经常使用贾布朗斯基图（Jablonski diagram）定性地描述吸收光和发射光的过程，图2.1.5.1所示为典型的贾布朗斯基图，图中表示了荧光物质分子的基态（S_0）和第一个和第二个电子激发态（S_1，S_2）。在每个电子态上，出于分子振动的原因，又存在一系列振动能级（在图中用 0，1，2 表示）。光与物质的相互作用，即吸收光和发射光的过程，在贾布朗斯基图中是用竖线表示的。

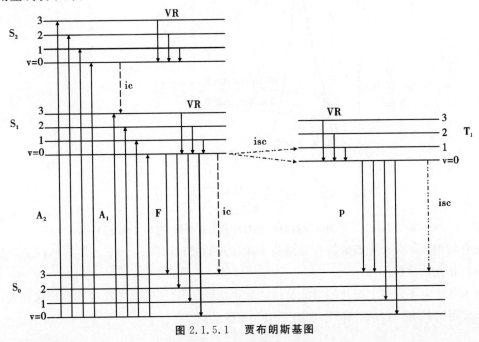

图 2.1.5.1　贾布朗斯基图

一般室温条件下,因为热运动的能量仅能使极微小的分子被激发到 1,2 等振动能级的激发态上,所以仅考虑分子处于最低的电子基态中的最低的振动能级上的情况,即分子处于 S_0 的 0 态的情况。

当物质吸收光以后,可能被激发到 S_1 或 S_2 电子态上去,除了一些特殊情况,激发到 S_1 或 S_2 电子态的各振动能级上的分子,会很快地内转换至这些电子态的最低的振动能级上,即 S_1 及 S_2 的 0 态上。然后,这些分子会从 S_1 或 S_2 的 0 态上向 S_0 的各振动能级跃迁,并发射光,这就是荧光。

到达 S_0 的各振动能级的分子再通过无辐射跃迁最后回到 S_0 的的 0 态上。

荧光物质一般只对特定的波长敏感,即只有部分波长的光可以激发出荧光。同等功率的不同波长的激发光,产生的荧光强度不同。如果固定某一发射波长,改变激发光的波长,记录相应的荧光的强度,可以绘制出荧光强度对比激发光波长的激发光谱曲线,它与吸收光谱相似。激发光谱曲线上的最大值为最大激发波长 λ_{ex},激发光的波长为最大激发波长时,荧光现象最为明显。

如果固定荧光的激发波长为最大激发波长,测量荧光在各个发射波长上的强度分布,可以绘制出荧光发射光谱曲线。一般称发射光谱为荧光光谱。发射谱线强度最大处对应的波长为最大发射波长 λ_{em}。除了一些特例,荧光的发射光谱的光谱分布(谱线强度分布密度)一般与激发波长无关,如图 2.1.5.2 所示。

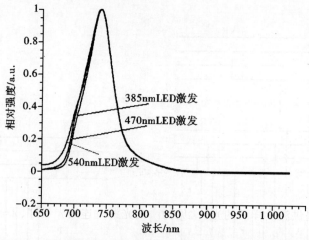

图 2.1.5.2　不同波长的激发光对应的荧光光谱（已做过强度归一化）

化合物溶液的荧光光谱的波长总是长于激发光的波长，即 $\lambda_{em} > \lambda_{ex}$，即红移现象，位移之差称为斯托克斯位移。

因为各个电子能级上振动能级的结构往往很接近，所以荧光物质往往存在镜像现象，即吸收谱和发射谱具有一定的对称性，如图 2.1.5.3 所示。

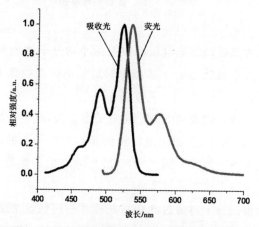

图 2.1.5.3　荧光物质的吸收光谱和发射光谱

有机物在生活中有很多种，土壤的有机成分想要产生荧光，条件也很苛刻，不是生活中见到的植物都能射散出荧光光谱，一般情况下肯定要达到以下这些要求才可以。如果该有机物能产生荧光，则该有机物分子必须具有一定程度的荧光效率。其实荧光效率也被称为荧光量子产额率，它其实就是土壤有机分子发射荧光的量子数和这些土壤有机物吸收的量子数的一个比值而已。荧光物质有很多特点，其中荧光效率就是一个。荧光效率表示该物质把吸收的光能转换成荧光的能力。荧光效率数值的大小与该物质的化学结构密切相关。任何对该有机物化学结构有影响的变化，都会导致该有机物荧光效率数值的变化并且具有大的共轭π键结构。一般情况下有机物中的共轭双键结构是由一个单键隔开的两个双键，这些分子中各种基团的运动都有固定的振动频率，双键结构一般是由羧基和羟基脱水而构成的。在对自然界的了解中，每一种分子都有特定的结构能产生红外光谱。分子中都含有各种各样的基团。除了以上的情况外，多环芳烃也具有非常强的荧光特性。

物质的荧光特性其实和我们的指纹一样都是独一无二的,具有独特性和唯一性。我们知道能量不能随便来随便去,而是一种转移。产生荧光这个过程或者产生荧光的前提条件是有机物分子吸收光能后,还得有合适的发射等级,而且能够溶于水的有机物有特定的官能团和组成机构,通过荧光光谱测量其结构和性质,从而来确定其种类,有机物结构和特有官能团主要影响荧光光谱细节特征和形态;有机物浓度主要影响有机物的荧光光谱强度。

三、实验装置

测量光路一般分为以下几个部分。

(1)激发光源,提供激发样品的光。常见的激发光源有连续光氙灯、汞灯和激光。对于微型设备来说,也会采用 LED 和脉冲氙灯作为激发光源。

(2)光学系统/滤光片。对于荧光测量系统来说,如果需要扫描激发光谱,一般会使用氙灯+单色仪的方案,如果不需要扫描激发光谱,则可以不使用单色仪,而是用滤光片过滤出特定波长的光作为激发光。特别是,一般要过滤掉激发光谱中对应发射光谱的波段范围,即如果发射光谱在 400 ~ 600 nm,则要滤除激发光谱中 400 ~ 600 nm 的光,以免激发光变成杂散光进入接收光路。

(3)样品一般放在专用的荧光比色皿中。荧光比色皿四面透光,一般激发光束与接收光束成直角布置,以减少杂散光和瑞利散射的影响。对于低温荧光测量,还需要有控温装置。

(4)探测器。传统上使用光电倍增管作为探测器。如果需要扫描光谱,则在光电倍增管前加单色仪。对于需要测量时间分辨光谱的应用来说,经常采用单个或成对的单光子探测器作为探测器。对于针对特别的应用设计的专用设备,也可以使用单个或多个滤光片作为分光装置,光电二极管作为探测器,以减小设备的体积和功耗。

四、实验主要部件

光纤光谱仪、光纤跳线、光纤准直镜、LED 光源、荧光比色皿、辐射式积分球。

五、实验内容及步骤

(1)对比不同波长的光作为激发光源,土壤溶液荧光的变化。

1)搭建实验系统。

2)使用 380 nm 的 LED,调整电流为 100 mA,照射土壤溶液。调整合适的积分时间和平均次数,记录采集其荧光光谱。

3)使用 420 nm 的 LED,调整电流为 100 mA,照射土壤溶液。调整合适的积分时间和平均次数,记录采集其荧光光谱。

4)使用 520 nm 的 LED,调整电流为 100 mA,照射土壤溶液。调整合适的积分时间和平均次数,记录采集其荧光光谱。

(2)使用荧光光谱分析法测定土壤溶液的浓度校准曲线。

1)使用 380 nm 的 LED 作为激发光源,设置电流为 300 mA,搭建荧光光谱测量系统。

2)配制成 500 mg/mL、400 mg/mL、300 mg/mL、200 mg/mL、100 mg/mL 的土壤溶液,可将以上溶液装于样品瓶中保存。

3)使用荧光光谱测量系统测量上述系列溶液的荧光光谱,测量过程中保持光路不变,溶液从浓到稀,保持积分时间和平均次数不变,记录光谱数据,使用光谱计算器软件计算荧光强度,并做出荧光强度相对浓度的校准曲线。

(3)根据校准曲线,测定未知土壤溶液的土壤含量。

1)保持系统光路不变。

2)配制任意浓度的土壤溶液作为待测溶液,测量其荧光强度。

3)根据校准曲线读出待测溶液浓度,以此推算出土壤的含量,与标称含量相比较,验证测试结果是否准确。

六、思考题

(1)分析荧光光谱测量系统的结构、工作原理以及输出特性。

(2)请说出土壤荧光光谱的范围。

(3)用哪个波长的 LED 激发荧光效果最好?为什么?

实验 1.6   植物叶绿素荧光光谱测试实验

一、实验目的

(1)掌握荧光光谱分析法的基本原理;

(2)能够搭建荧光光谱测量系统;

(3)完成定量测量植物叶绿素荧光光谱的技术方案;

(4)分析测量植物叶绿素荧光光谱及植物生理状况的关系。

二、实验原理

1.荧光的产生

某物质分子 3 个能级分布如图 2.1.6.1 所示。在常温条件下,分子内部的大部分电子都处于基态 S_1,很少有电子会处于激发态(激发态 S_2 或者激发态 S_3)能级。当该物质的分子受外界光源照射时,处于基态的电子吸收了光源中的光子能量 hf_e(h 为普朗克常量,f_e 表示光子频率,hf_e 能量必须恰好等于基态与激发态间的能级差)后在 $10 \sim 15$ ns 内就会由基态跃迁至激发态 S_2 或 S_3。电子跃迁至激发态 S_2 或 S_3,取决于吸收光子的能量 hf_e 的大小。当电子跃迁到 S_3 时,根据"内转化"效应,一部分能量会散失掉,从而导致电子会在 $10 \sim 12$ ns 内再跃迁至稍低的激发态 S_2。当电子处于 S_2 的最低振动能级时,电子不稳定性将使其在 $10^{-9} \sim 10^{-6}$ ns 内发射一个光子并返回基态 S_1(其他情况,电子也会以热散耗或非辐射的形式释放能量返回基态),

这就是荧光发射的全过程。

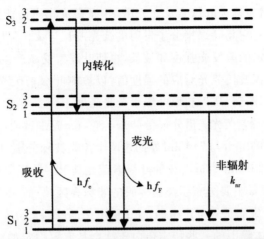

图 2.1.6.1　3 能级物质分子辐射荧光光子的示意图

　　植物叶绿素分子对用于光合作用的光能是具有一定选择性的,对某些波段的光能几乎不能被吸收用于光合作用,而对某些波段的光能却具有极强的吸收利用率。图 2.1.6.2 所示为植物叶绿素 a、b 的吸收光谱,叶绿素 a、b 对蓝紫光及红光具有很强的吸收利用率,而对绿光的吸收能力极弱,几乎不能吸收绿光进行光合作用,而是将全部照射植物的绿光反射出去,导致大部分植物体呈现绿色。叶绿素 a 与叶绿素 b 的吸收光谱略有不同,如图 2.1.6.2 所示,叶绿素 a 在蓝紫光波段的吸收峰值大约位于 425 nm 波长处,红光波段的吸收峰约位于 680 nm 波长处;而叶绿素 b 在蓝紫光波段的吸收峰值大约位于 470 nm 波长处,红光波段的吸收峰值大约位于 650 nm 波长处。两种叶绿素分子的吸收光谱有略微的平移。

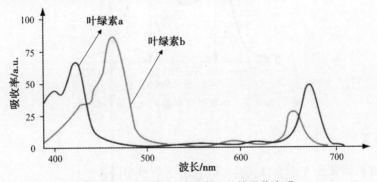

图 2.1.6.2　植物叶绿素 a、b 的吸收光谱

　　根据叶绿素分子的吸收光谱可初步确定叶绿素荧光寿命测量系统的激发光源波长范围。由于叶绿素荧光主要都是由叶绿素分子 a 产生的,所以在选择激发光源波长的时候仅考虑叶绿素 a 的吸收光谱。光源照射植物体后,来自光源的光能主要用于热散耗、发射荧光以及被叶绿素分子吸收用于光合作用,并且三部分能量的分配比例此消彼长。倘若选择叶绿素 a 吸收率尽量较低的激发光源,那么激发光源照射到叶绿素分子后,叶绿素分子用于光合作用的吸收光能量会比较少,那么更多的激发光子将有机会用于激发叶绿素分子产生荧光,会产生更多的荧光光子。如图 2.1.6.2 所示,叶绿素 a 在紫光与绿光波段吸收率相对比较低,因此单从叶绿素分

子吸收谱这一角度考虑,适合选择紫光或绿光波段的激发光源。

叶绿素荧光发射光谱简称为叶绿素荧光光谱,叶绿素荧光光谱能够反映叶绿素分子基态和各激发态之间的能量差。它是叶绿素分子发射的荧光波长与荧光强度之间的对应关系。测量荧光光谱时,必须保持固定的激发光强度和波长,再使叶绿素受激产生不同波长的荧光入射到光谱扫描仪中,从而记录各波长荧光对应的强度值。以被测叶绿素荧光的波长为横坐标,相应的荧光强度为纵坐标制作图谱,从而获取叶绿素荧光光谱。

如图 2.1.6.3 所示,叶绿素荧光光谱分布在 $600 \sim 800$ nm 这一波段,并且分别在约 680 nm 与 740 nm 处存在两个波峰。680 nm 与 740 nm 处的这两个荧光波峰分别对应于 PSⅡ 和 PSⅠ 的反应中心叶绿素分子 a,即 740 nm 附近波长的叶绿素荧光是 PSⅠ 反应中心叶绿素分子 a 产生的,PSⅠ 中的叶绿素分子 a 主要分布于类囊体膜的非垛叠区域;而 680 nm 附近波长的叶绿素荧光是 PSⅡ 反应中心叶绿素分子 a 产生的,而 PSⅡ 中的叶绿素分 a 子主要分布于类囊体膜的垛叠区域,并且与类囊体膜中的一些特定蛋白质结合具有更稳定的结构。PSⅠ 和 PSⅡ 是由一系列电子串联在一起来的,并且 PSⅠ 的激发能量来自于 PSⅡ,因此 680 nm 与 740 nm 波长的叶绿素荧光信号分别能够反映 PSⅡ 与 PSⅠ 的工作情况。植物生理状况发生变化,两个光系统的工作效率就会改变,从而叶绿素荧光光谱两波峰处的荧光发射效率也会随之变化。叶绿素提取液的荧光光谱 740 nm 波长处的波峰退去,说明叶绿素提取液 PSⅠ 遭到破坏。

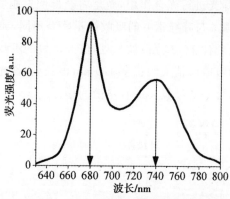

图 2.1.6.3　植物叶绿素的荧光光谱示意图

三、实验装置

与测土壤有机物荧光光谱测试实验(实验 1.5)项目相同。

四、实验主要部件

光纤光谱仪、光纤跳线、光纤准直镜、LED 光源、荧光比色皿、辐射式积分球。

五、实验内容及步骤

(1) 对比不同波长的光作为激发光源,植物叶绿素荧光光谱的变化。

1) 搭建实验系统。

2) 使用 380 nm 的 LED,调整电流为 100 mA,照射植物叶片。调整合适的积分时间和平均次数,记录采集其荧光光谱。

3)使用 420 nm 的 LED,调整电流为 100 mA,照射植物叶片。调整合适的积分时间和平均次数,记录采集其荧光光谱。

4)使用 520 nm 的 LED,调整电流为 100 mA,照射植物叶片。调整合适的积分时间和平均次数,记录采集其荧光光谱。

(2)使用荧光光谱分析法分析不同种类植物叶片的叶绿素荧光光谱特性。

1)使用 380 nm 的 LED 作为激发光源,设置电流为 300 mA,搭建植物叶绿素荧光光谱测量系统。

2)每位同学提前选择 5 片(分别来自于不同种类的植物)生理状况良好的植物叶片。

3)使用荧光光谱测量系统测量提前准备的 5 片植物叶片的叶绿素荧光光谱,在测量过程中保持光路不变,保持积分时间和平均次数不变,记录光谱数据,观察不同种类植物叶片荧光光谱图的异同,尤其注意不同种类植物叶片荧光光谱各个峰值的大小及位置。

(3)根据植物叶片叶绿素荧光光谱的形状判断植物的种类。

1)保持系统光路不变。

2)在 5 片植物叶片中任意选择 1 片,作为待测样品,使用荧光光谱测量系统测量其荧光光谱。

3)将这轮实验所获得的植物叶绿素荧光光谱与其他实验中所获得的植物叶绿素荧光光谱的谱型进行对比,观察这轮实验所获得的植物叶绿素荧光光谱与其他实验中哪组光谱图接近,以此推算被测植物的种类。

六、思考题

(1)分析荧光光谱测量系统的结构、工作原理。

(2)请说出植物叶绿素荧光光谱的谱型有什么特点,以及你们自己选择的 5 种植物的叶绿素荧光光谱又有什么不同之处?

(3)用哪个波长的 LED 激发植物叶绿素荧光效果较好?为什么?

实验 1.7 光谱法测量薄膜厚度实验

一、实验目的

(1)掌握白光干涉测定薄膜厚度的基本原理;

(2)能够使用拟合算法测量不同种类薄膜样片的膜厚;

(3)能够使用快速傅里叶变换算法测量不同种类薄膜样片的厚度。

二、实验原理

1.白光干涉测定薄膜厚度的基本原理

当光入射到单层薄膜上时,光会在薄膜的两个表面上发生多次反射,这些反射光相干叠加在一起,构成总的反射光。

不同波长的光的总的反射效果与薄膜介质的厚度、折射率、消光系数以及其薄膜上下表面材料的折射率、消光系数有关。当已知薄膜介质以及其上下面表面材料的折射率和消光系数，就可以通过数学计算反演出薄膜的厚度。

使用白光干涉法测量薄膜厚度的主流反演算法有两种，分别是拟合算法（光谱最小二乘法）和快速傅里叶变换（FFT）算法。拟合算法通过不断对比实测反射光谱与使用物理模型计算得到的理想反射光谱，寻找其中最接近于实测光谱的理想反射光谱。拟合算法的思想是光谱分析中的标准方法，不仅用于薄膜厚度反演中，还被广泛地用于成分、浓度测量等各种光谱分析中。

快速傅里叶变换算法一般用于比较厚一些的膜厚反演（$> 2 \ \mu m$）中。对于频谱分析来说，快速傅里叶变换比离散傅里叶变换的运算速度快，当需要分析信号的频谱特征时，使用快速傅里叶变换有速度上的优势。

（1）拟合算法测量薄膜厚度。

一束光从空气垂直入射到透明薄膜表面，由菲涅耳反射定律，其振幅反射系数（反射波幅度与入射波振幅之比）为

$$A_1 = \frac{n_0 - n_1}{n_0 + n_1} \qquad (2.1.7.1)$$

其中，n_0 为空气的折射率；n_1 为薄膜的折射率。

振幅的透射系数为

$$T = \frac{2n_0}{n_0 + n_1} \qquad (2.1.7.2)$$

透射光在薄膜与基底界面再次发生反射，振幅反射率为

$$A_2 = \frac{n_0 - n_1}{n_0 + n_1} \qquad (2.1.7.3)$$

其中，n_2 为基底的折射率。

反射光在两界面间多次发生反射，所有反射光总振幅相对于入射光的反射系数为

$$A = \frac{A_1 + A_2 e^{-i\beta}}{1 + A_1 A_2 e^{-i\beta}} \qquad (2.1.7.4)$$

其中，$\beta(\lambda) = 2\pi n_1 h / \lambda$，$h$ 是薄膜的厚度。光强反射系数为

$$R = |A|^2 \qquad (2.1.7.5)$$

（2）FFT 算法测量薄膜厚度。

对于 A_1、A_2 均远小于 1 的情况，式（2.1.7.4）中的分母对结果的影响小，而分子对于结果的影响大，如果只考虑分子，则

$$A_R \approx A_1 + A_2 e^{-ik(2h)} \qquad (2.1.7.6)$$

总光强 I_R 为

$$I_R \approx A_R^* A_R = \left[A_1 + A_2 e^{-ik(2h)} \right] \left[A_1 + A_2 e^{ik(2h)} \right] =$$
$$A_1^* A_1 + A_2^* A_2 + A_1^* A_2 e^{ik(2h)} + A_1^* A_2 e^{-ik(2h)} =$$
$$|A_1|^2 + |A_2|^2 + 2|A_1 A_2| \cos(2hk + \phi) \qquad (2.1.7.7)$$

其中

$$e^{i\phi} = \frac{A_1^* A_2}{|A_1 A_2|} \tag{2.1.7.8}$$

$$k = \frac{2\pi}{\lambda} = \frac{2\pi n}{\lambda_0} \tag{2.1.7.9}$$

其中,h 是薄膜厚度;n 是薄膜的折射率;λ_0 是光在真空中的波长。对于一般的透明薄膜来说,折射率随波长缓慢变化,因此,A_1、A_2 均随波长缓慢变化,式(2.1.7.7)中随 k 变化的项是最后一项,即 I_R 随 k 变化的频率与 h 有关。因此,通过对 I_R 随 k 变化的曲线做傅里叶变换,就可以反演出 h,即薄膜厚度。

2.测量方法

本实验提供的薄膜测厚教学软件,共有 7 个模块,分别是"读入数据""计算反射光谱""设置算法""拟合-预处理""拟合-最小二乘法""FFT-预处理"和"FFT-谱"。其中的前两个模块("读入数据""计算反射光谱")是通用的,在第三个"设置算法"模块中,需要根据所测量的薄膜厚度选择使用拟合算法或快速傅里叶变换算法,若选择拟合算法,则在"拟合-预处理"和"拟合-最小二乘法"这两个模块里进行膜厚的计算;若选择快速傅里叶变换算法,则在"FFT-预处理"和"FFT-谱"这两个模块里进行膜厚的计算。

软件框架图如图 2.1.7.1 所示,下面对各模块的功能进行介绍。

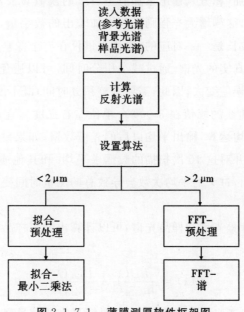

图 2.1.7.1　薄膜测厚软件框架图

(1) 读入数据。

为了测量薄膜的厚度,需要知道薄膜的反射光谱。反射光谱是通过参考光谱、背景光谱和样品光谱这 3 个光谱数据计算得到的,它们的测量条件如下:

1) 光照射到参考样品上的反射光(参考光谱);

2) 没有样品时,光谱仪接收到的杂散光(背景光谱);

3) 放置样品后,光谱仪接收到的反射光(样品光谱)。

3 次测量的光谱图如图 2.1.7.2 所示。

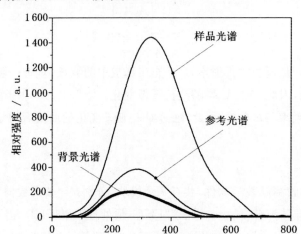

图 2.1.7.2　3 次采集的光谱图像

参考光谱、背景光谱、样品光谱通过光谱仪软件分 3 次进行采集,光谱仪的采集参数有两个 —— 积分时间和平均次数。其中,积分时间类似于照相机中的快门时间。光谱仪的传感器会把积分时间之内的光做累加(积分),输出累加值至后续的模数转换器。如果在某个像素上,积分后的信号强度超过量程,继续增大光强则不能增加输出的数字量,此时,称在这个像素上的信号饱和了,因为像素和波长是一一对应的,也称光谱仪在这个像素所对应的波长上饱和了。

饱和的数据不能反映真实的光谱。通过减小积分时间,可以避免饱和现象,但是过小的信号强度会导致测量的随机误差变大,因此,需要调整积分时间,既不能使信号过强,也不能使信号过弱,一般以原始光谱曲线的峰值在 3 000 个单位左右强度为宜。此外,光谱仪内部会对采集到的原始光谱信号做平均运算,输出平均以后的光谱数据。如果设置平均次数为 10,则光谱仪内部会进行 10 次扫描,并对这 10 次扫描的数据求平均。和其他通常的平均操作一样,求平均值会减小随机误差,然而,过大的平均次数会导致总的测量时间变长。

(2) 计算反射光谱。

通过对比参考光谱、背景光谱和样品光谱,可以计算出薄膜样品相对于参考样品的反射光谱亮度比:

$$R(\lambda) = \frac{L_{\text{ref}}(\lambda) - L_{\text{dark}}(\lambda)}{L_{\text{sample}}(\lambda) - L_{\text{dark}}(\lambda)} \tag{2.1.7.10}$$

其中,R 是亮度比;L_{ref} 是参考光的信号强度;L_{dark} 是背景光的信号强度;L_{sample} 是样品光的信号强度,计算得到的典型反射光谱如图 2.1.7.3 所示。

(3) 设置算法。

使用白光干涉法测量薄膜厚度的主流反演算法有两种,分别是拟合算法和快速傅里叶变换算法。一般情况下,厚度小于 2 μm 的薄膜选择拟合算法,大于 2 μm 的薄膜选择快速傅里叶变换算法。

因为光源在各个波段的亮度不同,光谱仪在各个波段的响应也不一致,所以,反射光谱会在一些波段噪声较低,一些波段噪声较高,为了减小系统误差的影响,算法的搜索范围可以通过设置待测薄膜的"最小厚度"和"最大厚度"来指定,如果薄膜真实的厚度在所设定的范围以外,则会导致反演的厚度错误,然而设置过大的厚度范围会增加软件计算时间。同时,为了反演厚度,还需要知道基底材料和薄膜材料的折射率和消光系数,因此设置参数时还需要选择基底和薄膜所对应的材料。本实验提供了配套测试样品的材料数据,如果用户需要测量其他薄膜样品,也可自行扩展数据文件。

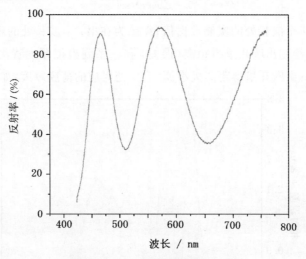

图 2.1.7.3 计算后的反射光谱

(4) 拟合-预处理和和 FFT-预处理。

因为样品的不完美,实验环境、设备和测试方法的限制,实验测量到的数据会受到各种各样的干扰。为了能从光谱数据中排除干扰,方便进一步的运算,需要使用扣除基线、比例缩放和差分(求导数)等方法对光谱数据进行预处理。在本实验中,拟合算法使用了扣除基线和比例缩放的预处理方法,快速傅里叶变换算法使用了差分的预处理方法,预处理后的结果如图2.1.7.4 所示。

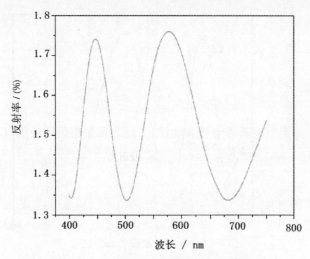

图 2.1.7.4 拟合-预处理后的光谱图像

（5）拟合-最小二乘法。

通过对比实测光谱和标准光谱,然后寻找最靠近实测光谱的理论光谱图,是拟合算法的核心。通过在软件中计算一系列厚度的光谱的理论值,然后对比计算所得到的光谱与实际测量到的光谱之间的差异,差异越小说明曲线越接近。本实验中使用欧几里得距离来衡量两条曲线之间的差异:

$$D_{\mathrm{Euclid}} = \sqrt{\sum_i \left(A_{\mathrm{exp},i} - A_{\mathrm{the},i} \right)^2} \tag{2.1.7.11}$$

其中,$A_{\mathrm{exp},i}$ 为在第 i 个波长处的实测数据值;$A_{\mathrm{the},i}$ 为在第 i 个波长处的理论数据值。

经过运算,可以绘制出欧几里得距离(误差)与一系列模拟厚度管沟之间的关系。在这样的图中可以直观地看出欧几里得距离极小值(T_{m})处对应的薄膜厚度,如图 2.1.7.5 所示。

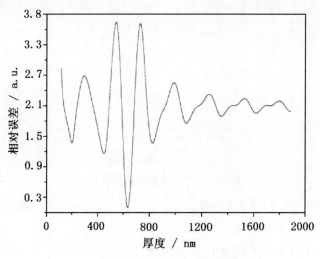

图 2.1.7.5　拟合后的光谱图像

拟合之后,在"拟合-预处理"模块中会叠加显示 T_{m} 值所对应的反射光谱的理论值,如图 2.1.7.6 所示。

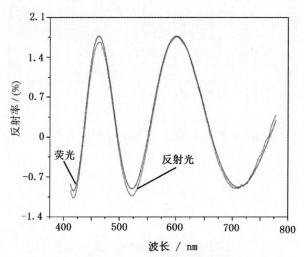

图 2.1.7.6　拟合后的反射光谱理论值

(6)FFT-谱。

FFT算法中的总光强 I_R 的最后一项随 k 值周期性变化,而不是与 λ_0 呈周期性,因此要先把光谱曲线的横坐标改为 k。在实际运算中,用 $n_{\lambda 0}$ 作为横轴,重新绘制反射光谱曲线。因为需要用的信号,也就是总光强 I_R 是一个不随波长变化或者缓慢变化的周期性信号。在对光谱信号的预处理中,有时会对原始信号取导数(对于离散信号是取差分),得到差分信号以突出变化量。

这样就利用了周期性信号的导数仍然是周期性的,且频率不变的特性。最终得到的差分谱,经过傅里叶变换以后,可以得到如图2.1.7.7所示的频谱。因为原信号与 k 值有周期性的变化关系,在频谱中的对应频率(对应于薄膜厚度)会出现峰。

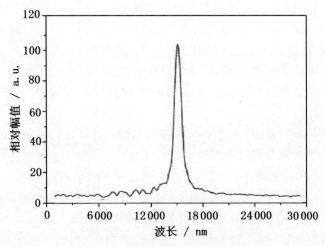

图 2.1.7.7　傅里叶变换后的光谱图像

三、实验装置

将反射式光纤探头标注为"探测端"的尾纤用 SMA 法兰盘安装在下方的镜座上,上方镜座用于放置待测物或参考物,上方镜座与下方镜座之间的距离在 20 mm 左右,并尽量保证垂直对应。将反射式光纤探头标注为"光源端"的尾纤与卤钨灯光源相连,标注为"采集端"的尾纤与光纤光谱仪相连,光纤光谱仪通过 USB 线与电脑相连,每次实验之前必须先打开卤钨灯光源,使其预热一段时间。

四、实验主要部件

光纤光谱仪、卤钨灯光源、反射式光纤探头、薄膜样品。

五、实验内容及步骤

(1)使用拟合算法测量膜厚。

1)首先识别参考物和待测物。测量单层薄膜的厚度时,参考物为基底,待测物为镀膜窗口(镀膜面在镜片侧面有箭头指向,测量时镀膜面朝向探测端);测量镀膜硅片时,放置参考物时将硅片未镀膜面朝向探测端,放置待测物时将硅片镀膜面朝向探测端。

2）打开光谱测量软件，先采集参考光谱，在上方镜座上放置参考物，在软件中设置合适的积分时间 integration time 和平均次数 scans average，确保参考物的光谱曲线不达到饱和状态（峰值在 3 000 个单位左右强度为宜），一般情况下，设定平均次数为 100 次，点击按扭保存参考光谱。

3）将参考物取下，采集背景光谱并保存。

4）放置待测物，采集样品光谱。

5）插入软件狗，打开"薄膜测量教学软件"。进入"读入数据"界面，点击按钮将之前采集的 3 个光谱数据读入。

6）进入"计算反射光谱"界面，单击"计算反射光谱"。完成计算反射光谱后，可以保存采集到的反射光谱数据，也可在此步中直接打开之前保存的反射光谱进行后续计算。

7）进入"设置算法软件"界面，由于待测薄膜厚度在 2 μm 以下，所以选中拟合算法，通过观察反射光谱，选择噪声较小的波段范围参与运算，如 400 ～ 800 nm，输入待测薄膜的厚度范围，须保证待测膜的厚度包含在所选范围以内，在本实验中设定为 100 ～ 2 000 nm 即可，选择对应的基底材料和薄膜材料，然后单击"确定"即可。

8）进入"拟合-预处理"界面，先后单击"扣除平均值"和"振幅归一化"，软件会显示其计算结果。

9）进入"拟合-最小二乘法"界面，单击"拟合"，即可计算出待测薄膜的厚度。

（2）使用 FFT 算法测量薄膜的厚度。

1）保持步骤（1）中的光路。

2）参照步骤（1）中的方法，使用光谱测量软件，分别采集参考光谱（基底）、背景光谱（不放物品，采集环境光）和样品光谱（用基底压住薄膜）的光谱图像。

3）打开"薄膜测量教学软件"。进入"读入数据"界面，点击按钮将之前采集的 3 个光谱数据读入。

4）进入"计算反射光谱"界面，单击"计算反射光谱"。由于薄膜不会像光学玻璃那样厚度和折射率都很均匀，所以其反射谱里会出现类似光拍的现象。

5）进入"设置算法软件"界面，由于待测薄膜厚度在 2 μm 以上，所以选中 FFT 算法，选择 750 ～ 850 nm 波段参与运算，输入待测薄膜的厚度范围，设定为 2 000 ～ 40 000 nm 即可，选择对应的基底材料和薄膜材料，然后单击"确定"。

6）进入"FFT-预处理"界面，先后单击"坐标变换"和"计算差分谱"，软件会显示其计算结果。

7）进入"FFT-谱"界面，单击"傅里叶变换"，即可计算出待测薄膜的厚度。

8）可以再返回"设置算法软件"界面，试着选择不同的波段范围参与运算，并对运算的结果进行分析。

另外，在实验中应该注意以下事项：

1）避免过度弯折光纤跳线；

2）避免直视光源；

3）光纤卤钨灯预热 30 min 以后输出光更稳定；

4）不可用手接触待测物，尤其是光学玻璃和硅片的表面，拿取测试样品最好带指套操作，样品表面清洁可使用醇醚混合液。

六、思考题

(1) 分析光谱法薄膜测厚系统的结构以及工作原理。

(2) 请说出拟合算法测量薄膜厚度以及 FFT 算法测量薄膜厚度的原理。

(3) 请问同学们在实验中有什么注意事项?

实验 1.8　水中有机物的拉曼光谱检测实验

一、实验目的

(1) 掌握拉曼散射的基本原理;

(2) 掌握拉曼光谱测量系统基本器件;

(3) 能够搭建拉曼光谱测量光路;

(4) 测量并分析咖啡、99% 丙三醇、茶叶、95% 乙醇、柠檬酸和泥土溶液的拉曼光谱;

(5) 掌握应用拉曼光谱测定有机物成分及浓度。

二、实验原理

1. 拉曼散射的经典理论

当频率为 v_0 的激发光入射到介质上时,除了被介质吸收、反射和透射外,总有一部分被散射。当激发光的光子与作为散射中心的分子发生相互作用时,大部分光子仅是改变了方向,而光的频率仍与激发光源一致,这种散射称为瑞利散射,但也存在很微量的光子不仅改变了光的传播方向,而且也改变了光波的频率,这种散射称为拉曼散射,拉曼散射光的强度占总散射光强度的 $10^{-6} \sim 10^{-10}$。

在入射光场作用下,介质分子将被极化产生感应电偶极矩。当入射光场不太强时,感应电偶极矩 P 与入射光电场 E 呈线性关系:

$$P = \alpha E \tag{2.1.8.1}$$

式中,α 称为极化率张量,在通常情况下 P 和 E 不在同一个方向,因此 α 是一个 3×3 矩阵的二阶张量:

$$\alpha = \begin{bmatrix} \alpha_{xx} & \alpha_{xy} & \alpha_{xz} \\ \alpha_{yx} & \alpha_{yy} & \alpha_{yz} \\ \alpha_{zx} & \alpha_{zy} & \alpha_{zz} \end{bmatrix} \tag{2.1.8.2}$$

它通常是一个实对称矩阵,即有 $\alpha_{ij} = \alpha_{ji}$。$\alpha_{ij}$ 的取值由具体介质的性质决定的,通常是不为零的。

分子总是在其平衡位置做振动,因此分子极化率亦将随着发生变化。当分子做振动的幅度不大时,可以将极化率的各个分量按简正坐标的泰勒级数展开:

$$\alpha_{ij} = (\alpha_{ij})_0 + \sum_k \left(\frac{\partial \alpha_{ij}}{\partial Q_k}\right)_0 Q_k + \frac{1}{2}\sum_{k,l}\left(\frac{\partial^2 \alpha_{ij}}{\partial Q_k \partial Q_l}\right)_0 Q_k Q_l + \cdots \tag{2.1.8.3}$$

式中,第一项为零级项,它对应于分子处于平衡状态时的值,即对应于不发生频移的瑞利散射;第二项是极化率对分子振动频率为 v_k 的简正坐标的一阶导数,表示在频率为 v_k 的简正振动中分子电极化率因微扰发生的变化,将产生通常的(线性)拉曼散射,可见拉曼散射是同分子的某个振动模式中电极化率是否发生变化相关联的,通常就称分子振动时导致电极化率变化的物质为"拉曼活性"的;第三项及其以上为非线性项,由于远远小于一次项,所以忽略不计。

假定分子做简谐振动,则第 k 个、频率为 v_k 的简正振动表示为

$$Q_k = Q_{k0} \cos(2\pi v_k t + \varphi_k) \tag{2.1.8.4}$$

频率为 v_0 的入射光场可表示为

$$E = E_0 \cos 2\pi v_0 t \text{(只考虑一个分量,如 } x \text{ 方向)} \tag{2.1.8.5}$$

它对分子产生的感应电偶极矩为

$$P = \alpha_{ij} E = (\alpha_{ij})_0 E_0 \cos 2\pi v_0 t +$$

$$\frac{1}{2}\left(\frac{\partial \alpha_{ij}}{\partial Q_k}\right)_0 Q_{k0} E_0 \cos[2\pi(v_0 - v_k)t + \varphi_k] +$$

$$\frac{1}{2}\left(\frac{\partial \alpha_{ij}}{\partial Q_k}\right)_0 Q_{k0} E_0 \cos[2\pi(v_0 + v_k)t + \varphi_k] \tag{2.1.8.6}$$

$$P = P_0(v_0) + P_k(v_0 - v_k) + P_k(v_0 + v_k) \tag{2.1.8.7}$$

式(2.1.8.7)表明入射光场对介质分子的极化作用将产生 3 个感应偶极矩,频率分别为 v_0, $v_0 - v_k$, $v_0 + v_k$,分别对应瑞利、拉曼(斯托克斯和反斯托克斯)散射。可以理解为具有简正振动的散射体的散射光场,可以视为入射光波被该散射体调制的结果。因此散射光波除仍以入射光频 v_0 辐射外,还产生与散射体振动频率 v_k 有关的差频 $v_0 - v_k$ 及和频 $v_0 + v_k$ 的光。

如图 2.1.8.1 所示按量子论的观点,频率为 v_0 的入射单色光可以看作是具有能量为 hv_0 的光子,当光子与物质分子碰撞时有两种可能,一种是弹性碰撞,另一种是非弹性碰撞。在弹性碰撞过程中,没有能量交换,光子只改变运动方向,这就是瑞利散射;而非弹性碰撞不仅改变运动方向,而且有能量交换,这就是拉曼散射。处于基态的分子受到入射光子 hv_0 激发跃迁到一受激虚态,而受激虚态是不稳定的,很快向低能级跃迁。如果跃迁到基态,把吸收的能量 hv_0 以光子的形式释放出来,这就是弹性碰撞,为瑞利散射;如果跃迁到电子基态中的某振动激发态上,则分子吸收部分能量 hv_k,并释放出能量为 $h(v_0 - v_k)$ 的光子,这是非弹性碰撞,产生斯托克斯线。若分子处于某振动激发态上,受到能量为 hv_0 的光子激发跃迁到另一受激虚态,如果从虚态仍跃迁到激发态则产生瑞利散射;如果从虚态跃迁到基态,则释放出能量为 $h(v_0 + v_k)$ 的光子,产生反斯托克斯线。

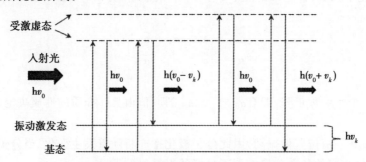

图 2.1.8.1　拉曼散射的经典理论示意图

2.拉曼光谱技术的优越性

拉曼光谱是无损伤的定性定量分析,它无需样品准备,样品可直接通过光纤探头或者通过

玻璃、石英和光纤测量,常规拉曼只需要少量的样品就可以得到,此外,由于水的拉曼散射很微弱,拉曼光谱是研究水溶液中的生物样品和化学化合物的理想工具,拉曼光谱一次可以同时覆盖 50～4 000 波数的区间,可对有机物及无机物进行分析,且拉曼光谱谱峰清晰尖锐,更适合定量研究、数据库搜索,以及运用差异分析进行定性研究。

三、实验装置

实验系统原理示意图如图2.1.8.2所示,波长为785 nm、出射功率为600 mW的拉曼激光器发出激光,激光经激发光纤到达拉曼探头的输入端,输入端与样品池连接,照射样品池中的被测样品溶液,拉曼探头采集到的拉曼信号被收集光纤收集到达拉曼光谱仪输入端,拉曼光谱仪输出端通过 USB 线与装有分析拉曼光谱软件的计算机连接,通过软件对采集到的拉曼光谱进行处理和分析。

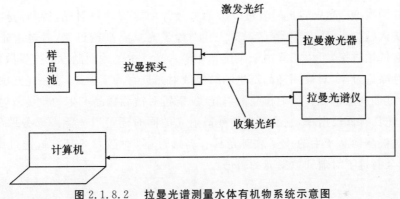

图 2.1.8.2　拉曼光谱测量水体有机物系统示意图

拉曼光谱测量的仪器主要包括拉曼激光器、拉曼探头、拉曼光谱仪、样品池和装有拉曼光谱分析软件的计算机。拉曼激光光源的选择由检测对象及应用场合所决定,常用的激光光源有氩离子激光器、氦氖激光器、CO_2 激光器、红宝石激光器、Nd:YAG 激光器、半导体激光器和染料激光器等,由于拉曼光谱信号取决于物质分子的内部结构,而与激发光源的种类无关,所以对激光光源的要求并没有固定模式。

由于拉曼散射属于微光探测,在选择光源时需要注意避免信号的背景噪声,由激光引起的荧光往往是最普遍遇到的背景光来源,所以必须选择合适的激光光源以降低可能的荧光背景,荧光背景强度与激发光频率即物质分子的选择性吸收有关,荧光光谱一般在外观上要比拉曼峰宽很多,看起来就像拉曼光谱缓慢变化的基线,对于有些物质,即使浓度很低,其产生的荧光背景也会比整体材料产生的拉曼光谱还要强,因此必须结合检测对象来对激光光源进行选取。减小或消除荧光背景的最佳方法是选择使用合适的拉曼激发波长,或者不被荧光材料吸收,或者产生拉曼光谱范围以外的荧光,当然,如果选用的激光波长能与检测对象的吸收峰不发生重叠,还可进一步降低激光引起的热效应,从而降低黑体辐射噪声。本实验使用的是输出波长为785 nm、输出功率为600 mW的拉曼激光器,如图2.1.8.2所示,激光器发出的光为近红外光,近红外光的优点是荧光信号弱,剔除了荧光信号对拉曼信号的影响,在实验中由于拉曼信号较弱,不易采集,查阅资料得知拉曼信号强度与激发光源波长存在反比关系,说明在激发光源波长较小的情况下,拉曼信号强度更强,更易于采集,因此相对于 1 064 nm 红外光,我们使用785 nm 激发光源,使实验采集到的拉曼信号强度更强、更明显。此外,激光器采用稳频技术将波长锁定在±0.5 nm、带宽0.2 nm范围内,窄线宽激光器由于其中心波长稳定度高、能量集中,所以广泛应用于拉曼测量。

拉曼探头是拉曼光谱仪的关键器件,用于传导激发光束、收集拉曼光谱,测量被测物质时采集到的拉曼信号往往很弱。因此,为提高拉曼光谱检测的精度和灵敏度,拉曼探头一方面需要尽可能阻止瑞利散射光进入光谱仪,另一方面需要尽可能地提高拉曼散射信号的收集、利用效率。为使激光更好地传输,本课题实验采用型号为RL-RP-785的拉曼探头,拉曼光谱检测范围为150～3 000 nm;探测光纤芯径为200 μm,适用波长为VIS-NIR;激发光纤芯径为105 μm,适用波长为VIS-NIR;光纤长度为(115±30)cm;45 mm不锈钢聚焦探头探棒。

典型拉曼探头结构(见图2.1.8.3)为激发光从激发光纤进入探头,经过透镜1变为平行光,然后依次通过窄带通滤光片、双色镜、透镜2,透镜2将激发光聚焦于被测样品,被测样品产生的拉曼散射光连同瑞利散射光一起反方向进入探头,由透镜2收集并准直,再依次经过双色镜和反射镜的两次90°光束转折后通过长波通滤光片滤除瑞利散射光,所剩的拉曼散射光由透镜3会聚进入收集光纤。其中,窄带通滤光片对激发光具有高透过率,对输入光纤产生的拉曼散射光具有低透过率,可以滤除由于激发光在输入光纤中传输而激发的拉曼散射光。双色镜对激发光具有高透过率,对被测样品产生的拉曼散射光具有高反射率,它在光路中正向透过激发光,背向透过瑞利散射光并反射拉曼散射光。反射镜对被测样品产生的拉曼散射光具有高反射率,对激发光具有低反射率,它在反射拉曼散射光的同时还可以滤除一部分瑞利散射光。长波通滤光片对被测样品产生的拉曼散射光具有高透过率,对激发光具有低透过率,它与双色镜、反射镜配合满足了对瑞利散射光的阻透。

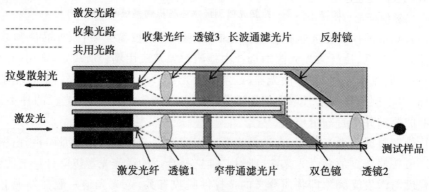

图2.1.8.3　拉曼探头结构图

在测量水体有机物的拉曼光谱时,对拉曼光谱仪的首要要求就是具备高精度的光谱分辨率和灵敏度。光谱分辨率越高,就越容易区分波长相似的化合物,区别出相似的分子结构。灵敏度代表了拉曼光谱仪把光信号转换为电信号的能力,高的灵敏度有助于减小电路自身的噪声对结果的影响,在拉曼测量中,激发光与样品之间的相互作用很弱,因此灵敏度的问题就显得很重要。本课题实验采用的拉曼光谱仪型号为RL-SPEC,采用交叉非对称C-T光路结构和干涉滤光片消二级衍射,工作波长范围为350～1 000 nm,分辨率为1 nm,积分时间为1 ms～6.5 s。

样品池用来盛放有机物溶液样品。考虑到实验的透光要求和本身灵敏度,选用比色皿盛放溶液较为合适。由于普通石英比色皿对荧光有吸收作用,且拉曼光谱信号较弱,为了最大程度减小荧光对实验的影响,保证拉曼信号的稳定,故选用石英比色皿。

计算机上必须安装拉曼光谱及物质鉴别软件和相关驱动,这样才能将拉曼探头转换的电信号,通过 USB 数据线转换为可识别的光谱,并对光谱数据进行初步的分析和存储。

四、实验主要部件

拉曼激光器、拉曼探头、拉曼光谱仪、样品池和装有拉曼光谱分析软件的计算机。

五、实验内容及步骤

(1)测量同等浓度下,不同种类有机物溶液的拉曼光谱。

1)按照如图 2.1.8.2 所示的拉曼光谱测量系统示意图搭建实验系统,将拉曼探头标有"laser"的一端与拉曼激光器相连,标有"spectrometer"的一端与拉曼光谱仪相连,光谱仪通过 USB 线连接电脑,将空的比色皿放置在样品池内,罩上盖子。

2)将拉曼探头前端的不锈钢镜筒插入样品池的探测孔内,用顶丝固定。

3)打开光谱软件界面,在正式测试前需要先扣除暗背景。设置恰当的积分时间和平滑度,罩上样品池的盖子,调节横纵轴显示范围使拉曼光谱完全显示在坐标轴上,单击"暗光谱保存"保存暗光谱,再勾选"去除暗光谱按钮",这样就扣除了探测器的暗背景,再单击"调节坐标轴"可显示去除暗背景后的信号。

4)用移液器将配置溶液移入比色皿中,打开拉曼激光器电源,慢慢加大工作电流到 1.1 A,积分时间设为 1 000 ms,调节恰当平滑度,在正式测试前扣除暗背景,同时不断调节纵轴的显示范围,观察采集到的光谱。

5)因为拉曼信号较弱,为使实验结果便于分析,需使采集到的拉曼光谱图像有显著特征。故制备浓度较高的溶液,得到显著的拉曼光谱。此实验中,分别将 0.6 g 的 99% 丙三醇、95% 乙醇、茶叶和泥土,溶于 10 mL 水中,搅拌均匀。进行上述实验步骤,得到不同物质对应的拉曼光谱。

(2)测量和观察不同浓度下,同一物质的拉曼光谱特性。

1)保持实验(1)中的光路。

2)调节激光器电流为 1.1 A、积分时间设为 1 000 ms,调节恰当平滑度,在正式测试前扣除暗背景。

3)此实验中将物质的浓度分别设为 0.2 g 物质 + 10 mL 水、0.4 g 物质 + 10 mL 水、0.6 g 物质 + 10 mL 水、0.8 g 物质 + 10 mL 水、1.0 g 物质 + 10 mL 水。用 785 nm 拉曼激光器分别照射不同浓度的物质溶液得到与之对应的拉曼光谱,并进行进一步分析。

4)分别利用 99% 丙三醇、95% 乙醇、茶叶和泥土重复进行实验,观察同一物质不同浓度溶液的拉曼光谱的变化趋势。

5)分别测量每种物质拉曼光谱的最大强度,并且拟合物质溶液浓度与最大拉曼光谱强度的关系曲线。

(3)根据关系曲线,测定未定含量相关物质的含量。

1)保持系统光路不变。

2)配制任意浓度的丙三醇、乙醇、茶叶、泥土溶液,作为待测溶液,测量其拉曼光谱的最大强度。

3）根据第 2）步拟合的关系曲线读出待测物质的溶液浓度，以此推算出待测物质的含量，与标称含量相比较，验证测试结果是否准确。

六、思考题

（1）分析拉曼光谱系统的结构以及工作原理。

（2）请说出拉曼光谱产生的原理。

（3）通过实验同学们是否能想到拉曼光谱系统还可以有什么实际用途？

第二章　　光电信息处理技术

本节主要包括基于光的干涉、衍射及光波调制变换分析,以及通过光进行信息传输两部分。光信息合成分解主要指的是通过系统改变光波波前特性或者实现光波信息量的变换,使得改变后的光的波前便于观测或便于传感器探测,或通过传感器采集到的信号分析光波波前特征。光通信是通过光电耦合调制与解调过程,利用光传输信息。

实验 2.1　　阿贝成像与空间滤波实验

一、实验目的

(1)掌握空间滤波的基本原理,理解并分析成像过程中"分频"与"合成"机理;

(2)掌握方向滤波、高通滤波和低通滤波等滤波技术,观察各种滤波器产生的滤波效果,加深对光学信息处理实质的认识;

(3)能够根据技术要求设计光波空间滤波技术方案。

二、实验原理

1.傅里叶变换在光学成像系统中的应用

在信息光学中,常用傅里叶变换来表达和处理光的成像过程。设一个 xy 平面上的光场的振幅分布为 $g(x,y)$, 可以将这样一个空间分布展开为一系列基元函数 $\exp[i2\pi(f_x x + f_y y)]$ 的线性叠加,即

$$g(x,y) = \iint_{-\infty}^{\infty} G(f_x,f_y)\exp[2i\pi(f_x x + f_y y)]\mathrm{d}f_x\,\mathrm{d}f_y \qquad (2.2.1.1)$$

式中,f_x,f_y 为 x,y 方向的空间频率,量纲为 L^{-1};$G(f_x,f_y)$ 是相应于空间频率 f_x,f_y 的基于原函数的权重,称为空间频谱函数,$G(f_x,f_y)$ 可由式(2.2.1.2)求得:

$$G(f_x,f_y) = \iint_{-\infty}^{\infty} g(f_x,f_y)\exp[-2i\pi(f_x x + f_y y)]\mathrm{d}x\mathrm{d}y \qquad (2.2.1.2)$$

$g(x,y)$ 和 $G(f_x,f_y)$ 实际上是对同一光场的两种本质上的等效描述。

当 $g(x,y)$ 是一个空间的周期性函数时,其空间频谱就是不连续的。例如空间频率为 f_0 的一维光栅,其光振幅分布展开成级数:$g(x) = \sum_{n=-\infty}^{\infty} \exp(2i\pi n f_0 x)$。

2.阿贝成像原理

傅里叶变换在光学成像中的重要性,首先在显微镜的研究中显示出来。1874 年,德国人阿

贝从波动光学的观点提出了一种成像理论。他把物体通过凸透镜成像的过程分为两步:① 从物体发出的光发生夫琅禾费衍射,在透镜的像方焦平面上形成其傅里叶频谱图;② 像方焦平面上频谱图各发光点发出的球面次级波在像平面上相干叠加形成物体的像。阿贝成像原理是现代光学信息处理的理论基础,空间滤波实验是基于阿贝成像原理的光学信息处理方法。

成像的这两步本质上就是两次傅里叶变换,如果物的振幅分布是 $g(x,y)$,可以证明在物镜后焦面 x',y' 上的光强分布正好是 $g(x,y)$ 的傅里叶变换 $G(f_x,f_y)$(只要令 $f_x=\dfrac{x'}{\lambda F}$,$f_y=\dfrac{y'}{\lambda F}$,$\lambda$ 为波长,F 为物镜焦距)。因此第一步起的作用就是把一个光场的空间分布变成空间频率的分布;而第二步则是通过傅里叶逆变换将 $G(f_x,f_y)$ 还原到物空间。

为了方便起见,假设物是一个一维光栅,平行光照在光栅上,经衍射分解成为向不同方向的很多束平行光(每一束平行光对应于一定的空间频率)。经过物镜分别聚集在后焦面上形成点阵,然后代表不同空间频率的光束又在像平面上复合而成像。

但一般说来,像和物不可能完全一样,这是由于透镜的孔径是有限的,总有一部分衍射角度较大的高次成分(高频信息)不能进入物镜而被丢弃了,所以像的信息总是比物的信息要少一些,高频信息主要是反映物的细节的,如果高频信息受到了孔径的阻挡而不能到达像平面,则无论显微镜有多大的放大倍数,也不可能在像平面上分辨出这些细节,这是显微镜分辨率受到限制的根本原因,特别当物的结构是非常精细(如很密的光栅),或物镜孔径非常小时,有可能只有 0 级衍射(空间频率为 0)能通过,则在像平面上就完全不能形成图像。

3. 空间滤波原理

空间滤波是光学信息处理的一种重要技术。阿贝-波特实验是空间滤波的典型实验,它极为形象地验证了阿贝成像原理,是傅里叶变换最基础的实验,阿贝成像原理认为:透镜成像过程可分两步,第一步是通过物的衍射光在透镜的后焦面(即频谱面)上形成空间频谱,这是衍射所引起的"分频"作用,第二步是代表不同空间频率的各光束在像平面上相干叠加而形成物体的像,这是干涉所引起的"合成"作用。这两步从本质上讲就是对应两次傅里叶变换。如果这两次傅里叶变换是完全理想的,即信息没有任何损失,则像和物应完全一样。如果在频谱面上设置各种空间滤器,挡去频谱中某一些空间频率的成分,则将明显地影响图像。这就是空间滤波。光学信息处理的实质就是设法在频谱面上滤去无用信息分量而保留有用分量,从而在图像面上提取所需要的图像信息。

三、实验光路

空间滤波光路如图 2.2.1.1 所示。

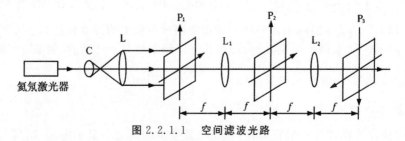

图 2.2.1.1　空间滤波光路

四、实验仪器

氦氖激光器,C:扩束镜,L:准直透镜,L_1、L_2:傅里叶变换透镜,P_1:物平面,P_2:频谱面,P_3:像平面。另:孔屏、白屏、干板架、网格、光栅、各种简单的滤波器等。

五、实验内容及步骤

(1) 按图 2.2.1.1 依次加入光学元件搭建好光路。在激光管夹持器中安装 30 mm 准直透镜,安装可变光阑调至与准直透镜等高,打开激光器,把可变光阑放在准直透镜的近处,远处让光束恰好通过可变光阑,光轴与导轨平行。

(2) 在 L_1 的前焦面上放置物体(正交光栅),在 P_2 上的白屏上就呈现网格的傅里叶频谱,取下 P_2 上的白屏,在 P_3 上就看到网格的像。

(3) 上下调节正交光栅位置,使光束通过光栅、正透镜中心;在正透镜的后焦面加入狭缝,使狭缝正好滤掉 $x(y)$ 向衍射级次,并且观察滤波后的条纹方向,改变狭缝方向,观察衍射图样,分析现象。

(4) 将狭缝替换为可变光阑,改变光阑大小,观察低通滤波效果。

(5) 给出下面几种形式的简单滤波器(见图 2.2.1.2),分别将这些滤波器放在频谱面上进行滤波,在表 2.2.1.1 中填出相应的结果(按说明栏的要求选滤波器)。

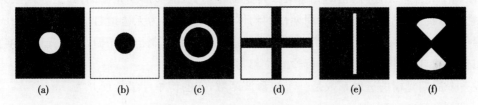

| (a) | (b) | (c) | (d) | (e) | (f) |

图 2.2.1.2　加载的空间滤波器

(a)低通滤波器;(b)高通滤波器;(c)带通滤波器;(d)方向滤波器;(e)方向滤波器;(f)方向滤波器

表 2.2.1.1　空间滤波实验结果

输入图像								
通过的频谱								
输出图像								
说明	全通输出物原像	竖直方向通过输出水平横线	水平方向通过输出竖直线	斜方向分量通过输出斜线空频增大	同步方向对称	挡去±1级分量输出网格空频加倍	只让0级通过网格全部消失	挡去0级输出网络衬度反转

六、思考题

(1) 取一物体(如黑白人像底片),将它与一张 10 线对 /mm 的光栅重叠在一起,制成一张带有纵栅干扰的物,请设计一个滤波器,消除纵栅干扰,得一个清晰的输出人像。

(2) 运用所学过的理论知识,解释表 2.2.1.1 所得的实验结果。

实验 2.2　泰伯效应的观察和应用

一、实验目的

(1) 掌握泰伯效应原理,能够分析泰伯效应的产生机理;

(2) 搭建实验系统,观察泰伯效应并进行性能分析;

(3) 能够设计应用莫尔条纹实现泰伯效应的技术方案。

二、实验原理

通常的情况下要得到一个物体的光学像,一个光学成像系统是必不可少的,最简单的是用一个透镜将物体发出或散射出的光聚集在像面上而得到物体的像。但是,在 1836 年泰伯却发现:当用相干光照射光栅时,在离光栅某些特定的距离上,能够形成光栅的像,这一现象为泰伯效应。它告诉我们:在相干光场中,周期性的物体能自成像,称为无透镜自成像或傅里叶成像。

泰伯效应有许多有意义的应用,例如,可以用来检验和复制衍射光栅,确定光束的准直性,实现图像相减,以及构成泰伯干涉仪检测位相物体等。

设一个周期光栅的透射系数是一个矩形波函数,它的傅里叶级数展开为

$$\tau_x = \tau_0 + \sum_{m=1}^{\infty} \tau_m \cos 2\pi \xi_m x \qquad (2.2.2.1)$$

式中,$\xi_1 = \dfrac{1}{d}$ 为光栅的基频;$\xi_m = m\xi_1$ 为谐频;d 为光栅间距。

设有振幅为 A_0 的单色平面光波垂直地照射光栅,沿 z 正方向传播的平面波的表达式为

$$A(x,y,z) = A(x,y,0)\exp\left[jkz(1-\lambda^2\xi^2-\lambda^2\eta^2)^{\frac{1}{2}}\right] \qquad (2.2.2.2)$$

透过光栅的复振幅用它的频谱(傅里叶级数展开)表示为

$$A(x,y,0_+) = A_0\tau(x) = A_0\tau_0 + A_0\sum_{m=1}^{\infty}\tau_m\cos 2\pi\xi_m x =$$

$$A_0\tau_0 + \frac{1}{2}A_0\sum_{m=1}^{\infty}\tau_m\left[\exp(j2\pi\xi_m x) + \exp(-j2\pi\xi_m x)\right] \qquad (2.2.2.3)$$

式中,0_+ 表示刚刚通过光栅以后的情况;$A_0\tau_0$ 是直射光或零级衍射光;m 是衍射级次;方括号中第一项是正衍射级即正频项;第二项是负衍射级即负频项。用 θ 表示第 m 级衍射光的角度,则光栅方程 $d\sin\theta_m = m\lambda$ 可改写为 $\sin\theta_m = \xi_m\lambda$。其中,$\xi_m$ 是第 m 级衍射光 x 方向的空间频率分量。可识各级衍射光的存在与光栅本身含有的频谱成分有关。

由式(2.2.2.2)和式(2.2.2.3)可知,沿 z 方向传播的衍射波的复振幅可写为

$$A(x,y,z) = A_0\, \tau_0 \exp(\mathrm{j}kz) + A_0 \sum_{m=1}^{\infty} \tau_m \cos 2\pi\, \xi_m \cdot \exp\left[\mathrm{j}kz(1-\lambda^2\, \xi_m^2)^{\frac{1}{2}}\right] \quad (2.2.2.4)$$

或写为

$$A(x,y,z) = A_0 \exp(\mathrm{j}kz)\left\{\tau_0 + \sum_{m=1}^{\infty} \tau_m \cos 2\pi\, \xi_m \cdot \exp\left[\mathrm{j}kz(\sqrt{1-\lambda^2\, \xi_m^2}-1)\right]\right\} \quad (2.2.2.5)$$

由式(2.2.2.5)可见,当光栅的空间频率较小时,$\lambda^2\, \xi_m^2 < 1$,方括号中的相位项是虚数,衍射波是传播的。如果光栅的空间频率很小,即$\lambda^2\, \xi_m^2 \ll 1$,此时相位项可用二项式定理展开,取一级近似,有

$$\varphi_m = kz(\sqrt{1-\lambda^2\, \xi_m^2}-1) = -\pi\lambda\, \xi_m^2 z$$

如果令$\varphi_1 = -\pi\lambda\, \xi_1^2 z = -2n\pi$,$n = 1,2,3,\cdots$,则由于$\xi_m = m\xi_1$,故有$\varphi_m = -2nm^2\pi$,可求出当$z = \dfrac{2n}{\lambda\, \xi_1^2} = \dfrac{2nd^2}{\lambda}$时,式(2.2.2.5)变为

$$A(x,y,z) = A_0 \exp(\mathrm{j}kz)\tau_0 + \sum_{m=1}^{\infty} \tau_m \cos 2\pi\, \xi_m x \quad (2.2.2.6)$$

可以看到,除了一个位相因子$\exp(\mathrm{j}kz)$外,式(2.2.2.6)与式(2.2.2.1)相同。因为实际观察到的是强度,位相因子被消去,得

$$I(x,y,z) = AA^* = A_0^2\left(\tau_0 + \sum_{m=1}^{\infty} \tau_m \cos 2\pi\, \xi_m x\right)^2 \quad (2.2.2.7)$$

当$x = \dfrac{2d^2}{\lambda}, \dfrac{4d^2}{\lambda}, \cdots, \dfrac{2nd^2}{\lambda}$(即距离光栅为$\dfrac{2d^2}{\lambda}$的整数倍处)时,重现光栅严格的像,称为傅里叶像。由于避免了透镜系统的像差,所以自成像的分辨率是相当高的,在这样的距离之间,还能观察到许多像,称为菲涅耳像。它们并不是光栅真正的像。如果用周期性物体代替光栅,上述现象和结论仍成立。

三、实验光路

泰伯效应的实验光路如图2.2.2.1所示。

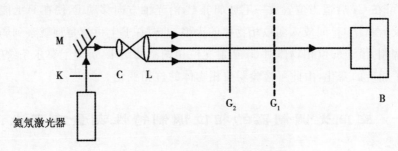

图 2.2.2.1　泰伯效应的实验光路

四、实验仪器

氦氖激光器,M:全反射镜,C:扩束镜,L:准直透镜,G_1、G_2:同频率光栅(5 ～ 10 线对/mm),K:小孔光阑,B:白屏或读数显微镜。另:孔屏、干板架(可调方向)、毛玻璃等。

五、实验内容及步骤

（1）打开激光器，调整由激光器出射的激光束与工作台面平行，用自准直法将各光学元件的表面调至与工作台面垂直。

（2）按图 2.2.2.1 依次加入光学元件搭建光路，沿光轴方向调整 C 与 L 的距离，实现二者共焦，从 L 出射的为平行光。

（3）将光栅 G_1 竖直放入准直光场（架在干板架上），光栅面与光轴垂直，光栅的划线方向垂直于光轴。在距光栅为泰伯距离 $z_T = \dfrac{2d^2}{\lambda}$ 的地方，放入测量显微镜，可以观察到严格的光栅像，调节读数显微镜和光栅的距离可观察到一系列的像：

1）当 $z = nz_T (n = 1,2,3,\cdots)$ 时，观察到严格的光栅像，和在泰伯距离上观察到的像一样，称为泰伯效应傅里叶像。

2）当 $z = \dfrac{2n+1}{4} z_T$ 时，观察到倍频菲涅耳像。

3）当 $z = \dfrac{2n+1}{2} z_T$ 时，观察到反相（傅里叶）像。

4）在 z 为其他距离时观察到的是介于以上典型位置之间的普通菲涅耳像。它和光栅的周期性结构不再有明显的形象联系。

（4）用莫尔条纹观察泰伯效应：在光栅 G_1 后面放上同频率光栅 G_2，G_2 置于可调方向的干板架上，G_2 的光栅面与光轴垂直，通过可调方向的干板架调整 G_2 的方向（在光栅平面内），使 G_2 与 G_1 有一小的夹角，调节 G_2 与 G_1 的距离，使之等于泰伯距离或泰伯距离的整数倍，使 G_2 与 G_1 的傅里叶像形成莫尔条纹，微微转动可调方位的干板架，改变 G_2、G_1 间光栅条纹的夹角，可以改变莫尔条纹的空频，在 G_2 面上可清晰地观到莫尔条纹及其变化，可与直接把 G_2、G_1 重叠形成的莫尔条纹对照比较，加深对"泰伯效应傅里叶像是严格的光栅像"的认识。G_2 能在泰伯距离上与 G_1 的傅里叶像形成莫尔条纹这一点也有力地证明了泰伯效应。

（5）如步骤（4）中所述，调整 G_1、G_2 间的距离，使 G_2 上出现清晰的莫尔条纹，为使莫尔条纹容易分辨，可在 G_2 后适当位置放一毛玻璃屏 P，沿光轴方向移动 P，使在 P 上能观察到更鲜明的莫尔条纹。在 G_1、G_2 间放入弱位相物体的火焰，此时在 P 上可清楚地观察到弱位相物体对莫尔条纹的调制。由于弱位相物体对 G_1 衍射光位相调制的结果，屏 P 上莫尔条纹的宽度、分布和方向都有了相应的变化，由此可检验弱位相物体的位相变化。

实验 2.3　空间光调制器的相位调制特性测量方案设计与实现

一、实验目的

（1）掌握空间光调制器工作机理，能够使用电寻址液晶空间光调制器；

（2）用光栅作滤波器，做出两个图像相加、相减的结果；

（3）通过实验光路实现傅里叶光学相移定理和卷积定理；

（4）能够应用空间光调制器幅值调制和相位调制功能，实现技术方案设计。

二、实验原理

（1）液晶空间光调制器（LC-SLM）是一种可以实时编程的衍射器件，它可以在可变电驱动信号或光驱动信号的控制下，来改变空间中光分布的相位、振幅或偏振态。空间光调制器的幅值调制和相位调制模式实现技术方案请参阅本书附录5。

由于空间光调制器具有体积小、空间分辨率高、功耗低、光能损耗小和可编程控制等优点，尤其是对光波方向和空间分布的控制表现出独有的优势，所以在光互联、光计算、光存储、光学计量、激光光镊、可编程控制透镜和自适应光学等方面具有极大的应用价值。目前在光镊技术、螺旋位相相衬成像、飞秒脉冲整形、自适应光学和光学投影等方面具有应用。

要清楚了解液晶空间光调制器的相位调制特性，就要理解什么是液晶，液晶的分类有什么，都具有什么特性，进而理解液晶空间光调制器的相位调制原理。

液晶的状态介于固态和液态之间，但在某一个温度范围内，却同时具有液体和晶体的双重性质，这便是液晶。市场上常见的液晶空间光调制器，大多采用的是向列相液晶，当改变电压时，便可改变液晶的双折射，因此便可对入射的光产生一定的相位延迟。但是，由于液晶光相控阵只对有一定偏振方向的线偏振光才有调制作用，所以需要在液晶前、后加上起偏器和检偏器。

（2）液晶空间光调制器工作时，是通过加载不同灰度值的图片改变控制电压的，每一个像素所加载的电压对应的不同的灰度值（8 b）。当加载不同的灰度值所对应的电压时，会使液晶盒发生不同的相位延迟，而这些相位延迟和产生这些相位延迟的电压所对应的灰度值的对应关系，便构成了液晶空间光调制器的相位调制特性。

为了测量其相位调制特性，我们采用杨氏双缝干涉光路进行测量，用 CCD 接收干涉图像。

激光器发出的平行光经过扩束准直后，照射在处于相位调制模式的空间光调制器上。由于空间光调制器具有实时复制模式，所以可将电脑上所示的图片实时地复制于空间光调制器上。在电脑上显示左、右灰度值不同的图片，使通过杨氏双缝的两束光经双缝（为了得到更细的双缝，使用透镜对双缝进行成像）后获得干涉条纹，由于获得的干涉条纹较密，不利于图像处理，所以使用一个显微物镜将其放大，用于电脑相连的 CCD 对放大后的条纹进行采集。

空间光调制器上加载的灰度左、右平分成两个部分，一部分灰度始终保持为 0，另一部分从 0 开始每隔 5 改变一次，直至 255，如图 2.2.3.1(a)～(c)所示。经过空间光调制器调制后的光束经过透镜的聚焦和显微物镜的放大后，CCD 记录其两束光的干涉条纹，可以得到一系列干涉条纹图样。

杨氏双缝[见图 2.2.3.1(d)]加载在空间光调制器上产生一组双缝，将其中一个缝的相位发生变化，作为测试组，另一个缝无相位改变，作为参考组。入射光透过双缝在 CCD 记录面上产生干涉条纹。改变其中一个缝对应的相位值，干涉条纹会产生相对移动，移动量反映出相位的变化。

相移量与条纹的相对位移的关系为

$$\phi = \frac{\delta}{\omega} 2\pi \qquad\qquad (2.2.3.1)$$

式中，δ 为干涉条纹的相对位移；ω 为干涉条纹的周期。

这种方法属于分波面共光路干涉,光路搭建简单,不易受外界干扰,但由于双缝干涉现象只发生在两个小缝上,所以得到的结果只可以反映出测试组的相位调制情况,而无法反映整个空间光调制器的相位调制特性。可以通过对比所采集的一系列条纹图样,来算出空间光调制器在不同灰度值下的相位移动量,从而得到空间光调制器的相位特性曲线。

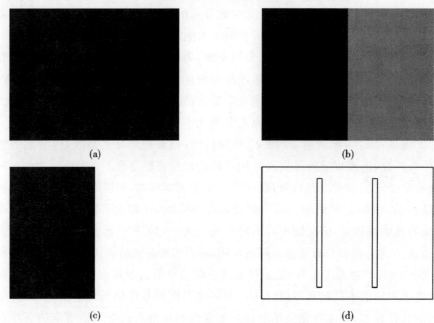

图 2.2.3.1　加载的灰度图及双缝示意图

(a)灰度值为 0 的图像;(b)右边灰度值为 130 的图像;(c)右边灰度值为 255 的图像;(d)双缝示意图

三、实验光路

双缝干涉法测量空间光调制器相位特性曲线实验原理图如图 2.2.3.2 所示。

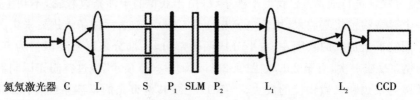

氦氖激光器　C　　L　　　S　P$_1$　SLM　P$_2$　　　L$_1$　　　　　L$_2$　　CCD

图 2.2.3.2　双缝干涉法测量空间光调制器相位特性曲线实验原理图

四、实验仪器

氦氖激光器,P$_1$、P$_2$:偏振片,SLM:空间光调制器,S:双缝屏,C:扩束镜,L:准直透镜,L$_1$:成像透镜,L$_2$:显微物镜,CCD:相机。

五、实验内容及步骤

(1)固定好激光器,通上电源,用光屏接收出射光斑,前、后移动光屏,调节支架上的螺丝,使出射光斑大小保持不变且水平。

（2）固定好扩束镜，调节位置，使出射的光斑中心亮度保持均衡。

（3）固定好准直透镜，前、后移动，使出射光斑大小保持不变且水平。固定好双缝，使空间光调制器的中心与双缝中心在一条线上（这样通过双缝的光线便具有不同的相位）。

（4）将液晶空间光调制器与电脑连接好，调整电脑显示屏，使其处于复制工作模式（分辨率调整成光调制器分辨率一样，如 1 024×768），加载如图 2.2.3.1(c)中所示的图片。

（5）打开空间光调制器电源，调整前、后偏振片使其处于相位工作模式。固定好空间光调制器，让光斑完全照射空间光调制器，旋转空间光调制器的一个偏振片，在光屏上观察所成图像，当左、右两边光强度一样时，固定偏振片，此时空间光调制器便处于相位调制模式。

（6）固定好透镜，移动透镜使其与双缝的距离大于 2 倍焦距。

（7）将显微物镜放在透镜后光束汇聚的光点位置，用光屏在显微物镜后找到干涉条纹的清晰像。

（8）调整光路，得到对比度最好的干涉条纹，将干涉条纹调成竖直，用相机采集干涉图，在与相机相连的电脑上实时观察所采集的干涉条纹。

（9）改变加载图片，图片左边灰度值保持不变，右边灰度值每次改变 5，用相机采集干涉条纹并保存一系列干涉图样。

（10）计算干涉条纹偏移量，并计算相位改变量。

（11）绘制相位调制曲线。

六、思考题

（1）将两偏振器各多转 90°，有何变化？为什么？

（2）干涉图案的周期与什么有关？

实验 2.4　光学图像加减实验

一、实验目的

（1）掌握光栅滤波图像相加、相减的原理和方法，能够分析光栅滤波机理；

（2）设计方案完成光栅滤波两个图像相加、相减实验设计与验证；

（3）分析光栅滤波机理，并能够根据要求设计傅里叶光学光场滤波技术方案。

二、实验原理

在相干光处理系统中，可以利用正弦光栅或 Ronchi 光栅作为空间滤波器，对图像进行实时的相加、相减运算。两个相加、相减的图像设计成透明长条孔 A 和 B，两者中心距为 $2b$。作为滤波器的正弦光栅空间频率为 $v = \dfrac{b}{f\lambda}$，其中，λ 为激光波长，f 为 $4f$ 系统中傅氏透镜的焦距。如图 2.2.4.1 所示，$4f$ 系统中，输入面、频谱面和输出面的空间坐标分别为 (x_0, y_0) (x, y) 和 (x', y')，光栅线沿 y 方向，我们只需要研究 x 方向的情况。图像 A 和图像 B 的振幅透射率分别 f_A 和 f_B，把 A、B 置于输入面 T 上，使之对称地居于光栅两侧，图像的中心与光轴的距离为 b，则输入面上的复振幅透过率为

$$f(x_0) = f_A(x_0 - b) + f_B(x_0 + b) \tag{2.2.4.1}$$

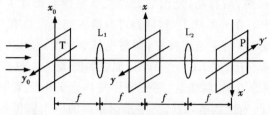

图 2.2.4.1　光栅滤波图像相加、相减原理

用平行光照明图像,透镜L_1对图像进行一次正傅里叶变换,在频谱面 G 上得到f_A和f_B的空间频谱,根据相移定理,f_A和f_B在空间位置上的不同将反映出它们频谱位相的差异,故频谱面前面的复振幅分布为

$$F(\xi) = F_A(\xi)\exp(-j2\pi\xi b) + F_B(\xi)\exp(j2\pi\xi b) \tag{2.2.4.2}$$

式中,$\xi = x / \lambda f$;$F_A(\xi)$、$F_B(\xi)$分别为物体 A、B 的频谱,频谱面上正弦光栅的复振幅透射率一般形式为

$$D(\xi) = \frac{1}{2}\big[1 + \cos(2\pi\xi b + \varphi_0)\big] \tag{2.2.4.3}$$

式中,φ_0为光栅的初相位,当$\varphi_0 = 0$时,光栅可表为余弦函数的形式,即

$$D(\xi) = \frac{1}{2}(1 + \cos2\pi\xi b) = \frac{1}{2} + \frac{1}{4}\exp(-j2\pi\xi b) + \frac{1}{4}\exp(j2\pi\xi b) \tag{2.2.4.4}$$

通过光栅后的光场

$$G(\xi) = F(\xi)D(\xi) = \frac{1}{4}\big[F_A(\xi)\exp(-j4\pi\xi b) + 2F_A(\xi)\exp(-j2\pi\xi b) +$$

$$F_A(\xi) + F_B(\xi) + 2F_B(\xi)\exp(j2\pi\xi b) + F_B(\xi)\exp(j4\pi\xi b)\big] \tag{2.2.4.5}$$

在输出面 P 上的光场分布是透镜L_2对$G(\xi)$的逆傅里叶变换,即

$$g(x') = \frac{1}{4}\big[f_A(x' - 2b') + 2f_A(x' - b') + f_A(x') + f_B(x') +$$

$$2f_B(x' + b') + f_B(x' + 2b')\big] \tag{2.2.4.6}$$

式中,$x' = Mx_0$;$b' = Mb$;M是成像系统的放大倍数,对于$4f$系统,$M = 1$。可见在输出面中心得到图像 A 和 B 的实时相加,即

$$g_P(x') = \frac{1}{4}\big[f_A(x') + f_B(x')\big] \tag{2.2.4.7}$$

如果使光栅沿x方向位移一个距离Δ,使$\varphi_0 = -\pi/2$时,其透射率成为正弦形式,即

$$D_n(\xi) = \frac{1}{2}(1 + \sin2\pi\xi b) = \frac{1}{2} - \frac{1}{4}\exp(-j2\pi\xi b) + \frac{1}{4}\exp(j2\pi\xi b) \tag{2.2.4.8}$$

和前面的分析类似,在输出面中心将得到

$$g_n(x') = \frac{1}{4}\big[f_A(x') - f_B(x')\big] \tag{2.2.4.9}$$

即得到 A、B 二图像相减的结果。

三、实验光路

光栅滤波图像相加、相减光路如图 2.2.4.2 所示。

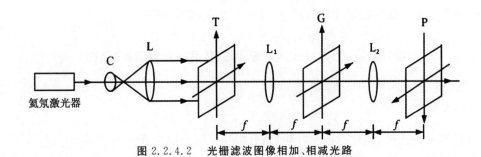

图 2.2.4.2　光栅滤波图像相加、相减光路

四、实验仪器

氦氖激光器,C:扩束镜,L:准直透镜,L_1、L_2:傅里叶变换透镜,T:输入平面(待处理图像 A 和 B 位于其上),G:频谱面(滤波用的光栅置于其上),P:输出平面。另:孔屏、白屏毛玻璃瓶、平板架。

五、实验内容及步骤

(1) 按图 2.2.4.2 依次加入光学元件搭建光路。让 C 和 L 共焦得到平行光。

(2) 把物体(A 和 B)中心对称放置在输入平面 P 上,被入射光均匀照明,调整 $4f$ 系统使 A 与 B 在输出面 P 上清楚地成像($4f$ 系统的调节方法参考空间滤波实验)。

(3) 在频谱面上放上准备好的正弦光栅进行滤波,其中光栅线沿 y 方向放置。然后在输出面 P 处的屏上观察光栅对图形 A 的正一级衍射像 A＋和对图形 B 的负一级衍射像 B－,仔细调节光路并微调输入面上 A 与 B 的相对位置,使 A＋与 B－的中心重合(当然输出面上可观察到 A、B 的各级像)。

(4) 在频谱面上沿 x 方向微调夹持光栅的干板架螺旋测微尺旋钮。将光栅在水平方向非常缓慢地作微小位移,便可在 P 上观察到在 A＋和 B－的重合处周期地交替出现 A 和 B 相加、相减的结果,相加时,重合处特别亮,相减时,重合处变得全黑(见图 2.2.4.3),如需要也可用全息干板记录下相加和相减的结果。

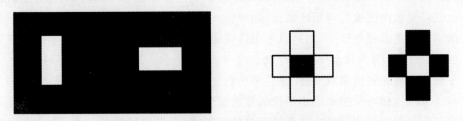

图 2.2.4.3　物体 A、B 及相加、相减结果示意图

六、思考题

(1) 在输入平面上,平行光对 A、B 的照明尽可能均匀,这样在像平面(输出面)上相减结果中 A 的＋1 级与 B 的－1 级像的共同部分可以充分减去,为全暗。如果对 A、B 照明不均匀,则输出图像中只能得到部分相减,中央得不到全暗。

（2）光栅的移动量是很微小的，必须在竖直方向有微调的干板架上进行。调整时眼睛观察输出面，图像中央出现全黑时即认为 A＋与 B－重合，完全相减了。

实验 2.5 光学系统傅里叶频谱分析

一、实验目的

（1）熟悉各种光栅、图片的傅里叶频谱，分析频谱图生成机理；

（2）分析频谱与输入图像之间的特征关系，理解物分布与其频谱函数间的对应关系，掌握频谱分析的基本原理、方法及各种应用；

（3）能够根据需求设计傅里叶频谱应用技术方案。

二、实验原理

设二维函数 $g(x,y)$，其空间频谱 $G(\xi,\eta)$ 为 $g(x,y)$ 的傅里叶变换，即

$$G(\xi,\eta) = F\{g(x,y)\} = \iint_{-\infty}^{\infty} g(x,y)\exp[-\mathrm{j}2\pi(\xi x + \eta y)]\mathrm{d}x\mathrm{d}y \qquad (2.2.5.1)$$

而 $g(x,y)$ 则为 $G(\xi,\eta)$ 的逆傅里叶变换，即

$$g(x,y) = F^{-1}\{G(\xi,\eta)\} = \iint_{-\infty}^{\infty} G(\xi,\eta)\exp[\mathrm{j}2\pi(\xi x + \eta y)]\mathrm{d}\xi\mathrm{d}\eta \qquad (2.2.5.2)$$

用光学的方法可以很方便地获得二维图像 $g(x,y)$ 的空间频率 $G(\xi,\eta)$。只要在一傅里叶透镜的前焦面上放置一幅透射率为 $g(x,y)$ 的图像，并以相干平行光束垂直照射图像，则根据透镜的傅里叶变换性质，在透镜后焦面上得到的光复振幅分布将是 $g(x,y)$ 的傅里叶变换 $G(\xi,\eta)$，即空间频谱 $G(x_f/\lambda_f, y_f/\lambda_f)$。其中，$\lambda$ 为光波波长，f 为透镜焦距，x_f、y_f 为后焦面（即频谱面）上任意一点的位置坐标。显然，点 (x_f,y_f) 对应的空间频率为

$$\left.\begin{array}{l} \xi = x_f/\lambda f \\ \eta = y_f/\lambda f \end{array}\right\} \qquad (2.2.5.3)$$

因此，在后焦面上放置毛玻璃屏，在其后通过放大镜观察频谱，或者在后焦面上放置全息干板将频谱记录下来，如果有条件，在后焦面上装置电视摄像机，并将其与电视显示器连接，在荧光屏上就可显示出图像的傅里叶频谱，如果输入图像很小，衍射屏幕和图像之间距离很远，则在近似满足夫琅禾费条件下，也可以不用透镜而直接在屏幕上得到图像的空间频谱 $G(x_f/\lambda_z, y_f/\lambda_z)$，其中，$z$ 为图像至屏幕的距离。

由于频谱面上的频谱函数 $G(\xi,\eta)$ 是物函数 $g(x,y)$ 的傅里叶变换，所以从实验上得到频谱函数 $G(\xi,\eta)$ 后，即可反过来求出图像的复振幅分布 $g(x,y)$。据此，对图像进行简单分类，也可以用来分析图像的结构。例如，在森林资源的考察中，根据图像的频谱可以判明哪些地区已绿化，哪些地区目前还是荒地，以便更好地规划。

三、实验光路

傅里叶频谱观察光路如图 2.2.5.1 所示。

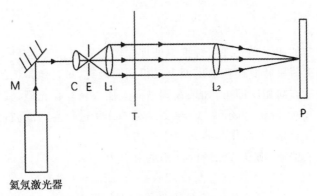

氦氖激光器

图 2.2.5.1　傅里叶频谱观察光路

四、实验仪器

氦氖激光器,M:全反射镜,C:扩束镜,L₁:准直透镜,T:输入图像,L₂:傅里叶变换透镜,P:毛玻璃屏。另:孔屏、白屏、尺、干板架、各种负片、光栅等。

五、实验内容及步骤

(1) 按图 2.2.5.1 依次加入光学元件搭建光路。L_1 和 L_2 之间的距离应大于 L_2 的焦距 f。

(2) 在 L_2 前焦面位置分别放入各种透明片和光栅,分别观察这些目标的频谱图样。

(3) 将目标向 L_2 上移动直至贴近 L_2,观察频谱的变化情况,目标在 L_2 和 P 之间不同位置频谱有何变化。

(4) 用激光细束来直接照射正交光栅,在数米远的屏幕上观察其傅里叶频谱。屏幕与光栅距离增大,观察频谱尺寸怎样变化。

六、思考题

(1) 用平行光束垂直照射平行密接触的两块正弦光栅(空频为 ν_1 和 ν_2),它们的频谱将是什么样?如两者正交密接,频谱又如何?

(2) 用激光细束直接照射一正弦光栅,光栅在自身平面内平移或转动时,对其频谱有什么影响?

实验 2.6　光学图像微分实验

一、实验目的

(1) 掌握用复合光栅滤波实现光学图像微分的原理和方法;

(2) 进一步理解空间滤波机理,加深对光学信息处理本质的理解;

(3) 加深对傅里叶光学中相移定理和卷积定理的认识;

(4) 能够应用复合光栅完成图像微分技术方案设计并验证。

二、实验原理

本实验采用典型的相干光处理系统把待处理的图像置于系统的输入面上,物函数经过一对傅里叶透镜的两次傅里叶变换在输出面上又得到原函数,只是像是倒的,只须将像平面的坐标取来与物平面坐标方向相反即可。如果在频谱面上插入一复合光栅(其空间频率 $v_1 = 100$ 线对 /mm, $v_2 = 102$ 线对 /mm,莫尔纹 $\Delta v = 2$ 线对 /mm)进行空间滤波,在输出面上就可以观察到光学图像的微分效果。下面作具体的数学描述。

假设光栅是正弦型的,则复合光栅的振幅透射率为

$$G(\xi) = a - b\big[\cos 2\pi v\xi + \cos 2\pi(v + \Delta v)\xi\big] \tag{2.2.6.1}$$

其中, a、b 为常系数。在输入平面 P_1 上待处理像 T 的振幅透射率为 $t(x_0, y_0)$,用振幅为 1 的单色平面波垂直照明,则 T 后面复振幅分布即为 $t(x_0, y_0)$,透镜 L_1 对 $t(x_0, y_0)$ 进行正傅里叶变换,在频谱面上得到物函数的空间频谱,即

$$T(f_x, f_y) = F[t(x_0, y_0)] \tag{2.2.6.2}$$

式中,空间频率坐标 (f_x, f_y) 与频谱面上的位置坐标 (ξ, η) 的关系为 $f_x = \xi / \lambda f$, $f_y = \eta / \lambda f$。

为运算方便,把复合光栅的振幅透射率[式(2.2.6.1)]写成指数形式:

$$G(\xi) = a - \frac{b}{2}\{\exp(j2\pi v\xi) + \exp(-j2\pi v\xi) +$$
$$\exp[j2\pi(v + \Delta v)\xi]\exp[-j2\pi(v + \Delta v)\xi]\} \tag{2.2.6.3}$$

在复合光栅 G 后面的复振幅分布为

$$U_g(\xi, \eta) = T(\xi/\lambda f, \eta/\lambda f)G(\xi)' \tag{2.2.6.4}$$

透镜 L_2 对 $U_g(\xi, \eta)$ 进行逆傅里叶变换,在输出面上得到的复振幅分布为

$$U_3(x, y) = F[U_g(\xi, \eta)] = F_1[T(f_x, f_y) * G(\xi)] \tag{2.2.6.5}$$

根据卷积定理,有

$$U_3(x, y) = F[T(f_x, f_y)] * F[G(\xi)] \tag{2.2.6.6}$$

其中

$$F[T(f_x, f_y)] = t(x, y) \tag{2.2.6.7}$$
$$F[G(\xi)] = a\delta(x) - b\{\delta(x + v\lambda f) + \delta(x + v\lambda f) +$$
$$\delta[x - (v + \Delta v)\lambda f] + \delta[x + (v + \Delta v)\lambda f]\} \tag{2.2.6.8}$$

将式(2.2.6.7)和式(2.2.6.8)代入式(2.2.6.6)中,并运用 δ 函数的卷积运算性质,得

$$U_3(x, y) = at(x, y) - b[t(x - v\lambda f, y) + t(x + v\lambda f, y)] -$$
$$b\{t[-(v + \Delta v)\lambda f, y] + t[x + (v + \Delta v)\lambda f, y]\} \tag{2.2.6.9}$$

为了清楚地说明式(2.2.6.9)的物理意义,先讨论正弦光栅的衍射。如图 2.2.6.1 所示,一列单色平面波沿 z 轴正入射到正弦光栅上,光栅的振幅透射率为

$$g(\xi, \eta) = a - b\cos 2\pi v\xi \tag{2.2.6.10}$$

紧贴光栅后面的光波的复振幅分布为

$$U(\xi, \eta) = a - \frac{b}{2}\exp(j2\pi v\xi) - \frac{b}{2}(-j2\pi v\xi) \tag{2.2.6.11}$$

即单色平面波经过光栅后分成 3 个频率的平面波,其空间频率分别为 0、$+v$、$-v$,即零级和 $\pm$ 级衍射,式中, $v = \frac{\sin\theta}{\lambda}$。若在光栅后放一透镜(见图 2.2.6.2),则在透镜的后焦面上形成 3 个主

极大(亮点)。0级位于 $x=0$ 处, $+1$ 级位于 $x=v\lambda f$ 处, -1 级位于 $x=-v\lambda f$ 处。

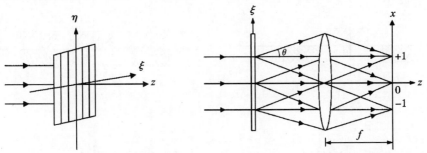

图 2.2.6.1　单色平面波正入射到正弦光栅上　　　　图 2.2.6.2　正弦光栅的衍射

正弦光栅空间频率越高,则一级衍射的极大值位置距离 z 轴就越远。如果在系统的频谱面上放一正弦光栅,在输入面上放一矩形图像,其中心为 $x_0=0$,则在输出面上复振幅分布为 3 个矩形图像,其中心位置分别为 $x=0$, $x=v\lambda f$, $x=-v\lambda f$。如果频谱面上用复合光栅来滤波,它相当于零级重合的两个正弦光栅,则输出面 P 上就会得到 5 个图像。因此式(2.2.6.9)的物理意义就是:当用复合光栅进行空间滤波时,输出面 P 上共得 5 个图像,其中心位置分别为 $x=0$, $v\lambda f$, $-v\lambda f$, $(v+\Delta v)\lambda f$, $-(v+\Delta v)\lambda f$。设输入面上输入的图像 $t(x_0,y_0)$ 是一个简单的矩形,则其复振幅分布和光强分布如图 2.2.6.3 所示。这相当于复合光栅中的两个正弦光栅在 $\xi_0=0$ 处的位相相同,即莫尔条纹的亮区处在 $\xi_0=0$ 的情况,此时 $+1$ 级和 -1 级图像的中间部分特别亮。如果沿 ξ 方向移动复合光栅,使得在 $\xi=0$ 处两光栅的位相差为 π,即莫尔条纹的暗区位于 $\xi=0$ 处,则式(2.2.6.9)变为

$$U_3(x,y)=at(x,y)-b[t(x-v\lambda f,y)+t(x+v\lambda f,y)]-$$
$$b\{t[x-(v+\Delta v)\lambda f,y]+t[x+(v+\Delta v)\lambda f,y]\}\exp(\mathrm{j}\pi)=$$
$$at(x,y)-b\{t(x-v\lambda f,y)-t[x-(v+\Delta v)\lambda f,y]\}-$$
$$b\{t(x+v\lambda f,y)-t[x+(v+\Delta v)\lambda f,y]\} \tag{2.2.6.12}$$

在一级近似情况下,式(2.2.6.12)可写成微分形式:

$$U_3(x,y)=at(x,y)+b\frac{\partial t}{\partial x}\bigg|_{x=v\lambda f}\Delta v\lambda f+b\frac{\partial t}{\partial x}\bigg|_{x=-v\lambda f}\Delta v\lambda f \tag{2.2.6.13}$$

此时在输出面 P 上的复振幅分布和光强分布如图 2.2.6.4 所示。显然, $+1$ 级和 -1 级的图像就是输入图像 $t(x_0,y_0)$ 的微分。

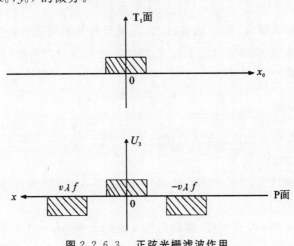

图 2.2.6.3　正弦光栅滤波作用

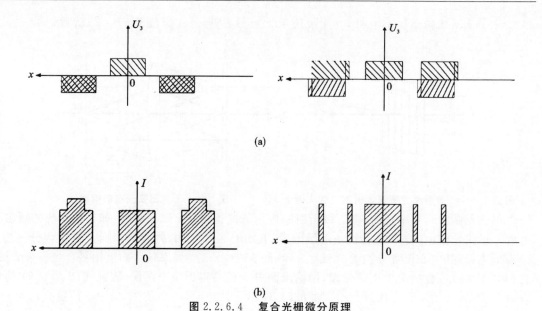

(a)

(b)

图 2.2.6.4　复合光栅微分原理

三、实验光路

利用复合光栅滤波实现图像微分光路如图 2.2.6.5 所示。

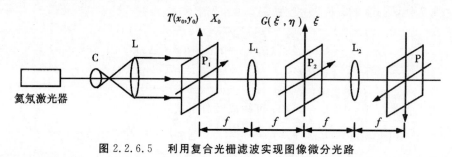

图 2.2.6.5　利用复合光栅滤波实现图像微分光路

四、实验仪器

氦氖激光器,C:扩束镜,L:准直透镜,L_1、L_2:傅里叶变换透镜,P_1:物平面,P_2:频谱面,P:像平面。另:孔屏、白屏、毛玻璃屏、尺、干板架[(3 个)夹持复合光栅用(其中 1 个带 x,y,z 方向的微调)]、曝光定时器、光开关等。

五、实验内容及步骤

(1) 按图 2.2.6.5 依次加入光学元件搭建光路,平行光的调节参考马赫干涉实验,4f 系统的调节参考空间滤波实验。

(2) 在输入面 T 即透镜 L_1 前焦面上放置物体,在输出面 P 即透镜 L_2 的后焦面上观察输出的像分布。

(3) 在频谱面上放置一复合光栅,微调夹持光栅的干板架的 x 方向的螺旋测微尺旋钮,左、右移动复合光栅,在屏 P 上观察图像的变化,找到最好的微分图像。在频谱面上换上其他复合光栅,观察不同复合光栅对图像的微分作用。在 P 面上比较微分效果。

(4) 选择最佳的微分图像,用相机记录下最佳微分图像。

六、思考题

(1) 从本质上讲,本实验采用的光学微分原理与用光栅实现"光学图像相减实验"的原理有何异同?

(2) 本实验中,微分图像失去了水平轮廓,这是为什么?有什么方法能保留图像的水平轮廓而失去竖直轮廓?有没有方法能同时保留水平轮廓和竖直轮廓?说明道理。

(3) 用正弦光栅的衍射理论,说明式(2.2.6.9)的物理意义。

(4) 如果滤波用的复合光栅不是正弦形,而是经非线性处理得到的,实验结果会如何?

实验 2.7　卷积运算的全光学元件实现方法

一、实验目的

(1) 形象化地演示两个函数的卷积结果,巩固和加深对卷积和卷积定理的认识;

(2) 能够根据需求设计光学卷积计算技术方案。

二、实验原理

将两个二维图像 $g_1(x,y)$ 和 $g_2(x,y)$ 叠合置于傅里叶透镜 L 的前焦面上,用准直激光束照明,则在 L 的后焦面上观察到傅里叶频谱,该频谱将满足二维卷积定理,即

$$F = [g_1(x,y)\ g_2(x,y)] = G_1(\xi,n)\ * G_2(\xi,n) \qquad (2.2.7.1)$$

式中,$G_1(\xi,n) = F[g_1(x,y)]$;$G_2(\xi,n) = F[g_2(x,y)]$。

式(2.2.7.1)表明,两个函数乘积的傅里叶变换等于各自傅里叶变换的卷积。

卷积本身概念较为抽象,卷积过程也较为复杂。如果先对求卷积的两个函数作逆变换,相乘以后再进行傅里叶变换就容易得多。用光学的方法求两个函数的卷积时,可以先将待卷积的两个函数的傅里叶逆变换制成透明片,其透射系数分别为 $g_1(x,y)$ 和 $g_2(x,y)$,将两张透明片重叠置于 $4f$ 系统的输入面上,用单色平行光照明,透射光就是 g_1 和 g_2 的乘积。在频谱面上就得到原来两个函数的卷积。

本实验采用这样的方法来演示两个函数的卷积。将两个空间频率不同的正交光栅重叠在一起(如一个是 10 线对 /mm,另一个是 100 线对 /mm),用激光细束直接照射,在数米远处就可以看到它们频谱的卷积。可以清楚地看到:二者卷积的结果并不是两个几何图形的叠加,而是一个图形分别加到另一个图形的每一个点上。这就生动地显示出卷积的几何意义。

三、实验光路

演示卷积定理光路如图 2.2.7.1 所示。

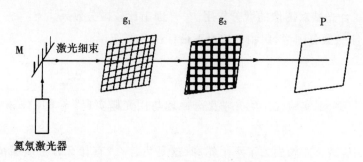

图 2.2.7.1　演示卷积定理光路

四、实验仪器

氦氖激光器,M:全反射镜,g_1:10 线对 /mm 正交光栅,g_2:100 线对 /mm 正交光栅,P:观察白屏。

五、实验内容及步骤

将一块 10 线对 /mm 的正交光栅 g_1 和一块 100 线对 /mm 的光栅 g_2 叠合在一起(或相隔不远),用未扩束的激光细束来照射,在远处屏幕上观察卷积的结果,并与每一块光栅各自的频谱作比较,如图 2.2.7.2 所示。

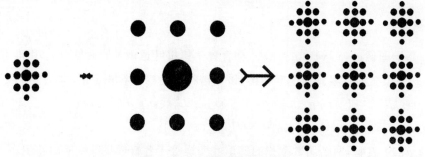

图 2.2.7.2　卷积及其结果

六、思考题

光学卷积计算是通过幅值调制还是相位调制实现的?

实验 2.8　数字全息图的采集与场景再现

一、实验目的

(1) 掌握基于干涉光路的数字全息图采集与再现机理;

(2) 能够搭建实验系统完成像面数字全息的记录,并分析影响数字全息图质量的因素;

(3) 能够搭建像面数字全息的再现系统,并分析影响再现图质量的因素;

(4) 能够根据技术需求,设计数字全息测量技术方案。

二、实验原理

数字全息技术是用光敏电子成像器件 CCD/CMOS 相机代替传统全息记录材料记录全息图,并在计算机实现所记录物体波前的数字再现,实现了全息记录、存储和再现全过程的数字化。全息技术利用光的干涉原理,将物体发射的光波波前以干涉条纹的形式记录下来,以达到记录物光波振幅和相位信息的目的;利用光的衍射原理再现所记录物光波的波前,就能够得到物体的振幅(强度)和位相(包括位置、形状和色彩)信息,在光学检测和三维成像领域具有独特的优势。目前,数字全息技术已开始应用于三维显微观测与物体识别、材料形貌形变测量、粒子场测量、振动分析、生物医学细胞成像分析以及 MEMS 器件的检测等各种领域。

光波的干涉和衍射性质是全息技术的基础。数字全息技术包括以下两个过程:记录和再现。全息记录过程利用参考光和信息携带的物光发生干涉,并且把干涉叠加结果以干涉条纹的形式存储在记录介质中;全息再现过程利用光衍射的原理,再现之前保存的原始记录信息。

1.数字全息的记录

菲涅耳数字全息记录的是物体经过菲涅耳衍射的物光波。其光路原理图如图 2.2.8.1 所示,记录光路不需要透镜(变换透镜和成像透镜),只要物体与 CCD 感光面的距离满足菲涅耳近似条件即可。

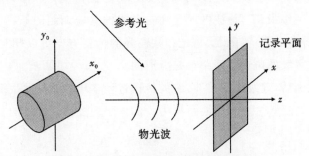

图 2.2.8.1　菲涅耳全息记录示意图

假设物光在全息上的复振幅分布为

$$O(x,y) = O_0(x,y)\exp\left[-\mathrm{j}\phi_0(x,y)\right] \tag{2.2.8.1}$$

参考光波的复振幅为

$$R(x,y) = R_0(x,y)\exp\left[-\mathrm{j}\phi_R(x,y)\right] \tag{2.2.8.2}$$

由于记录过程是参考光和物光的干涉叠加的结果,所以在全息面处的光场复振幅分布为

$$U(x,y) = R(x,y) + O(x,y) \tag{2.2.8.3}$$

则全息面的光场的总光强为

$$I(x,y) = |R(x,y)+O(x,y)|^2 = |R(x,y)|^2 + |O(x,y)|^2 +$$
$$R(x,y)O^*(x,y) + R^*(x,y)O(x,y) = I_0(x,y) +$$
$$R(x,y)O^*(x,y) + R^*(x,y)O(x,y) \tag{2.2.8.4}$$

由式(2.2.8.4)可以看出:式中的第一部分 $I_0(x,y) = |R(x,y)|^2 + |O(x,y)|^2$,它表示的是参考光波和物光波的强度分布。$R(x,y)O^*(x,y) + R^*(x,y)O(x,y)$ 构成的式子表示的

是干涉项。在干涉的过程中,物光波遭到了参考光波的调试,通过这样的相干叠加,波前记录的物体信息就被转换为干涉条纹的强度分布。因此,根据这样的原理,从本质上说,所谓全息图就是干涉图。

2. 数字全息的再现

数字全息的再现是由计算机模拟参考光波,根据衍射理论进行数学计算,由此获得再现的物光波场的复振幅分布,从而获得再现的物光波场的强度分布以及相位分布,并在计算机显示器上显示出来,最后从计算机中获得物体的三维图像。设模拟的再现参考光波为 $C(x,y)$。

在计算机上模拟该再现参考光波照射全息图,也就是参考光波的强度与全息图的强度相乘,此时通过全息面的透射光波场表示为

$$T(x,y) = C(x,y)I(x,y) =$$
$$C(|R|^2 + |O|^2 + RO^* + R^*O) =$$
$$C|R|^2 + C|O|^2 + CRO^* + CR^*O =$$
$$T_1 + T_2 + T_3 + T_4 \tag{2.2.8.5}$$

式中,C,O^*,O 分别表示参考光、物光波的共轭光和物光波。通过全息图后的光波的复振幅由 4 项相加组成,式中 T_1 和 T_2 是全息图衍射场中的零级像,它的传播方向和物光波的方向一样,指的是受到参考光的共轭和再现光调制的原物光;T_3 是被再现光和参考光调制的原物波光,其表示再显像中的正一级像;T_4 是被再现光和参考光的共轭调制的原物波的共轭光,它是再显像中的负一级像。分析表明,零级光、物光和共轭光的传播方向可以相互分离。相对的,再现出的虚像和实像以及零级的斑在空间中都是分离的。

光波在通过全息面后,继续进行传播,它的传播过程本质上就是发生衍射的过程,由瑞利-索末菲衍射公式可得,在到 CCD 光敏面距离为 z_i 的像平面上的光波场的复振幅为

$$\iint_{-\infty}^{\infty} C(x,y)H(x,y) \frac{\exp\left(j\frac{2\pi}{\lambda}p\right)}{p} \cos\theta \mathrm{d}x\mathrm{d}y \tag{2.2.8.6}$$

式中,$p = [z_i^2(x_i-x)^2 + (y_i-y)^2]^{\frac{1}{2}}$;$\cos\theta = \frac{z_i}{p}$。

由式(2.2.8.6)得像平面上的强度分布为

$$I(x,y) = |U(x,y)|^2 \tag{2.2.8.7}$$

像平面上的相位分布为

$$\phi(x,y) = \arctan\left[\frac{\mathrm{Im}U(x,y)}{\mathrm{Re}U(x,y)}\right] \tag{2.2.8.8}$$

式中,$\mathrm{Im}U(x,y)$ 和 $\mathrm{Re}U(x,y)$ 分别表示光波场复振幅分布函数 $U(x,y)$ 的虚部和实部,经过这样的处理,得到的相位分布一般为包裹的相位分布,必须进行一系列的相位解包运算才可以得到真实的相位情况。

三、实验光路

数字全息记录光路如图 2.2.8.2 所示。

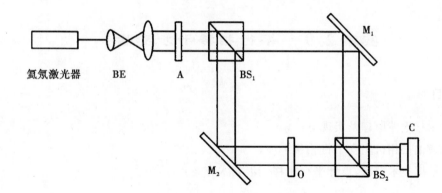

图 2.2.8.2　数字全息记录光路

四、实验仪器

氦氖激光器,BE:扩束镜、准直镜,M_1、M_2:全反射镜,BS_1、BS_2:分光棱镜,A:光阑,O:物体,C:相机。

五、实验内容及步骤

(1) 按照图 2.2.8.2 摆放各个实验器件,确保光路水平,光学器件同轴。目标物和 CMOS 数字相机先不加入光路中。

(2) 先对准直,采用激光管加持器固定氦氖激光器,调整可变光阑与氦氖激光器等高,然后打开氦氖激光器,把可变光阑依次放在激光器的远处、近处,调整激光管加持器使激光器光束通过可变光阑中心,重复多次,使氦氖激光器与光学平台平行。

(3) 加入扩束镜(显微物镜)和准直透镜。调整准直用的凸透镜与空间滤波器的距离,使出射光的光斑在近处和远处直径大致相等(因为准直透镜的焦距是 200 mm,所以该透镜应放在扩束镜后端 200 mm 左右的位置),此时物光和参考光均为平面光波。

(4) 光路调节。在搭建完光路后,调节两路光,使其合成一束同轴光,能够出现干涉条纹。此时可认为光路初步调节基本完成。

(5) 将数字相机加入系统中,实时记录干涉条纹图案,然后调整可调衰减片使相机采集到干涉条纹光强合适,不能曝光过度。

(6) 调节分光棱镜处的调整架,让两束光有轻微的夹角,能够产生离轴全息,方便后期再现。图像上显示为较为密集的竖条纹。

(7) 将目标物加入光路中,并记录物体 O 到相机光敏面的距离 z_i。

(8) 采集全息图案,全息图中条纹的周期约为 5 个像素,方便后续图像处理。

(9) 在计算机中,利用 MATLAB 数值处理软件完成物体的数值再现。

六、思考题

(1) 再现时,如何保证全息图衍射的零级和再显像的分离?

(2) 如何提高再显像的像质?

实验 2.9 平行相移干涉实验

一、实验目的

(1)掌握相移干涉原理及实现方法;

(2)利用微偏振相机实现平行相移干涉;

(3)能够根据技术需求,设计平行相移干涉技术方案。

二、实验原理

平行相移又称空间相移,是指在一空间的不同位置同时采集干涉图像,平行相移可以实现对动态或瞬变物体的实时检测,由于是在同一时间采集的图像,所以外界环境的干扰对每幅相移干涉图像的影响是相同的,避免了相移干涉图之间产生较大的误差。空间相移法通过在同一时间、不同空间位置上获得具有固定相移量的相移图像完成对待测相位的分析。由于空间相移法是在同一时刻完成的,所以不要求被测目标处于绝对静止状态,且对力学振动和空气扰动不敏感。

1.偏振相移原理

偏振相移原理示意图如图 2.2.9.1 所示。

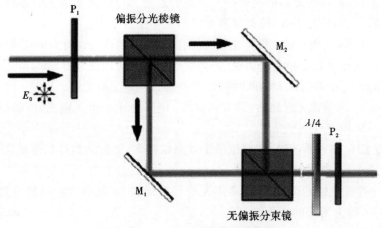

图 2.2.9.1 偏振相移原理示意图

偏振相移是采用旋转偏振片改变透过方位角的方式实现干涉图中相位的变化。偏振相移原理是:两条偏振方向正交的参考光与测量光,通过偏振分光棱镜后汇聚为一个光束后依旧保持正交性。汇聚后的光束通过一个 1/4 波片,该波片的快轴方向与 x 轴的形成 45° 的夹角。经 1/4 波片后,两光束变为左旋圆偏振光和右旋圆偏振光。1/4 波片后加上线偏振片后,再由 CCD 进行图片的采集。偏振相移干涉原理数学描述如下:分光棱镜使物光波和参考光波分别变为振动方向相互垂直的线偏振光,水平方向振动的物光(O)波和竖直方向振动的参考光(R)波可以分别用琼斯矢量表示为

$$O(x,y) = E_0(x,y)\exp[\mathrm{i}\varphi_0(x,y)]\begin{bmatrix}1\\0\end{bmatrix} \quad (2.2.9.1)$$

$$R(x,y) = E_\mathrm{R}(x,y)\begin{bmatrix}0\\1\end{bmatrix} \quad (2.2.9.2)$$

式中,$E_0(x,y)$ 和 $E_\mathrm{R}(x,y)$ 分别表示物光和参考光的振幅分布;$\varphi_0(x,y)$ 表示物光波的相位分布。通过 1/4 波片后(其快轴方向分别与物光和参考光的偏振方向成 $45°$),物光和参考光变为旋向相反的圆偏振光,即物光和参考光分别为

$$O = \frac{\sqrt{2}}{2}E_0\exp(\mathrm{i}\varphi)\begin{bmatrix}1\\-\mathrm{i}\end{bmatrix}, \quad R = \frac{\sqrt{2}}{2}E_\mathrm{R}\begin{bmatrix}-\mathrm{i}\\1\end{bmatrix} \quad (2.2.9.3)$$

当一透振方向与水平方向成 θ 角的偏振片放置在物光和参考光光路中时,两者就会发生干涉。此时,物光和参考光可表示为

$$O = \frac{\sqrt{2}}{2}E_0\exp\mathrm{i}(\varphi-\theta)\begin{bmatrix}\cos\theta\\\sin\theta\end{bmatrix}, \quad R = E_\mathrm{R}\exp\left[\mathrm{i}(\theta-\frac{\pi}{2})\right]\begin{bmatrix}\cos\theta\\\sin\theta\end{bmatrix} \quad (2.2.9.4)$$

由此可见物光和参考光偏振态相同,但存在 2θ 的相位差。干涉图的强度分布公式为

$$I = \frac{1}{2}\left[E_0^2 + E_\mathrm{R}^2 - 2E_0 E_\mathrm{R}\sin(\varphi_0 - 2\theta)\right] \quad (2.2.9.5)$$

因此,通过改变偏振片的透振方向 θ 角,即可改变干涉图的相移量。

2. 微偏振相机原理

微偏振相机是在相机的光敏面上覆盖了微偏振片阵列。通常以 4 个相邻的像元为一组,如图 2.2.9.2 所示,微偏振器阵列的每个 2×2 单位的偏振方向彼此不同,且为 $0°$、$45°$、$90°$ 和 $135°$,4 个角度相异的偏振片分别覆盖在 4 个像元上。

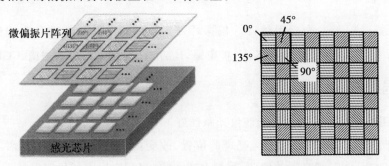

微偏振片阵列

感光芯片

$0°$　$45°$　$135°$　$90°$

图 2.2.9.2　微偏振片阵列结构图和方向示意图

因此从偏振相机拍摄的图像中,抽取具有相同透振方向的像素,并将抽取后的像素以相同的顺序排列组合成干涉图,一次就可以得到 4 副正交相移(相移量分别为 $0°$、$90°$、$180°$ 和 $270°$)干涉图 I_1、I_2、I_3 和 I_4,其强度表达式依次为

$$I_1 = \frac{1}{2}\left[E_0^2 + E_\mathrm{R}^2 - 2E_0 E_\mathrm{R}\sin(\varphi_0)\right] \quad (2.2.9.6)$$

$$I_2 = \frac{1}{2}\left[E_0^2 + E_\mathrm{R}^2 + 2E_0 E_\mathrm{R}\cos(\varphi_0)\right] \quad (2.2.9.7)$$

$$I_3 = \frac{1}{2}\left[E_0^2 + E_\mathrm{R}^2 + 2E_0 E_\mathrm{R}\sin(\varphi_0)\right] \quad (2.2.9.8)$$

$$I_4 = \frac{1}{2}\left[E_0^2 + E_R^2 - 2E_0 E_R \cos(\varphi_0)\right] \qquad (2.2.9.9)$$

对得到的干涉图,进行相位重建,可得到包裹相位分布:

$$\varphi_{\text{wrap}} = \arctan\left(\frac{I_3 - I_1}{I_2 - I_4}\right) \qquad (2.2.9.10)$$

这样利用微偏振相机,通过 1 次记录就得到了 4 副相移干涉图,可以实现对动态样品的测量。

三、实验光路

平行相移干涉光路原理图如图 2.2.9.3 所示。

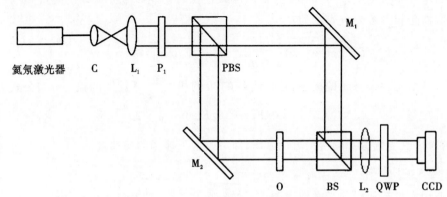

图 2.2.9.3   平行相移干涉光路原理图

四、实验仪器

氦氖激光器,M_1、M_2:全反射镜,P_1:偏振片,PBS:偏振分光棱镜,BS:非偏振分光棱镜,QWP:633 nm 1/4 波片,O:被测物体,C:扩束镜,L_1:准直透镜,L_2:成像透镜,CCD:相机。

五、实验内容及步骤

(1) 将所用的光学元件的按照干涉仪光路摆好。

(2) 打开激光器,观察白屏上激光亮斑的位置。改变白屏与反射镜间的距离,若亮斑在白屏的位置发生改变,调节激光器的俯仰。重复上述步骤,直到白屏上的位置保持不变为止。

(3) 移走白屏。在反射镜前适合的位置摆放扩束镜。在扩束镜后较近的位置放置白板,调节扩束镜的高低,使白屏上射激光圆斑中心处于先前确定的位置处。

(4) 放上针孔,调节针孔滤波器的方向调节手轮,找到针孔滤波器后白屏上的亮斑。

(5) 仔细调节针孔滤波器的方向手轮,使白屏上的纯净激光的强度最大。

(6) 调整准直镜的位置,使滤波器到准直镜的长度等于准直镜透镜的焦距,达到准直镜出射平行光的目的。

(7) 调整好后面的分束镜和反射镜,使两路光在白屏上会合,产生干涉条纹,旋转偏振片 P_1 调整条纹的对比度。

（8）前后移动成像透镜 L_2 的位置，使相机 C 接收到物体 O 的像。

（9）调整反射镜、分束镜，使物光和参考光产生同轴干涉图（条纹周期尽可能大）。

（10）一次记录干涉图，从记录的图像中提取 4 副相移量依次为 $0°$、$90°$、$180°$ 和 $270°$ 的干涉图 I_1、I_2、I_3 和 I_4。

（11）关闭激光器，收起实验仪器。

（12）根据式（2.2.9.10）通过拍摄的 4 副干涉图重建相位分布。

六、思考题

（1）与时间相移技术相比，该实验方案的优点和缺点分别是什么？

（2）如果采用三步相移法，又该如何重建？

第三章 光纤与激光技术

本章主要涉及光纤及其信号传输、激光器及激光技术相关的设计实验。目的是为了深化对光纤光束传输模式、光束在光纤中传输条件及制约因素的认识,深化光纤技术理论,同时掌握光纤信息传输系统的构成原理与技术,掌握光信号调制与解调技术,能够进行光纤光束通信或传输技术方案设计,熟悉各种类型的激光器结构与工作机理,熟悉激光调 Q 等改善控制激光光束输出特征的典型技术,具备相关技术方案的设计能力。

实验 3.1 光纤传输特性测试实验

一、实验目的

(1) 掌握信号传输光纤的基本结构、传输原理和传输模式等;

(2) 熟悉光纤数值孔径的定义和物理意义,掌握测量光纤数值孔径的基本方法;

(3) 理解光纤损耗色散等概念的意义,能够设计光纤传输损耗、色散等特征参数测量技术方案。

二、实验原理

1. 光纤传输基本知识

光纤的构造如图 2.3.1.1 所示。它主要由纤芯、包层、涂敷层及套塑 4 部分组成。纤芯位于光纤的中心部位。它的主要成分是高纯度的二氧化硅,其余成分为掺入的少量掺杂剂,如五氧化二磷(P_2O_5)和二氧化锗(GeO_2)。掺杂剂的作用是提高纤芯的折射率。纤芯的直径一般为 5~50 μm。包层是含有少量掺杂剂的高纯度二氧化硅。掺杂剂有氟和硼。这些掺杂剂的作用是降低包层的折射率。包层的直径一般为 125 μm。包层的外面涂敷着一层很薄的涂敷层。通常进行两次涂敷,涂敷层材料一般为环氧树脂或硅橡胶。该层的作用是增强光纤的机械强度。涂敷层之外就是套塑。套塑的原料大都是采用尼龙或聚乙稀。它的作用也是加强光纤的机械强度。一般没套塑的光纤称为裸光纤。

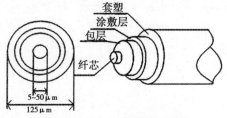

图 2.3.1.1　光纤结构示意图

光纤的传光原理采用几何光学来分析时主要包括光的反射、折射和全反射等;采用波动理论分析时主要包括导模、模数和双折射等。光在光纤中的传播主要有两种型式,分别为如图2.3.1.2所示的两种情况:① 阶跃光纤,其纤芯和包层的折射率呈阶跃分布。该种光纤的纤芯折射率均匀且比包层高,以保证传输光能在纤芯和包层的界面上实现全反射,光传输轨迹为锯齿形。当光纤的数值孔径大时,反射次数多,损耗大。阶跃光纤是光纤应用的基本类型。② 渐变光纤,其纤芯的折射率呈曲面分布,使传输光的轨迹为光滑曲线,也称蛇形传光。其优点是光纤的数值孔径大,色散和损耗较小,传输距离大,但价格高。在单模光纤中,纤芯的直径很小,光线几乎是沿着光纤轴传播的。

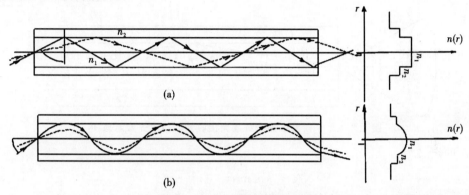

图 2.3.1.2 光纤传光原理图
(a)阶跃光纤;(b)渐变光纤

光纤的传输模式:对于阶跃光纤,光纤中的传输模式与波导参数 V 有关。波导参数 V 的定义为

$$V = 2\pi a(\,NA)/\lambda \qquad (2.3.1.1)$$

式中,a 为光纤纤芯的半径;NA 为光纤的数值孔径;λ 为入射光波长。

在光纤 NA 保持一定的情况下,光纤的芯径越大,则波导参数越大。光纤能传播的模式也越多,当波导参数 $V \leqslant 2.4$ 时,光纤就只能传播单一模式,这种光纤称为单模光纤;当 $V > 2.4$ 时能传播多种模式,例如当 $2.4 < V \leqslant 3.8$ 时,光纤就能传输 4 种模式(HE_{11},TE_{01},TM_{01},HE_{21}),这种光纤的输出端可观测到对应于这 4 种模式的 4 种光斑类型,因此一般 $V > 2.4$ 的光纤就称为多模光纤。图 2.3.1.3 所示为光脉冲在多模光纤和单模光纤中的传输性能示意图。由图 2.3.1.3 可见,多模光纤损耗大、色散较强,因而脉冲畸变严重;而单模光纤损耗和色散性能都较佳,对光脉冲的影响较小。光纤长距离通信中的光纤常使用单模光纤。

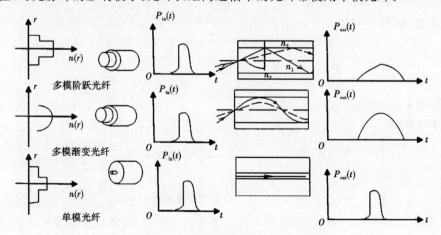

图 2.3.1.3 光脉冲在光纤中传输示意图

在图 2.3.1.3 中，$P_{in}(t)$ 为输入脉冲强度；$P_{out}(t)$ 为输出脉冲强度。

2.光纤的光学参数和特性

(1) 光纤的数值孔径测量原理。

光纤数值孔径(NA)是光纤能接收光辐射角度范围的参数，同时它也是表征光纤和光源、光检测器及其他光纤耦合时的耦合效率的重要参数。图 2.3.1.4 所示为阶跃多模光纤可接收的光锥范围。因此光纤数值孔径就代表光纤能传输光能的大小，光纤的 NA 大，传输能量本领大。

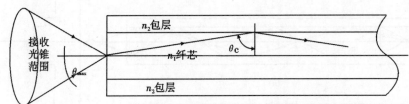

图 2.3.1.4　阶跃多模光纤最大接收角和接收光锥示意图

NA 的定义为

$$NA = n_0 \sin u = \sqrt{n_1^2 - n_2^2} \qquad (2.3.1.2)$$

式中，n_0 为光纤周围介质的折射率；u 为最大接受角；n_1 和 n_2 分别为光纤纤芯和包层的折射率。光纤在均匀光场下，其远场功率角分布与理论数值孔径 NA_m 有如下关系：

$$\sin u = k_a g NA_m \qquad (2.3.1.3)$$

式中，g 为光纤折射率分布参数，k_a 是比例因子，由式(2.3.1.4)给出：

$$k_a = \sqrt{1 - [P(u)/P(0)]^{g/2}} \qquad (2.3.1.4)$$

式中，$P(0)$ 和 $P(u)$ 是远场辐射功率；θ_c 是远场辐射角，计算结果表明：若 $P(u)/P(0) = 5\%$，$g = 2$ 时 k_a 的值大于 0.975，因此可将 $P(u)$ 曲线光功率下降到中心值的 5% 处所对应的角度 θ_e 的正弦值定义为光纤的数值孔径，称之为有效数值孔径：

$$NA_{有效} = n_0 \sin\theta_e \qquad (2.3.1.5)$$

本实验正是根据上述光路可逆原理来进行的。

(2) 光纤的传输损耗测量原理。

1) 截断法(破坏性测量方法)。测出整盘光纤的输出光功率 P_2，然后在微调节架之后约 0.3 m 处(见图 2.3.1.5)切断光纤，测得短光纤的输出光功率 P_1，则可得到光纤的衰减为

$$A = 10 \lg \frac{P_1}{P_2} (dB) \qquad (2.3.1.6)$$

衰减系数 $\alpha = A/L$，L 为光纤长度。

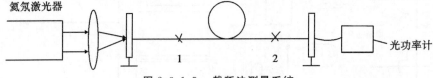

图 2.3.1.5　截断法测量系统

2) 插入法。将光纤 1、2 对接，测得 P_1，然后将待测光纤接入，调整连接器接头使得输出最大，即为 P_2，则 $A'(l) = P_2/P_1$ 包含了光纤衰减和连接器的损耗，因此这种方法的准确度和重

复性不如前一种好,本实验只对截断法进行测试。

三、实验仪器

氦氖激光器	1台;
632.8 nm 波长的塑料光纤	若干;
光功率计	1台;
读数旋转台	1台;
透镜	2个;
五维微调节架	2台;
光纤微调架	2台;
毫米尺	1把;
白屏	1个;
短波长光功率计	1套(功率显示仪 1件、短波光探测器 1只)。

四、实验内容及步骤

1.光纤的数值孔径测量

(1)方法一:光斑法测量(见图 2.3.1.6)。

1)实验系统调整。

A.调整氦氖激光管,使激光束平行于实验平台面,调整旋转台,使氦氖激光束通过旋转轴线;

B.放置待测光纤在光纤微调架上,使光纤一端与激光束耦合,另一端与短波光探测器正确连接;

C.仔细调节光纤微调架,使光纤端面准确位于旋转台的旋转轴心线上,并辅助调节旋转台使光纤的输出功率最大。

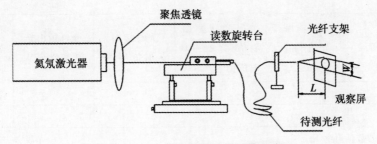

图 2.3.1.6　光纤数值孔径测量系统 1

2)测输出数值孔径角 θ_0。

A.固定光纤输出端,分别置观察屏于距光纤端面 L_1、L_2 距离处,测量观察屏上的光纤输出圆光斑直径 D_1、D_2,计算两次读数差 ΔL 和 ΔD,得输出数值孔径角为

$$\theta_0 = \arctan[\Delta D/(2\Delta L)]$$

B.多次测量求平均值。

3)计算光纤数值孔径:$NA_e = n_0\sin\theta_0$,并填写表 2.3.1.1。

表 2.3.1.1　光纤数值孔径计算表

测量参数	第一次测量	第二次测量	第三次测量
光斑直径 $\Delta D/mm$			
屏与光纤端头距离 $\Delta L/mm$			
数值孔径角 $/(°)$			
光纤数值孔径 $NA = n_0 \sin\theta_0$			
平均数值孔径			

（2）方法二：功率法测量（见图 2.3.1.7）。

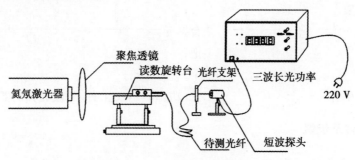

图 2.3.1.7　光纤数值孔径测量系统 2

1）测输入数值孔径角 θ_i。

A. 光纤输出端与短波光探测器连接，调节输入端使光纤端面准确位于旋转台的旋转轴心线；

B. 旋转读数平台，改变光束入射角，记录不同旋转角度 θ_i 下的输出光功率值 P_i；画出 P-θ 曲线，取中心值 $P(\theta)_{max}$ 的 5% 所对应的 θ 值作为有效的数值孔径角 θ_e。

2）计算光纤数值孔径：$NA_e = n_0 \sin\theta_e$，并填写表 2.3.1.2。

表 2.3.1.2　光纤有效数值孔径计算表

序 号	左 侧			右 侧		
	光纤端面入射角 $\theta/(°)$	光纤输出光功率值 $/\mu W$	输出光功率相对值（以 $\theta = 0$ 时的值为 1）	光纤端面入射角 $\theta/(°)$	光纤输出光功率值 $/\mu W$	输出光功率相对值（以 $\theta = 0$ 时的值为 1）
1						
2						
顺时针旋转测的数值孔径角 $/(°)$						
逆时针旋转测的数值孔径角 $/(°)$						
平均数值孔径角 $\theta_i/(°)$						
光纤的有效数值孔径 NA_e						

2. 光纤的传输损耗测量

（1）如图 2.3.1.5 所示，将光纤端面处理后插入微调架与功率计的短波探头对准，使激光束通过透镜中心轴线，并确定其焦平面位置；

（2）将待测光纤的另一端夹入光纤夹，并使其端面处于物镜的焦平面位置，调节激光输入端的五维微调架，使得功率计上的输出值达到最大输出，并记下此值为 P_2；

（3）距光纤输入端约 0.5 m 处剪断光纤，重复上述步骤，得到 P_1，并填写表 2.3.1.3；

（4）在光纤盘上记录下所剪断的长度，以备下次实验的时候得以确定光纤的剩余长度，根据公式计算得到光纤损耗的大小。

表 2.3.1.3　光纤传输功率损耗测量表

测量次数 ＼ 功率大小	P_1	P_2	A	a
1				

五、思考题

（1）光纤数值孔径的物理意义是什么？谈谈本实验的测量精度取决于哪些因素？

（2）用两种方法测得光纤数值孔径的结果是否一样？若不一样，请说明原因。

（3）为什么在测输入孔径角时要保证光纤输入端面位于旋转轴心上？

（4）通过阅读材料，说明减小光纤损耗的途径有哪些。

实验 3.2　数字基带系统的码型变换实验

一、实验目的

（1）熟悉数字基带信号 RZ、BNRZ、BRZ、CMI、曼彻斯特、密勒码型变换的编码原理及工作过程；

（2）掌握高频数字示波器的使用方法；

（3）能够使用示波器观察并记录数字基带信号的各种码型变换以及各测量点波形。

二、实验原理

在实际的数字基带信号传输系统中，传输码的结构应具有下列主要特性：

（1）相应的基带信号无直流分量，且低频分量少；

（2）应含有丰富的定时信息，以便于从信号中提取定时信息；

（3）信号中高频分量尽量少，以节省传输频带并减少码间串扰；

（4）不受信息源统计特性的影响，即能适应于信息源的变化；

（5）码型应具有一定的规律性，以利于进行宏观监测；

（6）编译码设备要尽可能简单，以降低通信的延时和成本。

目前常用的码型有以下几种：

（1）单极性不归零码（NRZ 码）。在单极性不归零码中，二进制代码"1"用幅度为正电平表示，"0"用零电平表示（见图 2.3.2.1），单极性不归零码中含有直流成分，而且不能直接提取同步信号。

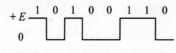

图 2.3.2.1　单极性不归零码

（2）单极性归零码（RZ 码）。单极性归零码与单极性不归零码的区别是码元宽度小于码元间隔，每个码元脉冲在下一个码元到来之前回到零电平（见图 2.3.2.2）。单极性归零码可以直接提取定时信息，仍然含有直流成分。

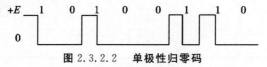

图 2.3.2.2　单极性归零码

（3）双极性不归零码（BNRZ 码）。二进制代码"1""0"分别用幅度相等的正负电平表示（见图 2.3.2.3），当二进制代码"1"和"0"等概率出现时无直流分量。

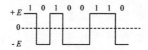

图 2.3.2.3　双极性不归零码

（4）双极性归零码（BRZ 码）。双极性码的归零形式是每个码元脉冲在下一个码元到来之前必须回到零电平（见图 2.3.2.4）。

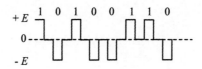

图 2.3.2.4　双极性归零码

（5）CMI 码。CMI 码是传号反转码的简称，与曼彻斯特码类似，也是一种双极性二电平码，其编码规则是"1"码交替地用"11"和"00"两位码表示；"0"码固定地用"01"两位码表示。例如在图 2.3.2.5 中：

消息代码：	1	0	1	0	0	1	1	0	…
CMI 码：	11	01	00	01	01	11	00	01	…
或	00	01	11	01	01	00	11	01	…

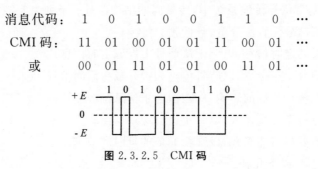

图 2.3.2.5　CMI 码

（6）曼彻斯特码。曼彻斯特码又称为数字双相码，它用一个周期的正、负对称方波表示"0"，而用其反相波形表示"1"。编码规则之一是"0"码用"01"两位码表示，"1"码用"10"两位码表示。例如在图 2.3.2.6 中：

消息代码： 1 1 0 1 1 0 1 1 0 …

曼彻斯特码： 10 10 01 10 10 01 10 10 01 …

曼彻斯特码只有极性相反的两个电平,因为曼彻斯特码在每个码元中期的中心点都存在电平跳变,所以含有位定时信息,又因为正、负电平各一半,所以无直流分量。

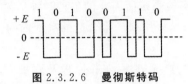

图2.3.2.6 曼彻斯特码

(7) 密勒码。密勒码又称为延迟调制码,它是曼彻斯特码的一种变形,编码规则是"1"码用码元间隔中心点出现跃变来表示,即用"10"或"01"表示。"0"码有两种情况:单个"0"码时,在码元间隔内不出现电平跃变,且相邻码元的边界处也不跃变;连"0"时,在两个"0"码边界处出现电平跃变,即"00"与"11"交替。例如在图2.3.2.7中:

消息代码： 1 1 0 1 0 0 1 0 …

密勒码： 10 10 00 01 11 00 01 11 …

或 01 01 11 10 00 11 10 00 …

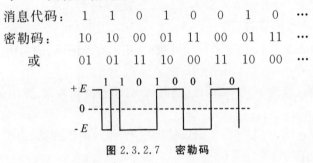

图2.3.2.7 密勒码

三、实验仪器

数字示波器	1套;
码型变换模块	1套;
信号线	若干;
光纤通信实验系统	1套。

四、实验装置图

完成码型变换实验,其结构组成框图如图2.3.2.8所示。

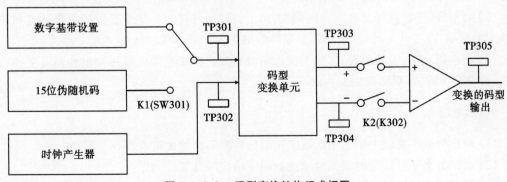

图2.3.2.8 码型变换结构组成框图

以下是对开关 K1(SW301) 和 K2(K302) 的使用说明：

(1)K2 为 8 比特基带信号设置开关。

(2)K1 为系统功能设置开关。最左端一位为基带信号选择位,拨在上面选择基带信号的输入数据,拨在下面选择伪随机数据。

(3)可编程模块用来产生实验系统所需要的各种时钟信号和数字信号。它由可编程器件、下载接口电路和一块晶振组成。晶振用来产生合适的系统内的主时钟,送给芯片生成各种时钟和数字信号。

本实验要求了解这些信号的产生方法、工作原理及测量方法,理论联系实践,提高实际操作能力。

五、实验内容及步骤

在关闭电源的情况下,按照图 2.3.2.8 插入有关实验模块:设置 K2 开关键,选择模块的线路编码功能。

1.数字基带数据测试实验

(1)选择信号输入端为 15 位 2 kHz 伪随机码。用示波器测试。读出输出基带信号的速率和码序列,记录其波形。

(2)选择信号输入端为 15 位 32 kHz 伪随机码。用示波器测试。读出输出基带信号的速率和码序列,记录其波形。

(3)选择信号输入端为 511 位 32 kHz 伪随机码。用示波器测试。由于位数(码长)较长,示波器无法看清稳定的波形。

2.编码规则观测实验

(1)RZ(单极性归零码)。选择 RZ(单极性归零码) 模式,用示波器同时观测码型变换前的基带数据和码型变换后的数据。改变开关的值,观测码型变换的结果。

(2)BNRZ(双极性不归零码)。选择 BNRZ(双极性不归零码) 模式,用示波器同时观测码型变换前的基带数据和码型变换后的数据。改变开关的值,观测码型变换的结果。

(3)BRZ(双极性归零码)。选择 BRZ(双极性归零码) 模式,用示波器同时码型变换前的基带数据和码型变换后的数据。改变开关的值,观测码型变换的结果。

(4)CMI 码。选择 CMI 码模式,用示波器同时观测码型变换前的基带数据和码型变换后的数据。改变开关的值,观测码型变换的结果。

(5)曼彻斯特码。选择曼彻斯特码模式,用示波器同时观测码型变换前的基带数据和码型变换后的数据。改变开关的值,观测码型变换的结果。

(6)密勒码。选择密勒码模式,用示波器同时观测码型变换前的基带数据和码型变换后的数据。改变开关的值,观测码型变换的结果。

六、思考题

(1) 对比分析本实验中所使用的数字基带信号的码型的优缺点。

(2) 观察数字基带信号的码型时示波器的使用应注意哪些问题?

(3) 码型变换的译码过程怎样实现?

实验 3.3　　脉冲编码调制 PCM 编译码实验

一、实验目的

（1）掌握脉冲编码调制 PCM 编译码基本原理；

（2）根据 PCM 编译码基本原理，设计基本编译码系统；

（3）掌握 PCM 编译码模块的工作原理及使用方法；

（4）能够测试输入模拟信号主要指标。

二、实验原理

模拟信号进行抽样后，其抽样值还是随信号幅度连续变化的，当这些连续变化的抽样值通过有噪声的信道传输时，接收端就不能对所发送的抽样准确地估值。如果发送端用预先规定的有限个电平来表示抽样值，且电平间隔比干扰噪声大，则接收端将有可能对所发送的抽样准确地估值。

脉冲编码调制（Pulse Code Modulation，PCM）在通信系统中是一种对模拟信号数字化的取样技术，可以将模拟信号变换为数字信号。PCM 的实现主要包括抽样、量化和编码 3 个步骤，分别完成时间上离散、幅度上离散及量化信号的二进制表示（见图 2.3.3.1）。

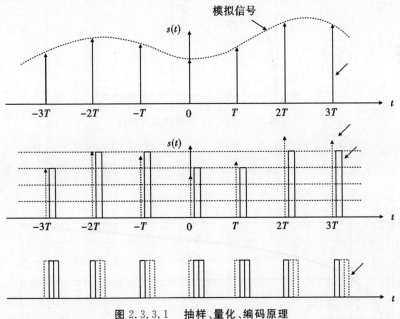

图 2.3.3.1　抽样、量化、编码原理

所谓抽样，就是在抽样脉冲来到的时刻提取对模拟信号在该时刻的瞬时值，抽样把时间上连续的信号变成时间上离散的信号。抽样速率的下限是由抽样定理确定的，抽样频率必须大于等于基带信号最高频率的两倍。

所谓量化，就是把经过抽样得到的瞬时值将其幅度离散，即用一组规定的电平，把瞬时抽样值用最接近的电平值来表示。一个模拟信号经过抽样量化后,得到已量化的脉冲幅度调制信号,它仅为有限个数值。

常见的量化方式为均匀量化和非均匀量化两种,在语音信号的实际模数转换中,对于给定的量化器,量化电平数和量化间隔都是确定的,量化噪声也是确定的。信号的强度可能随时间变化(如语音信号)。当信号小时,信号量噪比也小。这种均匀量化器对于小输入信号很不利。为了克服这个缺点,改善小信号时的信号量噪比,在实际应用中常采用非均匀量化。关于电话信号的压缩特性,国际电信联盟(ITU)制定了两种建议,即 A 压缩律和 μ 压缩律,以及相应的近似算法 ——13 折线法和 15 折线法。我国大陆、欧洲各国以及国际间互连时采用 A 律及相应的13 折线法,北美、日本和韩国等国家和地区采用 μ 律及 15 折线法。下面将讨论 A 律和相应的 13 折线法及其近似实现方法。

如图 2.3.3.2 所示,A 压缩律是指符合式(2.3.3.1)的对数压缩规律:

$$y = \begin{cases} \dfrac{Ax}{1+\ln A}, & 0 < x \leqslant \dfrac{1}{A} \\[3mm] \dfrac{1+\ln Ax}{1+\ln A}, & \dfrac{1}{A} \leqslant x \leqslant 1 \end{cases} \tag{2.3.3.1}$$

式中,x 为压缩器归一化输入电压;y 为压缩器归一化输出电压;A 为常数,它决定压缩程度,在实际应用中,$A = 87.6$。

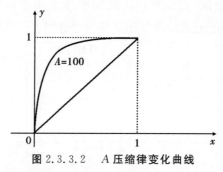

图 2.3.3.2　A 压缩律变化曲线

如图 2.3.3.3 所示,13 折线压缩特性即 A 律的近似:A 律表示式是一条平滑曲线,用电子线路很难准确地实现。这种特性很容易用数字电路来近似实现。13 折线特性就是近似于 A 律的特性。

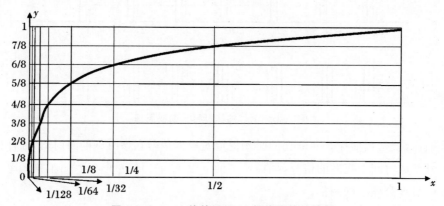

图 2.3.3.3　A 律的近似 13 折线压缩特性图

如图 2.3.3.4 所示,语音信号为交流信号,上述的压缩特性只是实用的压缩特性曲线的一半。在第 3 象限还有对原点奇对称的另一半曲线,称 13 折线压缩特性。

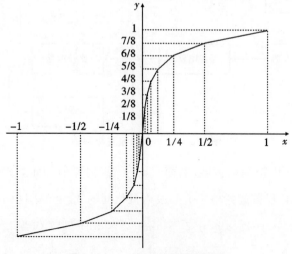

图 2.3.3.4　**语音信号压缩特性**

非均匀量化时 13 折线法中的(第 1 和第 2 段)最小量化间隔为 Δ,8 段×16 个均分电平/每段 = 128 个量化间隔。非均匀量化需要 7 比特。若用 13 折线法中的(第 1 和第 2 段)最小量化间隔作为均匀量化时的量化间隔,则 13 折线法中第 1~8 段包含的均匀量化间隔数分别为 16、16、32、64、128、256、512、1 024,共有 2 048 个均匀量化间隔。在保证小信号的量化间隔相等的条件下,均匀量化需要 11 比特编码,而非均匀量化只要 7 比特就够了。

(1)A 律 13 折线 8 比特编码。

1)码字的安排。在对语音信号的编码中,让每 8 位二进制码字对应一个语音样值。第 1 位为极性码,样值为正取 1,为负取 0,第 2、3、4 位码为段落码,有 8 段。段落码编码规则见表2.3.3.1;5~8 为段内码,16 个量化间隔,编码规则为自然二进制编码。

表 2.3.3.1　**段落码编码规则表**

段落序号	段落码 $a_2 a_3 a_4$	段落范 (量化单位 Δ)	量化间隔 Δ_i (量化单位 Δ)	起始电平 (量化单位 Δ)
8	1 1 1	1 024~2 048	64	1 024
7	1 1 0	512~1 024	32	512
6	1 0 1	256~512	16	256
4	0 1 1	64~128	4	64
3	0 1 0	32~64	2	32
2	0 0 1	16~32	1	16
1	0 0 0	0~16	1	0

2)编码原理。码字的选择为 $m = 2^a$,码型的选择为折叠二进制码。非线性逐次反馈编码的原理如图 2.3.3.5 所示。

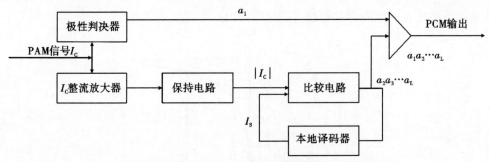

图 2.3.3.5　编码系统流程图

(2)A 律 13 折线 8 比特编码接收端译码。$a_1 = 1$，则样值为正，$a_1 = 0$，则样值为负；按 $a_2 a_3 a_4$ 计算出量化段落、段落起始电平 I_i 和段内量化间隔 Δ_i，8 位幅度码译出的码字电平 $I_{译}$ 为

$$I_i + (2^3 \times a_5 + 2^2 \times a_6 + 2^1 \times a_7 + 2^0 \times a_8 + 2^{-1})\Delta_i (当 a_1 = 1 时) \quad (2.3.3.2)$$

$$-[I_i + (2^3 \times a_5 + 2^2 \times a_6 + 2^1 \times a_7 + 2^0 \times a_8 + 2^{-1})\Delta_i] (当 a_1 = 0 时)(2.3.3.3)$$

量化误差为 $I_c - I_{译}$。

实际上脉冲编码调制的量化是在编码过程中同时完成的，故编码过程也称为模／数变换，可记作 A/D 及 D/A，电路框图如图 2.3.3.6 所示。

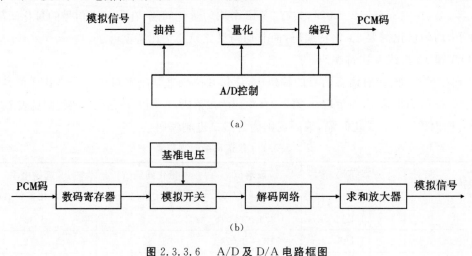

图 2.3.3.6　A/D 及 D/A 电路框图

(a)A/D 电路；(b)D/A 电路

三、实验仪器

通信实验系统	1 台；
数字示波器	1 台；
信号发生器	1 台；
接收装置	1 套。

四、实验内容及步骤

(1) 根据 PCM 编译码基本原理设计基本编译码系统。系统输入为模拟语音信号,编码器输出为数字信号,译码器输出为模拟信号,对信号的传输过程利用示波器监测,信号传输过程需要加入噪声。

(2) 利用 PCM 编译码模块的工作原理输入模拟信号进行主要指标测试。

1)PCM 模块的幅频特性测试。

A.测试原理。图 2.3.3.7 所示为模块化 PCM 编译码实验的原理框图。

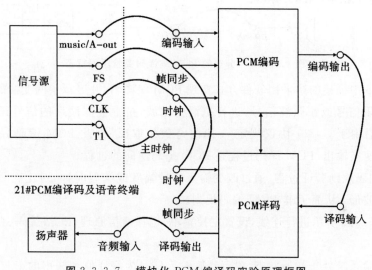

图 2.3.3.7 模块化 PCM 编译码实验原理框图

图2.3.3.7中描述的是PCM编码和译码处理过程。主芯片工作主时钟可为2 048 kHz,根据主芯片功能可选择不同编码时钟进行编译码。在本实验的项目中以编码时钟取 64 kHz 为基础进行芯片的幅频特性测试实验。

B.PCM 模块的幅频特性测试过程。通过改变输入信号频率,观测信号经 PCM 编译码后的输出幅频特性,了解其相关性能。

a.按图2.3.3.7所示进行连线,设置主控菜单,选择通信原理、PCM 编码、A 律编码观测实验。

b.此时实验系统处于初始状态,设置音频输入信号为确定峰峰值和频率的正弦波,PCM 编码及译码时钟为一定频率方波,选择合适的编码及译码帧同步信号。

c.实验操作及波形观测。调节模拟信号源输出波形为正弦波,用示波器观测,设置峰峰值。将信号源频率从 50 Hz 增加到 4 000 Hz,用示波器接模块的音频输出,观测信号的幅频特性。

2)PCM 编码规则验证。

A. 测试原理。图 2.3.3.8 所示为 PCM 编译码实验的原理框图。

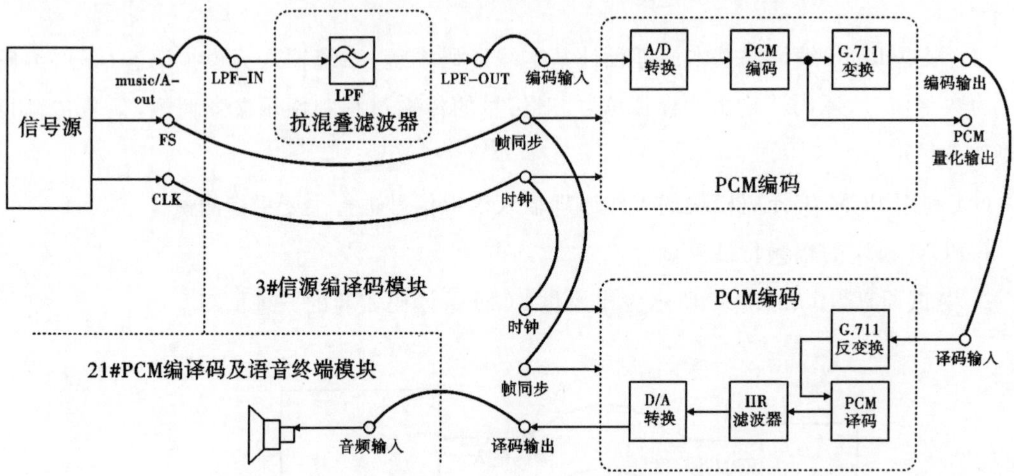

图 2.3.3.8　分解的 PCM 编译码实验原理框图

图 2.3.3.8 中描述的是采用软件方式实现 PCM 编译码，并展示中间变换的过程。PCM 编码过程是将音乐信号或正弦波信号，进行抗混叠滤波，抗混叠滤波后的信号经 A/D 转换，再 PCM 编码，之后由于 G.711 协议规定 A 律的奇数位取反，因此 PCM 编码后的数据需要经 G.711 协议的变换输出。PCM 译码过程是 PCM 编码逆向的过程。

B. PCM 编码规则验证过程。通过改变输入信号幅度或编码时钟，对比观测 A 律 PCM 编译码输入输出波形，从而了解 PCM 编码规则。

a. 按图 2.3.3.8 所示进行连线，设置主控菜单，选择通信原理、PCM 编码、A 律编码观测实验。

b. 此时实验系统处于初始状态，设置音频输入信号为峰峰值和频率的正弦波，PCM 编码及译码时钟为一定频率方波，选择合适的编码及译码帧同步信号。

c. 实验操作及波形观测。观测编码输入波形。将正弦波幅度最大处调节到示波器的正中间，记录波形。在保持示波器设置不变的情况下，记录波形。

五、思考题

(1) 均匀量化编码与非均匀量化编码有何异同？

(2) 利用 MATLAB 中的 Simulink 模块，对 PCM 编码模块进行仿真的优点是什么？

(3)PCM 编码调制还可应用到哪些应用领域中？

实验 3.4　CMI 码型变换实验

一、实验目的

(1) 掌握 CMI 码的编码规则；

(2) 掌握 CMI 编码和解码原理；

（3）掌握 CMI 同步原理和检错原理，并能进行测试方案设计。

二、实验原理

CMI 码是传号反转码的简称，它是一种应用于 PCM 四次群和光纤传输系统中的常用线路码型，有较多的电平跳跃，因此含有丰富的定时信息，便于时钟提取，有一定的纠错能力。在高次脉冲编码调制终端设备中广泛应用作接口码型，在速率低于 8 448 kb/s 的光纤数字传输系统中被建议作为线路传输码型。

（1）CMI 编码。CMI 码通过 CMI 码编码模块完成 CMI 的编码功能。CMI 编码模块由 1 码编码器、0 编码器和输出选择器组成。CMI 编码规则如下：当输入码流为 0 时，则以时钟信号输出作 01 码，编码输出为"01"；当输入为"1"码时，编码输出是"00"和"11"交替出现。根据此规则，需要一个信号作为判断，需在电路中设置一状态来确认上一次输入比特为 1 时的编码状态，当前面一个"1"码编码转换的是"00"时，判断编码转化为"11"，当前面一个"1"码编码转换的是"11"时，则判断编码转化为"00"。这一机制通过一个 D 触发器来实现，每次当输入码流中出现 1 码时，D 触发器进行一次状态翻转，从而完成对 1 码编码状态的记忆（1 状态记忆）。同时，D 触发器的 Q 端也将作为输入比特为 1 时的编码输出（测试点 TP905）。

在 CMI 编码模块（见图 2.3.4.1）中，各测试点的安排如下：

TP901：发送数据（1.024 Mb/s）；

TP902：发送时钟（1.024 MHz）；

TP903：编码输出（2.048 Mb/s）；

TP904：输出时钟（2.048 MHz）；

TP905：1 状态；

TP906：加错指示。

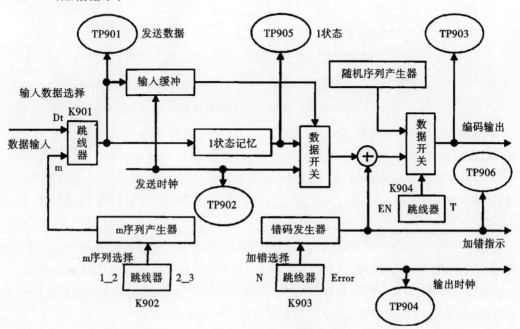

图 2.3.4.1　CMI 编码模块组成框图

(2)CMI 解码。CMI 码通过 CMI 码译码模块完成 CMI 的解码功能。CMI 译码模块由串并变换器、译码器、同步检测器和扣脉冲电路等电路组成。译码之后的结果可在 TPA03 上测出来,其与 TP901 的波形一致,仅存在一定的时延。

对于输入为 1 的码字,其输出 CMI 码字存在两种结果(即 00 或 11 码),在 CMI 解码端,存在同步和不同步两种状态,因而需要进行同步。同步过程的设计可根据码字的状态进行:因为在输入码字中不存在 10 码型,10 码是禁用码,如果出现 10 码,则认为 CMI 译码器未同步,此时将不正确译码,必须调整同步状态。当在一定时间周期内,如出现多组 10 码字则此时同步检测电路输出一个控制信号到扣脉冲电路扣除一个时钟,调整 1 b 时延,使 CMI 译码器同步。CMI 译码器在检测到 10 码字时,将输出错误指示(TPA07),使 CMI 译码器未同步时,将给出告警指示(红灯亮)。在该功能模块中,可以观测到 CMI 在译码过程中的同步过程。

在 CMI 译码模块(见图 2.3.4.2)中,各测试点的安排如下:

TPA01:输入数据(2.048 Mb/s);

TPA02:输入时钟(2.048 MHz);

TPA03:译码输出(1.024 Mb/s);

TPA04:输出时钟(1.024 MHz);

TPA05:检测周期;

TPA06:扣除时钟;

TPA07:错误指示。

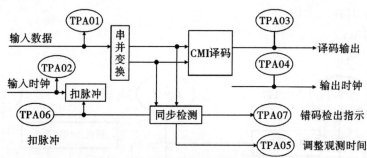

图 2.3.4.2　CMI 译码模块组成框图

(3)检错能力。因为 1 码用 00 或 11 表示,而 0 码用 01 表示,所以在 CMI 码流中 10 码为禁用码,且无 00 或 11 码组连续出现,这个特点可用于检测 CMI 的部分错码。

1)错码发生器。为验证 CMI 编译码器系统具有检测错码功能,可在 CMI 编码器中人为插入错码。将 K903 设置在 Error 位置(右端)时,插入错码,否则设置在 N 位置(左端)时,无错码插入。

2)随机序列产生器。为观测 CMI 译码器的失步功能,可以产生随机数据送入 CMI 译码器,使其无法同步。先将输入数据选择跳线开关 K901 设置在 Dt 位置(左端),再将跳线开关 K904 设置在测试 T 位置(右端),CMI 编码器将选择内部一个不符合 CMI 编码关系的随机信号序列数据输出。正常工作时,跳线开关 K904 设置在使能 EN 位置(左端)。

三、实验仪器

光纤通信原理综合实验系统	1 台；
数字示波器	1 台；
误码测试仪	1 台。

四、实验内容及步骤

将"发送定时模块"方式选择开关 KJ02 设置在 CMI 位置（左端）；将"光纤收发模块"发送数据选择开关 KE01 设置在 CMI 位置（左端）；将"解扰模块"输入数据选择开关 K803 设置在 CMI 位置（上端）；将"定时接受模块"信号输入选择开关 KD03 设置在 DT 位置（右端），KD04 设置在 PLL 位置（左端），建立自环信道。

1. CMI 码编码规则测试

将"CMI 编码模块"输入信号选择跳线开关 K901 设置在 m 位置（右端）；m 序列产生器输出受码型选择跳线开关 K902 控制，产生不同的特殊码序列，当 K902 设置在 1_2 位置（左端）时，输出 1110010N7 周期序列，当 K902 设置在 2_3 位置（右端）时，输出 111100010011010PN15 周期序列；将加错使能跳线开关 K903 设置在无错 N 位置（左端）；将输出使能开关 K904 设置在 EN 位置（左端），选择 CMI 编码数据输出。

用示波器同时观测 CMI 编码输入数据（TP901）和编码输出数据（TP903）。观测时用 TP901 同步，根据观测结果，画出一个 m 序列周期输入数据和对应编码输出数据波形，分析编码输出数据是否与编码理论一致，验证 CMI 编码规则。

2. 1 码状态记忆测量

用示波器同时观测 CMI 编码器输入数据（TP901）和 1 码状态记忆输出（TP905）。观测时用 TP901 同步，仔细调整示波器同步。画出一个 m 序列周期输入数据和对应 1 码状态记忆输出数据波形。根据观测结果，画出测量的波形，分析是否符合相互关系。

3. CMI 码解码波形测试

用示波器同时观测 CMI 编码器输入数据（TP901）和 CMI 解码器输出数据（TPA03）。观测时用 TP901 同步。验证 CMI 译码器能否正常译码，两者波形除延时外应该一样。

4. CMI 码编码加错波形观测

跳线开关 K903 是加错控制开关，当 K903 设置在 ERROR 位置（右端）时，将在输出编码数据流中每隔一定时间插入 1 个错码。用示波器同时观测加错指示点 TP906 和输出编码数据 TP903 的波形，观测时用 TP903 同步。画出有错码时的编码输出数据，分析接收端 CMI 译码器可否检测出错码。

5. CMI 码检错功能测试

将输入信号选择跳线开关 K901 设置在 Dt 位置（左端）；将加错跳线开关 K903 设置在 Error 位置，人为插入错码，模拟数据经信道传输误码。

（1）用示波器同时测量加错指示点 TP906 和 CMI 译码模块中检测错码指示点 TPA07 的波形。

（2）将输入信号选择跳线开关 K901 设置在 m 位置（右端），重复（1）试验。观测测量结果有何变化。

6.CMI 译码同步观测

CMI 译码器是否同步可以通过检测错码检测电路输出反映出来。当 CMI 译码器未同步时，错码将连续地检测出。观测时，将输入信号选择跳线开关 K901 设置在 Dt 位置（左端），输出数据选择开关 K904 设置在测试 T 位置（输出非 CMI 编码数据流，使接收端无法同步）。

（1）用示波器测量失同步时的检测错码检测点（TPA07）波形。

（2）将 K904 设置在 EN 位置，检测错码检测点波形。

7.抗连 0 码性能测试

（1）将输入信号选择跳线开关 K901 拔去，使 CMI 编码输入数据悬空（全 0 码）。用示波器测量输出编码数据（TP903）。

（2）测量 CMI 译码输出数据是否与发端一致。

（3）观测译码同步信号。

五、思考题

（1）为什么有时检测错码检测点输出波形与加错指示波形不一致？

（2）根据测量结果，总结接收时钟受发送数据影响情况。

（3）CMI 码是否具有纠错功能？

实验 3.5　5B6B 码型转换实验

一、实验目的

（1）熟悉 5B6B 线路码型的特点及应用场合；

（2）掌握 5B6B 线路码型的编码、译码的基本原理；

（3）能够设计方案完成测试 5B6B 线路编码、译码过程相关参数。

二、实验原理

1.5B6B 码介绍

5B6B 线路码型是国际电报电话委员会（CCITT）推荐的一种国际通用光纤通信系统中采用的线路码型，也是我国及世界各国四次、五次群光纤数字传输系统中最常用的一种线路码型。5B6B 线路码型有很多优点，码率提高不多，便于在不中断业务的情况下进行误码检测，码型变换电路简单。

采用 5B6B 线路码型的光纤通信系统中，设置在发端的 5B6B 编码器，将要传输的二进制数字信号码流变换为 5B6B 编码格式的信号码流;设置在收端的 5B6B 译码器,将接收到的 5B6B 线路码型信号还原成原二进制数字信号。

2.5B6B 码编码规则

5B6B 线路码型编码是将输入的二进制源代码数据流分组,每 5 个二进制码为一组,记为 5B,然后在相同的时段内,按一个确定的规律转换成 6 个二进制代码输出,记为 6B 码,原 5B 二进制码组,有 2^5 共 32 种组合,而 6B 二进制码组成有 2^6 共 64 种不同组合。

定义 d 为输出译码中 1 的个数和 0 的个数之差,则 6B 码组成的 64 种组合如下:

(1)$d = 0$ 的码字,即译码中有 3 个 1 和 3 个 0,有 $C_6^3 = 20$ 个;

(2)$d = \pm 2$ 的码字,即译码中有 4 个 1 或 4 个 0,有 $C_6^2 + C_6^4 = 30$ 个;

(3)$d = \pm 4$ 的码字,即译码中有 5 个 0 或 5 个 1,有 $C_6^1 + C_6^5 = 12$ 个;

(4)$d = \pm 6$ 的码字,即译码中全是 0 或全是 1,有 $C_6^0 + C_6^6 = 2$ 个。

选择 6B 码组的原则是使线路码型的功率通道密度中无直流分量,最大相同码元连码数小,定时信息丰富,编码器、译码器和判决电路简单且造价低廉等,即选择 6B 码组的原则如下:

(1)"0" 码出现的概率可能性等于 "1" 码;

(2) 选择 d 值最小的码组,即禁用 $d = \pm 4$ 和 ± 6 的码字(共 14 种);

(3) 减小最大连续相同数的个数,即删去 000011、110000、001111 和 111100。

为了实现设计目标,对于 $d = +2$ 和 $d = -2$ 的相对应的码字交替使用,即采取两种编码模式:一种是 $d = 0$ 和 $d = +2$,称为模式 Ⅰ,另一种模式是 $d = 0$ 和 $d = -2$,称为模式 Ⅱ。当采用模式 Ⅰ 编码时,遇到 $d = +2$ 的码组后,后面的编码就自动转换到模式 Ⅱ,在模式 Ⅱ 的编码中遇到 $d = -2$ 的码组,编码又自动转换到模式 Ⅰ。

对上述码组进行编码能产生多种 5B6B 编码表。一般常用的编码表有 5B6B-1、5B6B-2、5B6B-3、5B6B-4、5B6B-5 和 5B6B-6 等 6 种。实验中的输入码是 01010 10101 01010 序列,所对应的 4 种编码见表 2.3.5.1。

表 2.3.5.1　5B6B 编码表

输入二元码组 (5 b)	输出二元码组(6 b)							
	5B6B-1		5B6B-2		5B6B-3		5B6B-4	
	模式 Ⅰ	模式 Ⅱ	模式 Ⅰ	模式 Ⅱ	模式 Ⅰ	模式 Ⅱ	模式 Ⅰ	模式 Ⅱ
01010	010111	101000	010101	010101	010111	101000	101100	101100
10101	111010	000101	101010	101010	111010	000101	010101	010101
01010	010111	101000	010101	010101	010111	101000	101100	101100

3.5B6B 编码原理

5B6B 编码器电路主要由信号输入电路、码型变换电路、时序控制电路和输出电路组成。编码器电路原理组成框图如图 2.3.5.1 所示。

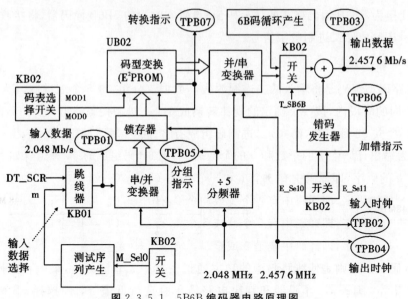

图 2.3.5.1　5B6B 编码器电路原理图

（1）开关 KB01 用于选择输入数据，当 KB01 设置在 DT_SCR 位置（左端）时，则输入信号来自加扰模块的扰码输出数据码流；当码表选择开关 KB02 设置在 m 位置时，则输入信号来自模块的测试序列产生器输出的各种测试数据码流，model 0 和 model 1 有 4 种选择，对应的编码模式见表 2.3.5.2，"0"表示跳线开关拔下，"1"表示跳线开关插入。

表 2.3.5.2　码表选择

Model1　Mode0	0　0	0　1	1　0	1　1
模　式	5B6B-1	5B6B-2	5B6B-3	5B6B-4

（2）串/并变换器。串/并变换器由 5 位移位寄存器组成，实现串/并变换，其功能是将来自外部信号输出，完成数据码流的分组。5 位并行信号并存进入锁存器，输出进入发端码型变换电路。

（3）测试序列发生器。该模块用于完成教学实验的辅助测量。通过跳线开关可以输出特殊码型的数据序列信号，供学生验证或观测 5B6B 的编码规则。输出数据序列受选择开关 KB02 中的 m-Sel0 开关控制，其设置对应输出数据见表 2.3.5.3。

表 2.3.5.3　输出数据序列选择

状　态	M_Se10	
	0	1
输出序列	0/1 码	2^4-1 PN 码

在 5B6B 编码模块中，各测试点定义如下：

TPB01：输入数据（速率：2.048 Mb/s，波形：非归零）；

TPB02：输入时钟（频率：2.048 MHz，方波）；

TPB03：输出数据（线路码型：5B6B，速率：2.457 6 Mb/s，波形：非归零）；

TPB04：输出时钟（频率：2.457 6 MHz，方波）；

TPB05：分组指示；

TPB06：加错指示；
TPB07：转换指示。

4. 5B6B 译码原理

5B6B 线路码型的译码原则是将收到的 6B 码组按原编码表还原为 5B 码组，然后经并/串变换输出为原二进制数字码流。

5B6B 译码器电路主要由信号输入电路、码型变换电路、时序控制电路、误码识别电路、误码计数器和输出电路组成。译码器电路原理组成框图如图 2.3.5.2 所示。

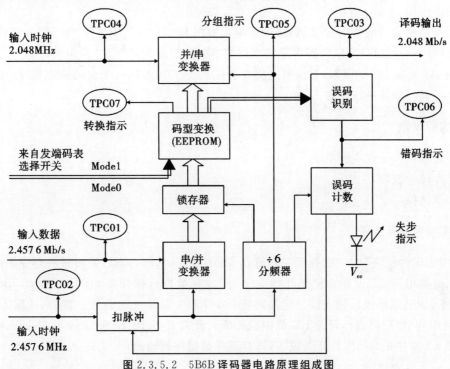

图 2.3.5.2　5B6B 译码器电路原理组成图

在 5B6B 译码模块中，各测试点定义如下：
TPC01：输入数据（线路码型：5B6B，速率：2.457 6 Mb/s，波形：非归零）；
TPC02：输入数据（频率：2.457 6 MHz，方波）；
TPC03：输出数据（速率：2.048 Mb/s，波形：非归零）；
TPC04：输出时钟（频率：2.048 MHz，方波）；
TPC05：分组指示；
TPC06：错码指示；
TPC07：转换指示。

5. 误码检测

5B6B 线路码型的主要特点是有误码扩散，即当传输线路码中发生一个误码后，在译码变换为原信源码时会产生几个误码，使平均误码劣化，其可视为对接收灵敏度造成一定的功率损失。

（1）错码信号发生器。通过跳线开关可以控制插入不同数量的错码，实现不同量级的错码率。利用插入错码可以观测 5B6B 线路码的误码检测功能，测量在使用不同码表时的误码扩散性能等。错码插入设置见表 2.3.5.4。

表 2.3.5.4　插入错码设置选择

E_Sel1、E_Sel0	0 0	0 1	0 1	1 1
插入错码率	0	2×10^{-3}	1.6×10^{-2}	1.3×10^{-1}

（2）误码识别电路。该电路负担着对线路误码监测的任务，可以在不中断业务的情况下对运行着的系统进行检测。误码识别的机理是依据禁止码组的出现及检验模式转换规律异常来判断误码的产生。

在收端码型变换电路的 EEPPOM 中的输出数据 D5、D6 中写有表示"禁字"和模式 I / 模式 II 的符号，一旦出现"禁字"，即肯定出现误码；同样，当发现 $d = +2$ 码组经译码后没有转换成模式 II，即认为发生了误码。有误码时将在测试点 TPC06 给出一个误码标志脉冲，这个脉冲信号送入误码计数器进行计数。

三、实验仪器

光纤通信原理综合实验系统　　　　　　　　　　　1 台；
数字存储示波器　　　　　　　　　　　　　　　　1 台；
误码测试仪　　　　　　　　　　　　　　　　　　1 台。

四、实验内容及步骤

将"发送定时模块"方式选择开关设置在 5B6B 位置（右端），通过发时钟处理模块向 5B6B 编码模块提供相关编码时钟；将"光纤收发模块"发送数据选择开关 KE01 设置在 5B6B 位置（右端）；将 5B6B 编码模块输入信号选择跳线开关 KB01 设置在 m 位置（右端），使输入信号为本地的 m 序列信号；将选择开关 KB02 中误码插入开关 E_Se10、E_Se11 拔下，不插入误码；将选择开关 KB02 中的 T-5B6B 开关拔下，选择正常数据序列输出。

1. 分组指示信号测量

（1）将选择开关 KB02 中的序列选择跳线开关 M_Se10 拔下，使产生 0/1 码信号输出。

（2）用示波器同时测量 5B6B 编码输入数据（TPB01）和发送分组指示（TPB05）信号，测量时选用 TPB01 信号作为示波器同步触发信号，观测分组结果。

2. 5B6B 线路码型编码规则测试

（1）保持上一步设置条件，将 5B6B 线路码型模式选择开关 Mode 0、Mode 1 拔下选择编码码表为 5B6B-1 模式。

（2）用示波器同时测量 5B6B 编码输入数据（TPB01）和编码（TPB03）信号，测量时选用 TPB01 信号作为示波器同步触发信号，仔细调整示波器使其两路波形同步稳定地显示，记录并描绘下测量波形。

（3）保持测试 TPB01 点信号波形不变，取下测量输出数据（TPB03）信号的示波器探头去测量发送分组指示（TPB05）信号，确定信号分组位置，在上述测量结果波形下描绘出新的测量波形，分析编码输出数据是否符合编码关系（注意测量输入信号、分组信号和编码信号的相对时延关系）。

(4) 改变 5B6B 线路码型模式选择开关 Mode 0、Mode 1 位置,选择在其他码表模式分析,验证编码输入数据是否正确。

3.5B6B 线路码型译码数据测试

(1) 保持发送端设置条件不变(m 序列为 15 位周期,任一种 5B6B 编码模式),将"光钎收发模块"输入信号选择跳线开关 KE01 设置在 5B6B 线路码型位置(右端);将"接收定时模块"输入信号选择跳线开关设置在 DT 位置(右端),构成自环状态。

(2) 用示波器同时测量 5B6B 编码输入数据(TPB01)和接收译码输出数据(TPC03)信号,测量时选用 TPB01 信号作为示波器同步触发信号,仔细调整示波器使其两路波形能同步稳定地显示。观测译码波形是否正确,记录测量结果。

(3) 根据测量结果,分析 5B6B 编译码器的时延参数。

4.5B6B 线路码型误码检测功能及同步性能定性测量

(1) 在上述自环状态下,用示波器同时观测发送编码模块的插入误码指示(TPB06)和接收译码模块的误码检测指示(TPC06)信号波形。

(2) 将误码插入选择开关 E_Sel1、E_Sel0 根据表 2.3.5.5 所示设置在不同位置,在信道中插入不同量级的误码数,观测 5B6B 线路编码系统能否正确识别错码及正常同步。记录测量并分析结果。

表 2.3.5.5　5B6B 线路码型误码检测及同步性能测量表

E_Sel1、E_Sel0	00	01	10	11
插入错码率(P_e)	0	2×10^{-3}	1.6×10^{-2}	1.3×10^{-1}
误码检出情况				
收发码组同步				

五、实验要求和注意事项

(1) 实验开始前,需要对示波器校准两个通道"CH1"和"CH2"。

(2) 画出主要测试点波形。

(3) 示波器上至少要显示一个完整的周期波形。

六、思考题

(1) 分析译码码组同步调整过程,试提出一套新的码组同步调整设计方案。

(2) 根据误码率测量结果和误码扩散系数计算结果,分析讨论几种 5B6B 线路码型的特性差异。

实验 3.6　电话语音信号大气光传输实验

一、实验目的

(1) 掌握用户线接口电路的主要功能;

(2) 掌握电话接口芯片的结构和工作原理;

（3）掌握电话接续的原理及其各种语音控制信号的波形；

（4）掌握电话语音信号大气光传输原理，能够设计搭建相关系统。

二、实验原理

1.用户线接口电路功能及其作用

在现代通信设备与程控交换中，由于交换网络不能通过铃流、馈电等电流，所以将过去在公用设备（如绳路）实现的一些功能放到"用户电路"来实现。

在程控交换机中，用户电路也可称为用户线接口电路（SLIC）。根据用户电话机的不同，用户接口电路可分为模拟用户电话接口电路和数字用户电话接口电路。模拟用户电话接口电路与模拟电话相连，数字用户电话接口电路和数字自终端相连（如 ISDN），而在此实验箱中采用模拟用户电话接口电路。

模拟用户线接口电路在实现时最大的压力应是能承受馈电、铃流和外界干扰等高压大电流的冲击，过去都是采用晶体管、变压器和继电器等分立元件构成的，但随着微电子技术的发展，各种集成的 SLIC 相继出现，它们大都采用半导体工艺或是薄膜、厚膜制作工艺，性能稳定，价格低廉，已实现了通用化。

在程控交换机中用户接口电路一般要具有 B（馈电）、O（过压保护）、R（振铃控制）、S（监视）、C（编译码与滤波）、H（混合）、T（测试）7 项功能。具体含义如下：

（1）馈电（B）：向用户话机馈送直流电流。通常要求馈电电压为 − 48 V，环路电流不小于18 mA。

（2）过压保护（O）：防止过压过流冲击损坏电路和设备。

（3）振铃控制（R）：向用户话机馈送铃流，通常为 25 Hz/75 Vrms 正弦波。

（4）监视（S）：监视用户线的状态，检测话机摘机、挂机与拨号脉冲灯信号已送往控制网络和交换网络。

（5）编译码与滤波（C）：在数字交换中，它完成模拟话音与数字码间的转换。编译码通常采用 PCM 码的方式，其编码器（Coder）和译码器（Decoder）统称为 CODEC。相应的防混叠与平滑低通滤波器的带宽范围为 300 ～ 3 400 Hz，编码速率为 64 Kb/s。

（6）混合（H）：完成二线与四线的转换功能，即实现模拟二线双向信号与 PCM 发送和接收数字四线信号之间的分离。

（7）测试（T）：对用户电路进行测试。

2.模拟用户接口电路框图

模拟用户接口电路的结构如图 2.3.6.1 所示。

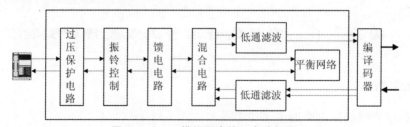

图 2.3.6.1 模拟用户接口电路框图

三、实验仪器

自由空间光通信实验仪	1 台；
万用表	1 台；
插头对	10 根；
激光器及发射装置	1 套；
探测器及接收装置	1 套；
示波器	1 台；
电话机	2 部。

四、实验装置原理图

在本实验箱中，用户线接口电路芯片选用 Legerity 公司生产的模拟用户线接口芯片 Am79R70。Am79R70 是一种功能较强的用户线接口芯片，它除拥有用户接口电路常用的 7 种功能外，还拥有电流限制、挂机传输、极性反转和环路检测等功能。其内部电路结构原理框图如图 2.3.6.2 所示。

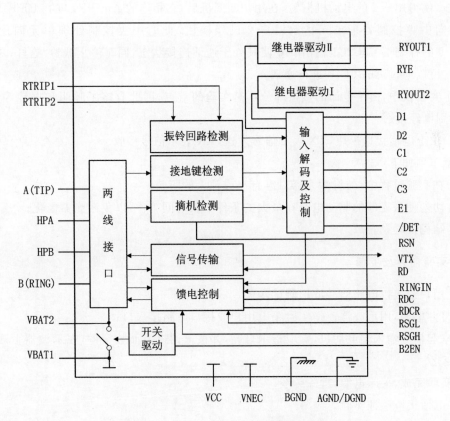

图 2.3.6.2　Am79R70 内部功能模块图

其中 Am79R70 需要 VCC，VEE，VBAT1，VBAT2 四种电源电压。其中 VCC 为 ＋5 V，VEE 为 －5 V，此电压可由 Am79R70 内部的负电压调整可得。VBAT2 的电压幅度范围为 －19 ～－48 V，

VBAT1 的电压幅度范围为 $-40 \sim -67$ V,标准值为 -48 V。

振铃、环路状态检测的功能主要通过控制字输入端 C3,C2,C1 及摘挂机检测输出端 /DET 来控制,当 C3C2C1 输入为 001 时,Am79R70 处于振铃模式,当 C3C2C1 输入不是 001 时,Am79R70 进入其他工作模式,同时使其相连的话机振铃截止。当 C3C2C1 输入为 010 时,话机处于通话状态。

Am79R70 的 /DET 脚的输出可以指示用户的摘挂机状态,当用户摘机时,Am79R70 的 /DET 脚输出低电平,挂机时输出高电平。

其工作过程如下:当用户 1 摘机时,与它相连的 Am79R70 的 /DET 脚输出低电平,以向中央控制处理单元指示用户 1 已经摘机。此时中央控制处理单元向用户 1 的 Am79R70 的控制端 C3C2C1 输出 010 使其处于通话连接状态,同时对用户 1 的摘机的信息进行处理。在通话连接状态下,用户的信息经过 Am79R70 的两线接口及信号传输模块可以直接输出到编译码芯片和收发器。中央控制单元根据用户 1 所拨的号码定位到用户 2,并向与用户连接的 Am79R70 的控制端输出 001,以使得用户 2 所连接的 Am79R70 处于振铃状态。在振铃状态下,Am79R70 将铃流电路产生的 RV 通过 RINGIN 脚输入 Am79R70 内,经内部放大后通过两线接口模块输出到用户线,使得用户 2 的电话机振铃。在用户 2 摘机后,它相连的 Am79R70 的 /DET 脚输出低电平,以向中央控制处理单元指示用户 2 已经摘机。此时中央控制处理单元向用户 2 的 Am79R70 的控制端 C3C2C1 输出 010 使其处于通话连接状态,同时停止振铃。这样,用户 1 和用户 2 就可以通过 Am79R70 进行通话。

在本实验仪中,由于电话的接口部分不是实验的重点,因此省略了呼叫和振铃等部分,提起电话,则已经接通。

实验仪上电话接口模块,TX 表示信号发送,RX 表示信号接收。

注意事项如下:

(1)在实验过程中,勿将激光器对准自己或他人的眼睛;

(2)切勿使激光器的驱动电流在最大的条件下长时间工作,以免激光器老化;

(3)结构件轻拿轻放。

五、实验内容及步骤

(1)用户线接口电路信号波形测试实验。

1)打开电源,用示波器连接实验箱上用户线接口电路接入口;

2)拿起信号输入端电话机,响应指示灯亮,并按电话机上面数字键,在示波器上观察相应的波形变化;

3)实验完成,关闭电源,拆除导线。

(2)电话接口验证实验。

1)连接输入接口电路模块,输出接口电路模块;

2)打开电源,拿起输入、输出电话机,输入和输出响应指示灯亮;

3)用一个电话机进行呼叫,另一个电话机可听到相应的声音,即完成两部话机的通信实验。

（3）组建电话语音信号大气光传输系统实验。

1）组装好激光器结构组件和探测器结构组件，并使之在同一水平线上，用二芯屏蔽线缆将输入模块和激光器件组件对应相连，用四芯的屏蔽线缆将输出模块与探测器组件对应相连；

2）连接输入模块和输出模块，若输入模拟信号，用示波器通道 1 测试输入，通道 2 测试输出，观察通道 1、通道 2 波形；

3）拿起信号输入端电话机，响应指示灯亮，并按电话机上面数字键，并观察通道 1、通道 2 波形变化；

4）实验完成，关闭电源，拆除导线。

（4）验证语音信号大气光传输实验。

1）组装好激光器结构组件和探测器结构组件，并使之在同一水平线上，用二芯屏蔽线缆将输入模块和激光器件组件对应相连，用四芯的屏蔽线缆将输出模块与探测器组件对应相连；

2）连接输入模块和输出模块，使输入模拟信号；

3）拿起输入、输出电话机，响应指示灯亮，调节"模拟驱动调节"和"幅度调节"旋钮，进行通信实验；

4）实验完成，关闭电源，拆除导线。

六、思考题

（1）电话接口电路的主要功能是什么？

（2）简述大气语音通信与激光无线通信的区别。

实验 3.7　连接器和光纤跳线性能的测量

一、实验目的

（1）掌握光连接器和光纤跳线器的各种特性；

（2）熟悉光纤连接器和光纤跳线器的应用方法；

（3）能够根据应用需求设计技术方案。

二、实验原理

光连接器的插入损耗指由于光连接器的使用导致光路上的能量损耗，单位为 dB，则

$$\alpha = 10\lg(P_{in}/P_{out}) \tag{2.3.7.1}$$

被测件（连接器 + 跳线器）的回波损耗是指正向入射到被测件的光功率和沿着输入路径返回被测件入口端的光功率比，单位是 dB，则

$$R_L = 10\lg(P_{in}/P_{back}) \tag{2.3.7.2}$$

功率计常用功率单位是 dBm，它与单位 mW 的关系为

$$1 \text{ dBm} = 10\lg[P(\text{mW})/1\text{mW}] \tag{2.3.7.3}$$

三、实验仪器

光纤通信原理实验箱   2台;
光纤光无源器件实验箱   1台;
光功率计   1套。

四、实验内容及步骤

准备工作:使用两台发送波长分别为 1 310 nm 和 1 550 nm 的"JH5002型光纤通信原理综合实验系统"作为 1 310 nm 和 1 550 nm 光源。设置两台"JH5002型光纤通信原理综合实验系统"线路编码工作方式为5B6B、输入数据为m序列。按图2.3.7.1连接好测试设备,连接尾纤、连接器和光无源部件时注意定位销方向。

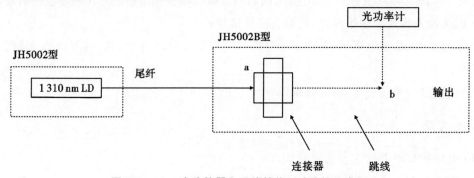

图 2.3.7.1 　光连接器和跳线性能测试连接示意图

1.插入损耗测量

（1）用光功率计测量 1 310 nm 光源经尾纤输出在 a 点的光功率 P_a;然后将信号接入连接器的输入端口;用光功率计测量经一对光连接器和光纤跳线器输出 b 点光功率 P_b。记录测量结果,填入表2.3.7.1,计算一对光连接器和光纤跳线器插入损耗值。

（2）可以在 b 点之后,再接入一对光连接器和光纤跳线器,测量输出c点光功率 P_c,观测大致的误差偏离值。

表 2.3.7.1

输入功率 /dBm	输出功率 /dBm	插入损耗 /dB
P_a:	P_b:	
P_a:	P_b:	

2.回波损耗

（1）被测件(连接器＋跳线器)的回波损耗是指正向入射到被测件的光功率和沿着输入路径返回被测件入口端的光功率比。测量可以参见图2.3.7.2进行连接。

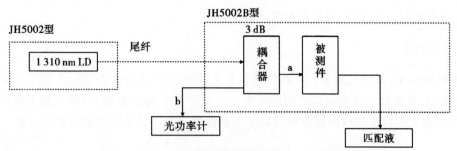

图 2.3.7.2　光纤部件反射损耗性能测试连接示意图

（2）匹配液可用弯曲替代，即将输出光纤在手指或类似物体上绕数圈，直到输出的光强损耗基本为零，但这种方法适合于裸纤。在无匹配液时，可以近似地用一台光功率计或波分复用部件代替。

（3）用光功率计测量被测部件输入端口处 a 点的光功率 P_a(dBm)，记录测量结果，填入表 2.3.7.2。

（4）再测量反射端口处 b 的光功率 P_b(dBm)，记录测量结果，填入表 2.3.7.2。

（5）测量耦合器 a 至 b 段的插入损耗 A_{ab}(dB)，测量方法学生自拟，记录测量结果，填入表 2.3.7.2。

（6）计算回波损耗：

$$回波损耗 = P_a(dBm) - P_b(dBm) - A_{ab}(dB)$$

表 2.3.7.2

输入功率 /dBm	反射功率 /dBm	插入损耗 /dB
P_a：	P_b：	A_{ab}：

3. 波长特性测量

将测量光源改变为 1 550 nm（使用另一个实验箱）。重复实验内容步骤 1.。记录测量结果，填入表 2.3.7.3，分析光连接器和光纤跳线器对不同波长的响应（大致的）。

表 2.3.7.3

输入功率 /dBm	反射功率 /dBm	插入损耗 /dB
P_a(1 550 nm)：	P_b(1 550 nm)：	A_{ab}(1 550 nm)：

五、思考题

（1）分析总结各项测量结果。

（2）思考哪些光器件存在回波损耗。

实验 3.8　耦合器插入损耗和隔离度的测量

一、实验目的

（1）熟悉波分复用 WDM 器件的各种特性；

（2）熟悉波分复用 WDM 器件的应用方法；

（3）能够根据应用需求，设计测量技术方案。

二、实验原理

在光纤通信中，波分复用 WDM 器件是非常关键的器件，波分复用 WDM 器件原理图如图 2.3.8.1 所示，其不同波长输入口之间的隔离度也是非常重要的参数。隔离度是 DWDM 中某一规定波长输出端口所测得的该波长的功率与其他端口该波长输出功率之比的对数。

图 2.3.8.1 DWDM 器件原理图

1 端口对 2 端口的隔离度为

$$L_{12} = 10\lg(P_1/P_2)\ (\mathrm{dB}) \qquad (2.3.8.1)$$

式中，P_1 为 λ_1 在 1 端口的输出光功率；P_2 为 λ_2 在 2 端口的输出光功率。

三、实验仪器

光纤通信原理实验箱　　　　　　2 套；

光纤光无源器件实验箱　　　　　1 套；

光功率计　　　　　　　　　　　1 套。

四、实验内容及步骤

准备工作：使用两台发送波长分别为 1 310 nm 和 1 550 nm 的"JH5002 型光纤通信原理综合试验系统"作为 1 310 nm 和 1 550 nm 光源。按图 2.3.8.2 连接测试设备，连接尾纤、连接器和光无源部件时注意定位销方向。

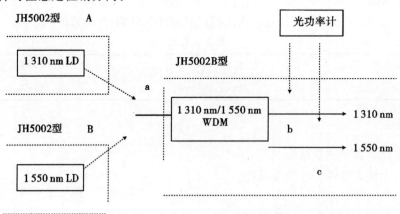

图 2.3.8.2 1 310/1 550 nm WDM 的性能测试连接图

1. WDM 器件插入损耗测量

（1）用光功率计测量 1 310 nm 光源输出的光功率 P_a(1 310 nm)，并从 a 点送入波分复用器；用光功率计测量对应端口(1 310 nm)b 点光功率 P_b(1 310 nm)。记录测量结果，填入表 2.3.8.1，计算 1 310 nm 波长时 WDM 器件插入损耗值。

（2）用光功率计测量 1 550 nm 光源输出的光功率 P_a(1 550 nm)，并从 a 点送入波分复用器；用光功率计测量对应端口(1 550 nm)b 点光功率 P_b(1 550 nm)。记录测量结果，填入表 2.3.8.1，计算 1 550 nm 波长时 WDM 器件插入损耗值。

表 2.3.8.1

输入功率 /dBm	反射功率 /dBm	插入损耗 /dB
P_a(1 310 nm)：	P_b(1 310 nm)：	L_1(1 310 nm)：
P_a(1 550 nm)：	P_c(1 550 nm)：	L_2(1 550 nm)：

2. WDM 器件隔离度测量

（1）首先将 1 310 nm 波长光源从 a 点送入波分复用器；用光功率计测量对应输出端口 b 点光功率 P_b；然后快速测量隔离端口 c 点光功率 P_c'。记录测量结果，填入表 2.3.8.2，计算端口 b 至端口 c 的隔离度 L_{bc}。

（2）首先将 1 550 nm 波长光源从 a 点送入波分复用器；用光功率计测量对应输出端口 c 点光功率 P_c；然后快速测量端口 b 点光功率 P_b'。记录测量结果，填入表 2.3.8.2，计算端口 c 至端口 b 的隔离度 L_{cb}。

表 2.3.8.2

对应端口输出功率 /dBm	隔离端口输出功率 /dBm	端口隔离度 /dB
P_b(1 310 nm)：	P_c'(1 310 nm)：	L_{bc}：
P_c(1 550 nm)：	P_b'(1 550 nm)：	L_{cb}：

五、思考题

（1）分析实验测试中总结各项测量结果。

（2）波分复用器件的隔离度 L_{bc} 和隔离度 L_{cb} 有什么区别？

实验 3.9　模拟／数字语音信号光纤传输系统实验

一、实验目的

（1）理解语音信号发送端接口电路和接收端接口电路的组成；

（2）了解电话呼叫接续过程；掌握电话呼叫时的各种可闻信号音的特征；

（3）理解 PCM 编译码原理和电路组成；

（4）理解双光纤全双工通信系统的结构组成；

（5）利用语音信号进行测试，对测试结果进行分析。

二、基本原理

1. 语音信号传输系统原理

光纤实验系统主要由两大部分组成：电端机部分和光信道部分。电端机由电话用户接口电路 A、PCM 编译码、记发器电路、PCM 编译码、电话用户接口电路 B 等组成,光信道为双光纤通信结构。电话语音信号的光纤传输,可以有多种方式,一种是原始语音信号,经过光纤直接进行传输;另一种方式是先把语音信号从模拟信号转化成数字信号,常用的编码技术为脉冲编码调制(PCM 编码)技术,然后数字信号再经过光纤传输。本实验两路电话电路接口示意图如图2.3.9.1 所示。

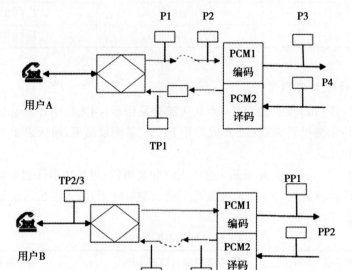

图 2.3.9.1　电话用户 A、B 结构示意图

图 2.3.9.1 中:电话用户 A 测试点接口如下:

P1:电话 A 语音信号发送连接铆孔;

TP1:电话 A 接收的语音信号测试点(需拨通电话);

P2:PCM1 编码的模拟信号输入铆孔;

P3:PCM1 编码数据输出连接铆孔;

P4:PCM2 译码数据输入连接铆孔。

电话用户 B 测试点接口如下:

TP2、TP3:电话 B 的模拟用户线上测试点;

PP1:PCM2 编码数据输出连接铆孔;

PP2:PCM1 译码数据输入连接铆孔;

PP3:PCM2 译码恢复的模拟信号输出连接铆孔;

PP4:电话 B 接收的语音信号的连接铆孔。

图 2.3.9.2 和图 2.3.9.3 中光信道测试点接口如下:

PCM 编译码 A:输入 1 310 nm 光发射端机的电信号测试点;

PM1:1 310 nm 光发射端机的数字信号输入连接铆孔;

PM2:1 310 nm 光接收端机输出的数字信号输出连接铆孔;

PCM 编译码 B:输入 1 550 nm 光发射端机的电信号测试点;

PM3:1 550 nm 光发射端机的数字信号输入连接铆孔;

PM4:1 550 nm 光接收端机输出的数字信号输出连接铆孔。

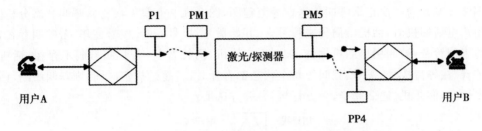

图 2.3.9.2　电话用户 A、B 模拟语音信号光传输结构示意图(A 到 B 单工)

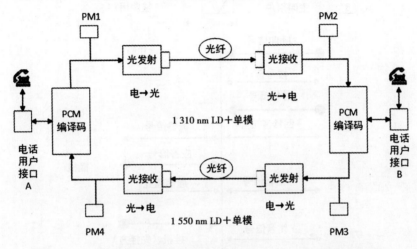

图 2.3.9.3　语音信号数字化后信号光纤通信基本组成结构示意图

　　用户线接口电路:在本实验系统中,信号传输系统的发送端和接收端需要使用用户线接口电路模块。如图 2.3.9.4 所示,它包含向用户话机恒流反馈、向被叫用户话机反馈、用户摘机后自行截断铃声,摘挂机的检测及音频或脉冲信号的识别,用户线是否有话机的识别,语音信号的 2/4 线混合转换,外接振铃继电器驱动输出等功能。

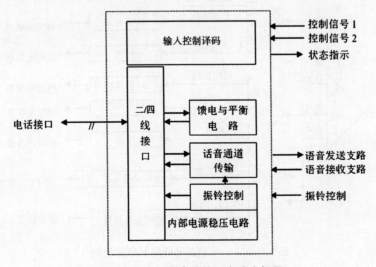

图 2.3.9.4　用户线接口电路方框图

2.正常呼叫接续时传送信号工作流程

图 2.3.9.5 为一次正常呼叫传送信号流程图,图 2.3.9.6 是一次正常呼叫状态分析图。当主叫用户电话摘机时,话机听筒传来拨号音。开始拨号,拨号音断。拨号完毕,若呼叫存在,话机听筒传来回铃音,被叫用户话机振铃,被叫用户摘机,回铃音断;若呼叫号码不存在,话机听筒传来忙音。在等待拨号、拨号、呼叫等每个状态都有计时,若超过规定时间,则呼叫中断,话机听筒传来忙音,催挂机。通话完毕,一方挂机,另一方送忙音。

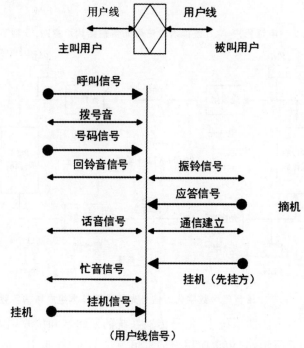

图 2.3.9.5　一次正常呼叫传送信号的流程图

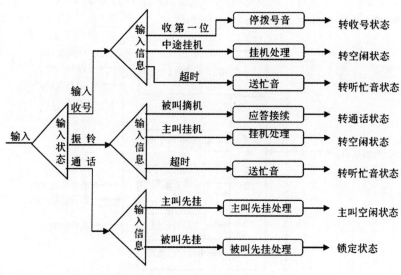

图 2.3.9.6　一次正常呼叫状态分析图

各种声音信号的特征:在用户话机与交换机之间的用户线上,要沿两个方向传递语言信息。为了实现一次通话,还必须沿两个方向传送所需的控制信号。当用户想要通话时,首先向程控机提供一个信号,能让交换机识别并使之准备好有关设备,此外,还要把指明呼叫的目的地的信号发往交换机。当用户想要结束通话时,也必须向电信局交换机提供一个信号,以释放通话期间所使用的设备。除了用户要向交换机传送信号之外,还需要传送相反方向的信号,如交换机要向用户传送关于交换机设备状况,以及被叫用户状态的信号。

由此可见,一个完整电话通信系统,除了交换系统和传输系统外,还应有信令系统。用户向电信局交换机发送的信号有用户状态信号(一般为直流信号)和号码信号(地址信号)。交换机向用户发送的信号有各种可闻信号和振铃信号两种。

在本实验系统中,电话呼叫接续时的各种可闻信号音由可编程逻辑器件产生,在记发器的控制下,将相应的信号音送给电话用户。

A. 各种可闻信号:一般可采用频率可为 $100 \sim 1\,000$ Hz 的交流信号。

B. 振铃信号:一般采用频率为 $25 \sim 50$ Hz,幅度为 (75 ± 15) V 的交流电压,以一定的规则发送。

接续工作原理框图如图 2.3.9.7 所示。

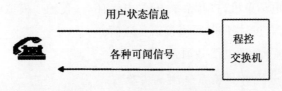

图 2.3.9.7　接续工作原理框图

记发器电路是记发器模块及外围电路,主要由 CPU 芯片、可编程器件和锁存器等组成,它们在系统软件的作用下,完成对话机状态的监视、信号音及铃流输出的控制、电话号码的识别、交换命令发送等功能(见图 2.3.9.8)。

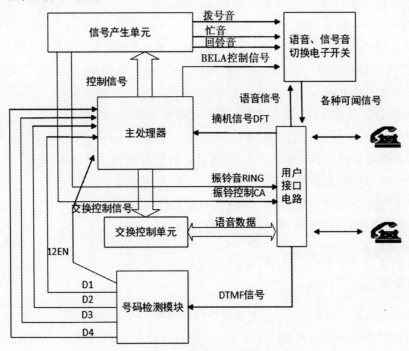

图 2.3.9.8　记发器工作过程示意框图

三、实验仪器

光纤通信实验箱	2套;
多通道双踪数字示波器	1台;
单模光跳线	若干;
小型电话单机	2部;
连接线	若干。

四、实验内容及步骤

1. 单工模拟电话信号光纤传输系统测试实验

(1) 按照图 2.3.9.2 所示,连接好信号连接线,即构成电话 A 到电话 B 的单工语音信号直接光纤传输通道。

(2) 电话 A,B 接上电话单机,打开系统电源。开关闭合,使输入模拟信号。

(3) 电话 A 摘机,无需拨号呼叫,可直接语音通信。

(4) 电话 B 摘机,电话 A 到电话 B 通,反之不通。

2. 双工数字电话信号光纤传输系统测试实验

(1) 按照图 2.3.9.1 和图 2.3.9.3 将电话单机、信号连接线、1 310 nm 光发射端机的接口、单模尾纤、1 310 nm 光接收端机的接口连接好;1 550 nm 光发射端机与接收端机用单模尾纤相连。

(2) 打开系统电源,选择光纤传输实验 PCM 数据;电话 A,B 两路 PCM 编译码正常工作,将语音信号转化为 64 kHz 的数字信号输出。

(3) 电话 A 摘机,准备呼叫服务,记发器给电话 A 送上拨号音信号;电话 A 拨号,号码信号传送到接收器进行译码,同时在拨第一个号码时就通知记发器停止送拨号音信号;电话 A 拨号完毕,记发器单元给电话 A 送回铃音信号,同时给被呼叫方送振铃信号。

(4) 被叫方电话 B 摘机,电话 A 的回铃音和电话 B 的振铃信号结束。

(5) 通话正常进行,电话 A 的语音经 PCM1 编码,光纤 1 310 nm 信道传输后送至 PCM2 译码,恢复的语音信号从电话 B 听筒播放出来;电话 B 的语音经 PCM2 编码,光纤 1 550 nm 信道传输后送至 PCM1 译码,恢复的语音信号从电话 A 听筒播放出来。

(6) 被叫方电话 B 挂机,通信结束。挂机信号通知记发器单元拆线,电话 B 空闲,同时给呼叫方电话 A 送忙音信号;电话 A 挂机,挂机信号通知记发器单元,电话 A 现在空闲;一次完整数字电话光纤传输系统过程结束。

五、实验结果

(1) 作出各个实验连接示意图,标上必要的实验说明。

(2) 用示波器测试并记录实验过程中的各个测试点信号波形,分析信号的变化过程。

(3) 叙述记发器单元的工作过程,尝试画出其程序流程图。

（4）自行设计连接方案，实现两电话语音单光纤的同向和反向本地双工通信，画出实验方框图及使用的器件。

六、思考题

（1）讨论分析语音信号的模拟传输和数字传输的优缺点。

（2）分析目前移动通信系统的呼叫过程。

实验 3.10　　数字图像光纤传输系统实验

一、实验目的

（1）了解计算机数字图像光纤传输的原理；

（2）掌握计算机数字图像光纤传输的基本结构；

（3）根据数字图像光纤传输基本原理，设计基本数字图像光纤传输系统；

（4）利用数字图像信号进行测试，对测试结果进行分析。

二、实验原理

1. 数字图像信号光纤传输原理

由 PC 机产生一系列数字图像信号，通过 USB 的接口进入，送到光发送端机进行电信号转换成光信号过程，光信号经传输信道（光纤信道）传输再由光接收端机完成光信号转换成电信号的过程，恢复电信号，再送回 PC 机上进行显示，其传输过程的方框图如图 2.3.10.1 所示。

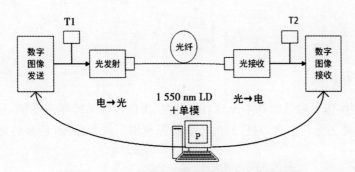

图 2.3.10.1　计算机数字图像的光纤传输框图

2. 实验模块基本电路

实验电路包括 USB 接口模块、USB 接口电路模块、图像输出、光发射模块、传输光纤、光接收模块和图像输入等。实验电路中，外接 PC 机用的 USB 口，USB 模块接收的 PC 机数据从串行送出，发送至 PC 机的数据输入。图 2.3.10.2 为计算机光传输的工作流程图。

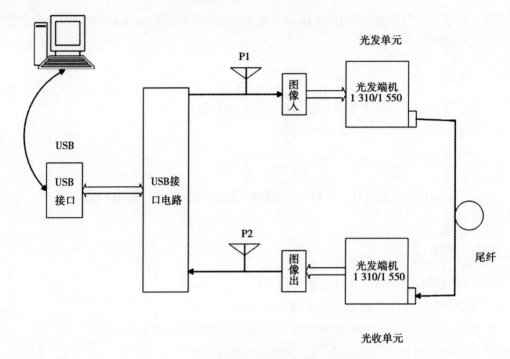

图 2.3.10.2　计算机数字图像光传输工作流程图

三、实验仪器

光纤通信实验箱	1 套;
双踪示波器	1 台;
单模尾纤	1 条;
可调衰减器	1 个;
USB 连接线	1 个;
PC 机	1 台;
信号连接线	若干。

四、实验内容及步骤

（1）根据数字图像传输系统基本原理,设计数字图像传输系统基本系统。系统输入为数字图像信号,传输信道为光纤信道,对信号的传输过程利用示波器监测,信号传输过程需要加入噪声。

（2）实验测试过程。

1）按照图 2.3.10.2 将信号连接线、1 550 nm 光发射端机的接口、单模尾纤和 1 550 nm 光接收端机的接口连接好;连接好信号连接线。在菜单选择光纤传输实验 USB 数据;连好 USB 线。如果系统工作正常,PC 机能检测到可使用的 USB 设备。

2）在 PC 机上运行图像传输软件,选择传输图像后点击图像传输,可以看到发送图像区域开始发送图像,接收图像区域开始接收图像;断开光纤,观察接收图像区域是否还能正常接收到图像数据。

五、实验结果及处理

(1) 整理并记录上述实验的具体连接方法,画出实验组成框图。

(2) 若在光发射端串入光分路器,是否可以实现一台 PC 机发送,两台 PC 机同时接收,整理并记录实验的具体连接方法,画出实验组成框图。

(3) 有兴趣可以编写 USB 通信的上层软件,实现通过本光信道进行文件的传输的功能。

六、思考题

(1) 讨论分析数字信号语音传输和数字图像信号的传输区别。

(2) 数字图像信号传输系统设计应注意哪些问题?

实验 3.11　　激光无线通信实验

一、实验目的

(1) 熟悉模拟信号大气光通信原理;

(2) 熟悉完整的模拟信号光通信系统的结构设计和组成;

(3) 能够根据应用需求,完成模拟信号光通信过程搭建和测试。

二、实验原理

无线光通信端机包括光学天线、激光收发器、信号处理单元和自动跟瞄系统等部分组成。发送器的光源采用 LD(激光二极管)或 LED(发光二极管),接收器主要采用 PIN 或 APD(雪崩二极管)。无线光通信系统模型如图 2.3.11.1 所示。

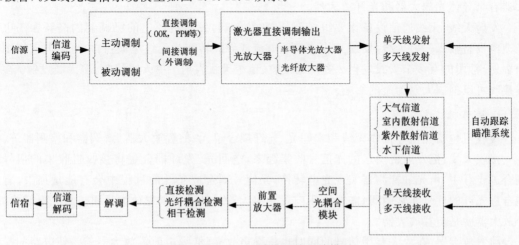

图 2.3.11.1　无线光通信系统模型

1. 发射机

由通信系统信源产生的某种形式的信息(如时变的波形、数字符号等)调制到光载波上,载波通过大气或自由空间发射出去,这就是发射机。发射机(也叫发射模块)包括信源编码、信道编码、调制(模拟调制或者数字调制)、光信号放大以及发射天线。

信源编码:是一种以提高通信有效性为目的而对信源符号进行的变换,或者说为了减少或消除信源冗余度而进行的信源符号变换。具体说,就是针对信源输出符号序列的统计特性来寻找某种方法,把信源输出符号序列变换为最短的码字序列,使后者的各码元所载荷的平均信息量最大,同时又能保证无失真地恢复原来的符号序列。信源编码主要作用,一是数据压缩;二是将信源的模拟信号转化成数字信号,实现模拟信号的数字化传输。信源编码根据信源的性质进行分类,则有信源统计特性已知或未知、无失真或限定失真、无记忆或有记忆信源的编码;按编码方法进行分类可分为分组码或非分组码、等长码或变长码等。常用的信源编码为模拟脉冲调制和数字脉冲调制。

信道编码:由于移动通信存在干扰和衰落,在信号传输过程中将出现差错,故对数字信号必须采用纠、检错技术,以增强数据在信道中传输时抵御各种干扰的能力,提高系统的可靠性。对要在信道中传送的数字信号进行的纠、检错编码就是信道编码。通常纠错码分为两大类,即分组码和卷积码。在移动通信系统中另一种纠错方法就是信令重发,解码时先存储再逐位判决,如重发五次,三次或三次以上均为1,则判1。

激光调制:是信号的变换过程,按编码信号的特征改变光信号的某些特征值(如振幅、频率、相位等)并使其发生有规律(这个规律是由信源信号本身的规律所决定的)的变化。这样光信号就携带了信源信号的相关信息。调制可以分为主动调制与被动调制。如果光源和调制信号都在发射端,就是主动调制;如果光源和调制信号不在同一端,就是被动调制,也称为逆向调制。对激光器电源进行调制就是直接调制,也称为内调制;对激光器发出的波束进行调制就是间接调制,也称为外调制。

光放大器:是光纤通信系统中能对光信号进行放大的一种子系统产品。光放大器的原理基本上是基于激光的受激辐射,通过将泵浦光的能量转变为信号光的能量实现放大作用。如果通信距离要求较远,激光器直接输出的光功率不足,这时采用光放大器对光信号进行放大。光放大器有半导体光放大器和光纤放大器。

发射天线:无线通信设备重要组成部分,在发射端,发射机产生的已调制的高频振荡电流经馈电设备输入发射天线,发射天线将高频电流或导波转变为无线电波-自由电磁波向周围空间辐射。常用的有多个天线发射 / 多天线接收、单个天线发射 / 单天线接收。多天线发射 / 多天线接收可以抑制大气湍流的影响。

2. 接收机

接收机包括光信号接收天线和空间光-光纤耦合单元、前置放大器、解调器和检测器等。

接收天线:把发射机发送的光信号收集起来,空间光-光纤耦合是将接收机收集的信号光耦合进光纤中,由光纤探测器实现光电转换。光信号耦合进光纤的过程中会有能量损失。有时耦合进光纤的信号非常微弱,需要采用前置光放大器对其进行预先放大后再进行光电转换,这个放大器就是前置放大器。

前置放大器:在放大有用信号的同时也将噪声放大,低噪声前置放大器就是使电路的噪声系数达到最小值的前置放大器。对于微弱信号检测仪器或设备,前置放大器是引入噪声的主要部件之一。整个检测系统的噪声系数主要取决于前置放大器的噪声系数。仪器可检测的最小信号也主要取决于前置放大器的噪声。前置放大器一般都是直接与检测信号的传感器相连接,只有在放大器的最佳源电阻等于信号源输出电阻的情况下，才能使电路的噪声系数最小。

解调器：是指通过数字信号处理技术，将调制在高频数字信号中的低频数字信号进行还原的设备。解调器广泛运用于广播和电视等信息的传输和还原。解调器一般和调制器成对使用，调制器用于将数字信号处理到高频信号上进行传输，而解调器则将数字信号还原成原始的信号。解调是调制的逆过程。调制方式不同，解调方法也不一样。与调制的分类相对应，解调可分为正弦波解调和脉冲波解调。正弦波解调还可再分为幅度解调、频率解调和相位解调。脉冲波解调也可分为脉冲幅度解调、脉冲相位解调、脉冲宽度解调和脉冲编码解调等。

信号检测有探测器直接检测、空间光-光纤耦合检测、分布式检测以及相干检测。光检测器直接接收天线汇集光信号的检测方式称之为直接探测。将空间光耦合进光纤中，由光电检测器检测光纤中的信号，就是空间光-光纤耦合检测。由于光纤端面小，光电转换器感光面积小，需要的光信号强度也小，所以空间光-光纤耦合检测的速率高、检测灵敏度也高。

3. 信道

无线光信道包括大气信道、室内信道、紫外光散射信道和水下信道。大气信道是最复杂的信道，大气湍流及复杂气象条件对光信道影响最大。信道传递函数可以表示为

$$H(f) = H_T(f)H_c(f)H_r(f) \tag{2.3.11.1}$$

式中，$H_T(f)$，$H_c(f)$ 和 $H_r(f)$ 分别表示发送机、信道和接收机的传递函数。对应的时域表达式为

$$h(t) = h_T(t)h_c(t)h_r(t) \tag{2.3.11.2}$$

式中，$h_T(t)$，$h_c(t)$ 和 $h_r(t)$ 分别表示发送机、信道和接收机的单位冲击响应。信道模型如图 2.3.11.2 所示。

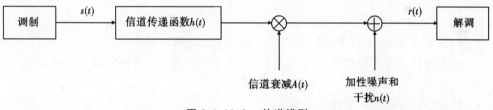

图 2.3.11.2 信道模型

解调器输入的信号可以表示为

$$r(t) = A(t)\big[s(t) * h(t)\big] + n(t) \tag{2.3.11.3}$$

式中，$A(t)$ 表示信道的衰落；$s(t)$ 是调制器输出的信号；*表示卷积。对于大气激光通信，$A(t)$ 主要来源于大气湍流；对于紫外光非直视通信，$A(t)$ 主要由大气分子对紫外光的单次散射以及多次散射产生光强的起伏；对于室内可见光通信，$A(t)$ 主要由室内光的反射产生。当不考虑信道衰落的时候，接收信号可以表示为

$$r(t) = s(t) + n(t) \tag{2.3.11.4}$$

式中，$n(t) \sim (0, \sigma^2)$，是加性高斯分布的白噪声，一般表示接收机探测器及其附属电路的电子噪声。

传统的通信原理实验箱一般利用光纤作为光信号传输的信道，光信号在光纤通道传输，无法让学生认识或看到传输中的光信号的变化。本实验结合上述无线光通信系统原理和模型，采用 FSO 自由空间光通信实验仪，光信号由高功率的红光激光器发出，并在空气中进行传输和接收，使学生能清楚地观察到激光器的发射和探测器的接收、光路以及光信号衰减的详细过

程,从而弥补了光纤通信原理实验箱的不足。自由空间光通信原理实验箱将电信号调制到激光器输出光束上后,光信号通过空气进行传输;而在接收端,利用硅光电探测器将接收到的光信号转换为电信号,从而完成电信号的传输。

三、实验仪器

FSO 自由空间光通信实验仪　　　　　　　　1 台;
接线　　　　　　　　　　　　　　　　　　10 根;
激光器及发射装置　　　　　　　　　　　　1 套;
探测器及接收装置　　　　　　　　　　　　1 套;
数字示波器　　　　　　　　　　　　　　　1 台。

四、实验内容及步骤

1. 实验装置图

根据通信系统传输信号不同,光通信系统可分为模拟光通信系统和数字光通信系统。模拟信号光纤传输系统框图如图 2.3.11.3 所示。

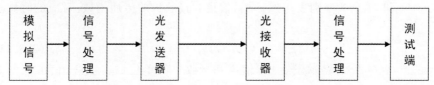

图 2.3.11.3　模拟信号光纤传输系统框图

实验安全注意事项如下:
(1) 在实验过程中,勿将激光器对准自己或他人的眼睛;
(2) 切勿使激光器在驱动电流最大的条件下长时间工作,以免减少激光器的寿命;
(3) 结构件轻拿轻放;
(4) 插拔器件时按照规则操作。

2. 实验内容及步骤

(1) 完成输入正余弦波的在激光无线系统的传输和测试。
1) 组装好激光器结构组件和探测器结构组件;
2) 用专用连接线连接发射激光器、发射模块、探测器以及接收模块;
3) 将发射模块拨到"模拟",使其输出模拟正余弦波的电信号;
4) 将检测用示波器 CH1 测试发射端输出,CH2 测试接收端输出,将"模拟驱动调节"和"幅度调节"旋钮逆时针调至最小;
5) 打开电源开关,将示波器 CH1 调至 2 V 挡,CH2 调至 500 mV 挡,周期调至 500 μs,此时示波器通道 1 出现输入正弦信号,通道 2 测试通过大气光传输接收得到的信号;
6) 缓慢调节"模拟驱动调节"旋钮,观察示波器 CH1,CH2 波形变化,对示波器显示数据进行分析;
7) 调节"幅度调节"旋钮,观察 CH2 波形变化,直到正弦信号放大不失真为止;
8) 用遮光物阻隔激光传输通道,观察 CH2 波形变化。

（2）完成输入随机信号的在激光无线系统的传输和测试。

1）将发射模块拨到"模拟"，使其输出模拟随机信号的电信号；

2）将检测用示波器 CH1 测试发射端输出，CH2 测试接收端输出，将"模拟驱动调节"和"幅度调节"旋钮逆时针调至最小；

3）打开电源开关，将示波器 CH1 调至 2 V 挡，CH2 调至 500 mV 挡，周期调至 500 μs，此时示波器通道 1 出现输入随机信号，通道 2 测试通过大气光传输接收得到的信号；

4）缓慢调节"模拟驱动调节"旋钮，观察示波器 CH1，CH2 波形变化，对示波器显示数据进行分析；

5）调节"幅度调节"旋钮，观察 CH2 波形变化，直到随机信号放大不失真为止；

6）用遮光物阻隔激光传输通道，观察 CH2 波形变化；

7）实验完成，关闭电源，拆除导线。

五、思考题

（1）模拟光传输系统能否传输数字信号，为什么？

（2）在 FSO 光传输系统中，可以使用哪些方法提高系统的检测灵敏度？

实验 3.12　气体激光器模式测试实验

一、实验目的

（1）熟悉氦氖激光器的基本结构、特性、工作条件和工作原理；

（2）掌握氦氖半外腔式激光器调整的原理和方法；

（3）掌握 F－P 扫描干涉仪的结构和性能，掌握其使用方法；

（4）能够利用 F－P 扫描干涉仪测量氦氖激光器的纵模间隔和纵模频率。

二、实验原理

在激光器的生产与应用中，需要先清楚激光器的模式状况，如光学精密测量、全息照相和激光医疗等工作需要基横模输出的激光器，而激光测距、激光器稳频等不仅要基横模同时要求单纵模运行的激光器。因而进行纵模和横模的模式分析是激光器的一项重要的性能参数测试。另一方面，在激光器中利用调 Q 技术和锁模技术可得到持续时间短、峰值功率高的超短脉宽、强脉冲激光。极强的超短脉冲光源大大促进了二元光学、非线性光学、激光光谱学和等离子体物理等学科的发展。氦氖激光器是最常见的一种气体激光器，由于它的单色性好、光斑均匀、成本低的特点，在准直、计量、光全息处理等研究领域中有着广泛的应用。

1.氦氖激光器基本原理

氦氖激光器简称 He-Ne 激光器（见图 2.3.12.1），它是由激光工作物质（密封在玻璃管里的按一定比例混合的氦气、氖气）、光学谐振腔（F-P 标准具）和泵浦系统（激光电源）构成的。

（1）激光器的增益介质，就是在玻璃激光管内按一定的气压充以适当比例的混合的氦氖气体，当氦氖混合气体被激光电源的电流泵浦时，工作物质的某些谱线上、下能级的粒子数发生反转，实现介质增益。介质增益与激光管的横截面积、激光管长度、两种气体的混合比例、气压比以及激光电源的放电电流等因素有关。

（2）激光谐振腔，按照激光原理激光谐振腔基本要求，腔长要满足光驻波条件，谐振腔镜的曲率半径要满足腔的稳定条件。为了建立激光振荡，激光介质的增益必须大于谐振腔的损耗。常见的谐振腔有内腔式和外腔式，内腔式 He-Ne 激光器的腔镜封装在激光管两端，而外腔式 He-Ne 激光器的激光管、输出镜及全反镜是安装在调节支架上的。调节支架能调节输出镜与全反镜之间平行度，使激光器工作时处于输出镜与全反镜相互平行且与放电管垂直的状态。

（3）泵浦系统，氦氖激光器泵浦系统采用开关电路的直流电源，质量轻，体积小，可靠性强，工作时间长，寿命长。

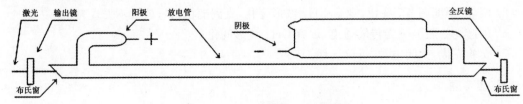

图 2.3.12.1　氦氖激光器原理图

2.激光光束纵模和横模

激光器的主要组成部分是激光工作物质、激光谐振腔和泵浦源。在泵浦源的激励下，激光工作介质的某一对能级间形成粒子数反转分布，由于自发辐射和受激辐射的作用，将有一定频率的光波产生，在腔内传播，并被增益介质逐渐增强、放大。被传播的光波不是单一频率的。能级有一定宽度，所以粒子在谐振腔内运动受多种因素的影响，实际激光器输出的光谱宽度是由自然增宽、多普勒增宽和碰撞增宽综合叠加而成的。

激光器内能够发生稳定光振荡的形式称为模式。通常将模式分为纵摸和横摸两类。纵摸描述了激光器输出频率的个数；横摸描述了在垂直于激光传播方向的平面内横向光场的分布情况。一束激光的线宽和相干长度由激光束纵模决定，而光束发散角、光斑直径和光斑能量的横向分布则由激光束横模决定。一般用 TEM_{mnq} 来描述激光谐振腔内电磁场的情况。TEM 代表横向电磁场，m,n 脚标表示沿垂直于传播方向某特定横模的阶数，q 表示纵模的阶数。一般 q 可以很大，m,n 都很小。

（1）激光器的纵模。当腔长 L 恰是半个波长的整数倍时，才能在腔内形成驻波，形成稳定的振荡，依据光驻波产生的条件，光波持续振荡的条件是光在谐振腔中往返一周的光程差应是波长的整数倍，即

$$2nL = q\lambda_q \tag{2.3.12.1}$$

式（2.3.12.1）是光学谐振腔的光波相干极大条件，满足此条件的光将获得极大增强。式中，L 是激光器腔长；n 是介质折射率，对气体 $n \approx 1$；q 是正整数，每一个 q 对应纵向一种稳定的电磁场分布 λ_q，叫一个纵模，q 称作纵模序数。q 数值较大，通常研究有几个不同的 q 值，即激光器有几个不同的纵模。从物理光学知识可知，这也是驻波形成的条件，腔内的纵模是以驻波形式存在的，q 值反映的恰是驻波波腹的数目。纵模的频率为

$$v_q = q\frac{c}{2nL} \tag{2.3.12.2}$$

相邻两个纵模的频率间隔（$q=1$）为

$$\Delta v = \frac{c}{2nL} \approx \frac{c}{2L} \tag{2.3.12.3}$$

相邻纵模频率间隔和激光器的腔长成反比。根据式(2.3.12.3),常采用缩短腔长的办法是获得单纵模运行激光器,原因是腔长越长,Δv 越小,满足振荡条件的纵模个数越多;相反腔越短,Δv 越大,在同样的增宽曲线范围内,纵模个数就越少。

激光束相邻纵模具有频率间隔相等、对应同一横模的一组纵模、它们强度的顶点构成了多普勒线型的轮廓线的特征。在激光谐振腔内光波在腔内往返振荡时,受到介质的增益的同时,也受到介质的吸收损耗、散射损耗、镜面透射损耗和放电毛细管的衍射损耗等因素的影响,因而一方面有增益,使光不断增强,另一方面也存在着不可避免的多种损耗,使光能减弱。所以不仅要满足谐振条件,还需要增益大于各种损耗的总和,才能形成持续振荡,有激光输出。如图 2.3.12.2 所示,在介质的增益线宽内虽有五个纵模满足谐振条件,但只有三个纵模的增益大于损耗,可能有激光输出。例如腔长为 $L = 1$ m 的氦氖激光器,其相邻纵模频率差 $\Delta v = c/2L$ $= 1.5 \times 10^8$ Hz,若其增益曲线的频宽为 1.5×10^9 Hz,则可输出 10 个纵模。腔长 L 越短,则纵模频率差 Δv 越大,输出的纵模就越少。对于增益频宽 1.5×10^9 Hz 的激光,若 L 小于 0.15 m,则将输出一个纵模,即输出单纵模的激光。对于纵模的观测,由于 q 值很大,相邻纵模频率差异很小,眼睛不能分辨,必须借用一定的检测仪器才能观测到。

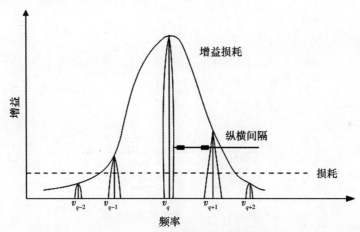

图 2.3.12.2　激光纵模原理图

(2) 激光器的横模。对于满足形成驻波共振条件的各个纵模来说,还可能存在着横向场分布不同的横模。光波在谐振腔多次反馈,每经过放电毛细管反馈一次,就相当于一次衍射。多次反复衍射,就在横向的同一波腹处形成一个或多个稳定的干涉光斑。每一个衍射光斑对应一种稳定的横向电磁场分布,称为一个横模。我们所看到的复杂的光斑则是这些基本光斑的迭加,图 2.3.12.3 是几种常见的基本横模光斑图样。

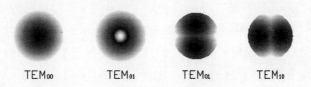

图 2.3.12.3　激光横模模式图

一般激光束的模式,既是横模,又是纵模。不同的纵模对应不同的频率,不同横模也对应不

同的频率,横模序数越大,频率越高。通常不求出横模频率,研究的是具有几个不同的横模及不同的纵模间的频率差,经推导得

$$\Delta v_{\Delta m+\Delta n} = \frac{c}{2nL}\left\{\frac{1}{\pi}\arccos\left[\left(1-\frac{L}{R_1}\right)\left(1-\frac{L}{R_2}\right)\right]^{1/2}\right\} \tag{2.3.12.4}$$

式中,R_1,R_2为谐振腔的两个反射镜的曲率半径;Δm,Δn分别表示x,y方向上横模模序数差。相邻横模频率间隔为

$$\Delta v_{\Delta m+\Delta n=1} = \Delta v_{\Delta q=1} = \left\{\frac{1}{\pi}\arccos\left[\left(1-\frac{L}{R_1}\right)\left(1-\frac{L}{R_2}\right)\right]^{1/2}\right\} \tag{2.3.12.5}$$

相邻的横模频率间隔与纵模频率间隔的比值是一个分数,分数的大小由激光器的腔长和曲率半径决定。腔长与曲率半径的比值越大,分数值越大。当激光谐振腔选取共焦腔时,此时腔长等于曲率半径$L = R_1 = R_2$,分数值达到极大,相邻两个横模的横模间隔是纵模间隔的$1/2$,横模序数相差为2的谱线频率正好与纵模序数相差为1的谱线频率简并。

激光横模模式图如图2.3.12.4所示。

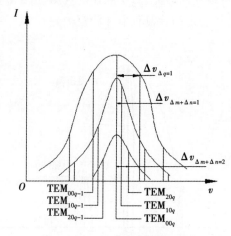

图 2.3.12.4　激光横模模式图

3.共焦球面扫描干涉仪结构与工作原理

共焦球面扫描干涉仪是一种的分光仪器,具有分辨率高特点,已成为激光技术中重要的检测设备。共焦球面扫描干涉仪是一个无源谐振腔,由两块曲率半径和激光谐振腔腔长相等的反射镜组成,即$R_1 = R_2 = l$。这两块球形凹面反射镜构成共焦腔,反射镜镀有高反射膜。两块镜中的一块固定不变,另一块固定在可随外加电压而变化的压电陶瓷上。如图2.3.12.5所示,1为由低膨胀系数制成的间隔圈,用以保持两球形凹面反射镜R_1和R_2总是处在共焦状态,形成共焦腔。2为压电陶瓷环,其特性是在环的内外壁上加电压,环的长度的变化量与外加电压的幅度成线性比例关系,这正是扫描干涉仪被用来扫描的基本条件。由于长度的变化量很小,仅为波长数量级,它不足以改变腔的共焦状态。扫描干涉仪有三个重要的性能参数,即自由光谱范围、分辨本领和精细常数。

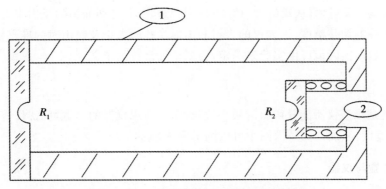

图 2.3.12.5　共焦球面扫描干涉仪原理图

（1）自由光谱范围。自由光谱范围是指扫描干涉仪所能扫出的不重序的最大波长差或频率差，用 $\Delta\lambda_{\text{S.R.}}$ 表示为

$$\Delta\lambda_{\text{S.R.}} = \frac{\lambda_{\text{a}}^2}{4l} \tag{2.3.12.6}$$

或者用频率 $\Delta\upsilon_{\text{S.R.}}$ 表示为

$$\Delta\upsilon_{\text{S.R.}} = \frac{c}{4l} \tag{2.3.12.7}$$

式中，λ_{a} 为激光中心波长；l 为谐振腔腔长；c 为真空光速。

在实验中，必须控制扫描干涉仪的自由光谱范围 $\Delta\upsilon_{\text{S.R.}}$ 和待分析的激光器频率范围 $\Delta\upsilon$，并使 $\Delta\upsilon_{\text{S.R.}} > \Delta\upsilon$，才能保证在频谱面上不重序，即腔长和模的波长或频率间是一一对应关系。自由光谱范围还可用腔长的变化量来描述，即腔长变化量为 $\lambda/4$ 时所对应的扫描范围。在满足 $\Delta\upsilon_{\text{S.R.}} > \Delta\upsilon$ 条件后，如果外加电压足够大，可使腔长的变化量是 $\lambda/4$ 的 m 倍时，那么将会扫描出 m 个干涉序，激光器的模将周期性地重复出现在干涉序 $k, k+1, \cdots, k+m$ 中，如图2.3.12.6所示。

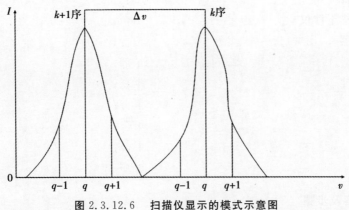

图 2.3.12.6　扫描仪显示的模式示意图

（2）分辨本领。干涉仪的分辨本领定义为波长和在该处可分辨的最小波长间隔的比值，即

$$R_0 = \lambda/\delta\lambda \tag{2.3.12.8}$$

（3）精细常数。精细常数 F 是自由光谱范围与最小分辨率极限宽度之比，即在自由光谱范围内能分辨的最多的谱线数目，用来表征扫描干涉仪分辨本领的参数。精细常数的理论公式为

$$F = \frac{\pi R}{1 - R} \tag{2.3.12.9}$$

式中，R 为凹面镜的反射率。从式(2.3.12.9)中可以看出，F 与凹面镜的反射率有关，还与镜片加工精度、共焦腔的调整精度、干涉仪的入射和出射光孔的大小及使用时的准直精度等因素有关。因此精细常数的实际值应由实验来确定，根据精细常数的定义

$$F = \frac{\Delta\lambda_{\text{S.R.}}}{\delta\lambda} \qquad (2.3.12.10)$$

显然，$\delta\lambda$ 就是干涉仪所能分辨出的最小波长差，一般用仪器的半宽度 $\Delta\lambda$ 代替，实验中就是一个模的半值宽度。从展开的频谱图中可以测定出 F 值的大小。

三、实验装置与仪器

实验装置图如图 2.3.12.7 所示。

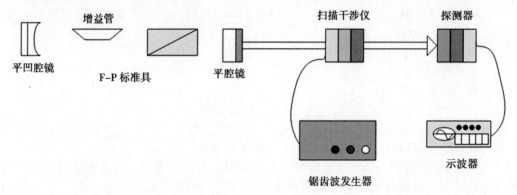

图 2.3.12.7　实验装置示意图

氦氖半外腔激光器组件	1套；
可调衰减组件	2套；
光学导轨组件	1套；
共焦球面扫描干涉仪	1台；
锯齿波发生器	1台；
CCD 相机	1部；
数据处理组件	1套；
探测器	1台；
数字示波器	1台；
激光功率计	1台；
干涉滤光片	1套 。

四、实验内容及步骤

1. 半外腔氦氖激光谐振腔调整输出激光实验

（1）根据氦氖激光谐振腔原理，搭建所有的器件。使用台灯照亮激光器的十字叉丝板，叉丝线朝向半外腔激光器。通过叉丝板中心小孔，目视氦氖激光器激光腔。调整叉丝板小孔的位置，使得可以目视到激光管另一端腔片上的极亮斑，并将亮斑调整到激光管中心。

（2）调整半外腔激光器后腔镜旋钮，此时操作者通过叉丝板小孔可以看见经照亮的十字

叉丝板图案反射到半外腔激光器后腔镜表面上的像,调整后腔镜镜架旋钮,将叉丝像交点与毛细管内亮斑重合。

（3）反复调节,直至激光器发光。激光器出光后,禁止在叉丝板小孔处再做观察。

2.共焦球面扫描干涉仪调整实验

（1）根据共焦球面扫描干涉仪原理,搭建所有的器件。连接共焦球面扫描干涉仪,连接数字示波器。

（2）打开各仪器电源,触发信号为锯齿波信号。调整合适的扫描时间与信号幅度。

（3）调整共焦腔,微调共焦腔支架旋钮,使得共焦腔后端输出光斑基本重合。调整探测器位置使得示波器输出的探测信号最强。微调共焦腔支架旋钮,使得示波器信号通道探测的信号峰值最窄。使用示波器的光标测量功能,测量两个序列峰之间的间隔。

（4）保持干涉仪电源的各旋钮不动,调整示波器显示方法,测量相同纵模序列脉冲间间隔。

（5）根据实验中被测氦氖激光器腔长值,计算共焦球面扫描干涉仪自由光谱区。

3.氦氖激光模式分析

（1）根据氦氖激光模式分析与等效腔长测量搭建所有的器件,调节半外腔激光器出光,调节共焦球面扫描干涉仪。

（2）将干涉滤光片和衰减片安装在 CCD 光阑内,安装相机驱动,调整相机的位置,使得激光光斑正入射到相机靶面。适当调整相机增益和快门速度,使得所有图像均不出现饱和为宜。

（3）根据氦氖横模和纵模的分布,利用数据处理软件对测量的激光光斑进行模式分析。

4.气体激光器输出参数测量

（1）根据测量实验原理搭建所有的器件,调整好各器件同轴,安装 CCD 驱动软件,调整好各参数。

（2）在氦氖激光出光口处使用 CCD 相机检测氦氖激光光斑直径,数据处理得到激光光斑直径。测量激光器光斑的大小及均匀性,向远离激光器方向移动 CCD 相机一定距离,通过导轨刻度记录移动距离,在此位置测量氦氖激光光斑直径。通过以上测量数值计算氦氖激光器的束腰位置,测量激光器发散角。

（3）使用激光功率计测量不同距离处的激光器功率。

五、思考题

（1）分析氦氖激光器基本结构、工作原理以及输出特性。

（2）常见的气体激光器有几种?分析常见典型的系统特性。

（3）激光器的基本组成部分和形成持续振荡的条件是什么?

实验 3.13　半导体激光器参数测量实验

一、实验目的

（1）掌握半导体激光器的工作原理及基结构参数;

（2）掌握半导体激光器输出特性:P-I 曲线的测量方法;

（3）掌握半导体激光器光谱特性测量方法；

（4）掌握外腔选模的机理，能够利用光栅外腔选模技术实现压缩谱线宽度和纵模选择。

二、实验原理

1.激光器工作原理

激光是通过受激辐射实现光放大。激光器的基本组成如图 2.3.13.1 所示，包括光学谐振腔、激光工作物质（增益介质）、泵浦源。激光产生的条件如下：① 粒子数反转：通过外界向工作物质输入能量，使粒子大部分处于高能态。② 跃迁选择定则：粒子能够从基态跃迁到高能态，需要两个能级之间满足跃迁选择定则，电子相差 h 的奇数倍角动量差。世界上第一台激光器是 1960 年 7 月 8 日，美国科学家梅曼发明的红宝石激光器。1962 年世界上第一台半导体激光器发明问世。

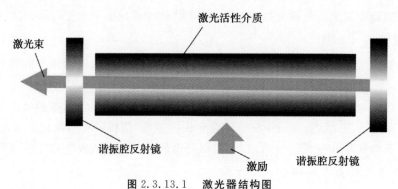

图 2.3.13.1　激光器结构图

2.半导体激光器的工作原理

半导体激光器的全称为半导体 PN 结型二极管激光器，也称激光二极管，英文缩写为 LD。大多数半导体激光器用的是 GaAs 或 GaAlAs 材料。PN 结激光器的基本结构和基本原理如图 2.3.13.2 所示，PN 结通常在 N 型衬底上生长 P 型层而形成。在 P 区和 N 区都要制作欧姆接触，使激励电流能够通过，该电流使得 PN 结附近的有源区内产生粒子数反转，形成激光产生的必要条件之一。一般打磨制成两个平行的端面起谐振腔镜面作用，为形成激光模提供必需的光反馈条件。

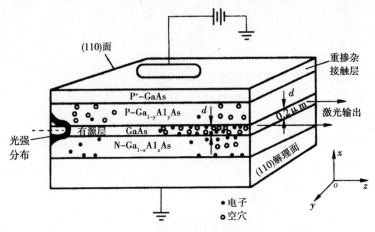

图 2.3.13.2　半导体激光器结构

　　半导体激光器工作原理是激励方式,利用半导体物质在能带间跃迁发光,用半导体晶体的解理面形成两个平行反射镜面作为反射镜,组成谐振腔,使光振荡、反馈、产生光的辐射放大,输出激光。如果在纯净的本征半导体中掺入杂质原子,则在导带之下和价带之上形成了杂质能级,分别称为施主能级和受主能级。有受主能级的半导体称为 P 型半导体,有施主能级的半导体称为 N 型半导体。在常温下,热能使 P 型半导体的大部分受主原子则俘获了价带中的电子,在价带中形成空穴,N 型半导体的大部分施主原子被电离,其中电子被激发到导带上,成为自由电子。因此,P 型半导体主要由价带中的空穴导电,N 型半导体主要由导带中的电子导电。若在形成了 PN 结的半导体材料上加上正向偏压,P 区接正极,N 区接负极。正向电压的电场与 PN 结的自建电场方向相反,它削弱了自建电场对晶体中电子扩散运动的阻碍作用,使 N 区中的自由电子在正向电压的作用下,源源不断地通过 PN 结向 P 区扩散,在结区内同时存在着大量导带中的电子和价带中的空穴时,它们将在注入区产生复合,当导带中的电子跃迁到价带时,多余的能量就以光的形式发射出来。这就是半导体场致发光的机理。半导体激光器工作原理图如图 2.3.13.3 所示。

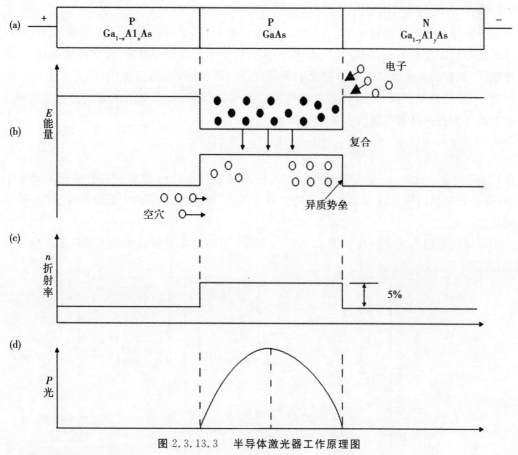

图 2.3.13.3　半导体激光器工作原理图

3.半导体激光器特点

　　光纤通信具有传输容量大、保密性好以及传输距离长等优点,现在已经成为当今最主要的有线通信方式。1966 年,英籍华人高锟预见利用玻璃可以制成衰减为 20 dB/km 的通信光导纤维。1970 年,美国康宁公司首先研制成衰减为 20 dB/km 的光纤。在数十年的数字通信发展过程中,光纤通信系统过程伴随着半导体激光光源的发展经历了三代:① 工作波长为 850 nm 多模光纤光通信系统,使用掺磷半导体激光器作为调制光源;② 工作波长为 1 330 nm 多模光纤光通信系统和单模光纤光通信系统,使用掺铒半导体激光器作为调制光源;③ 工作波长为 1550nm 单模光纤光通信系统,使用掺铒光纤激光器作为调制光源。光纤通信所使用的半导体激光器具有以下特点:① 转换效率高。量子阱型的效率有 $20\% \sim 40\%$,PN 型的效率也达到 $20 \sim 25\%$。② 辐射范围广。通过对半导体掺杂,可以获得从 $280 \sim 1\,600$ nm 之间的各种波长激光。③ 多纵模输出。由于半导体材料的特殊电子结构,受激复合辐射发生在能带(导带与价带)之间,所以激光线宽较宽。GaAs 激光器,室温下谱线宽度为几纳米,可见其单色性较差。输出激光的峰值波长:77 K 时为 840 nm;300 K 时为 902 nm。④ 光斑不够均匀。半导体激光器的光斑取决于使用的 PN 结的形状,虽然 PN 结可以利用解理面构成相当良好的腔镜结构,但是外部形状则不容易做成圆形,因而半导体激光器的光斑不圆,呈长条状,发散,不均匀。由于半导体激光器的谐振腔短小,激光方向性较差,在结的垂直平面内,发散角最大。

4. 半导体激光器的阈值条件

对于半导体激光二极管来说,当正向注入电流较低时,谐振腔内损耗 $\alpha >$ 增益 G,此时半导体激光器只能发射荧光;随着电流的增大,注入的非平衡载流子增多,使增益接近损耗,尚未克服损耗,在腔内无法建立起一定模式的振荡,这种情况被称为超辐射,当注入电流增大到某一值时,增益将克服损耗,半导体激光器能输出激光,此时的注入电流值定义为阈值电流 I_{th}。阈值电流作为各种材料和结构参数的函数的一个表达式:

$$I_{th} = \frac{8\pi e n^2 \Delta\gamma D}{\eta_Q \lambda_0^{\,2}} \Big(\alpha - \frac{1}{2L}\ln R_1 R_2 \Big) LW \qquad (2.3.13.1)$$

式中,η_Q 是内量子效率;λ_0 是发射光的真空波长;n 是折射率;$\Delta\gamma$ 是自发辐射线宽;e 是电子电荷;D 是光发射层的厚度;α 是行波的损耗系数;L 是腔长;R_1,R_2 是两个腔镜的反射率;W 是晶体的宽度。

半导体激光器的 P-I 特性如图 2.3.13.4 所示。不同温度下半导体激光器的发光特性如图 2.3.13.5 所示。

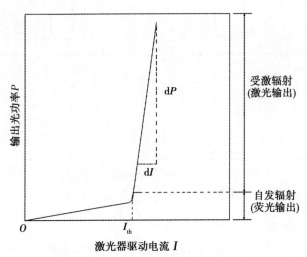

图 2.3.13.4　半导体激光器的 P-I 特性

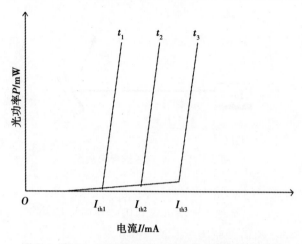

图 2.3.13.5　不同温度下半导体激光器的发光特性

5.半导体激光器的光谱特性

本实验中对半导体激光器光谱特性进行测量。由于半导体材料特殊的电子结构,受激辐射发生在导带和价带之间,因而半导体激光器输出线宽较宽,例如 GaAs 半导体激光器,其谱线宽度为几纳米,可见其单色性较差。

利用激光外腔光反馈法改变激光线宽和选择单纵模。利用闪耀光栅的选频特性压窄激光线宽和选取单纵模。改变光栅角度,还可选取不同波长,以实现激光输出的波长调谐。从原理上讲外腔反馈可以从两个方面使线宽变窄:① 加入外腔等于增大腔长;② 引入反馈可以增加受激辐射抑制自发辐射。外反射器与半导体激光二极管的两解理面构成复合腔系统,由外腔决定的纵模分布如图 2.3.13.6 所示,内腔决定的纵模分布如图 2.3.13.7 所示。外腔镜有一定的反射带宽,使外腔反馈光波场与原激光二极管的本征波场迭加相干,从而改变原本征场的驻波分布,造成不同纵模间的损耗差别,同时外腔反馈改变了模间耦合竞争情况,可使某个纵模占优势而抑制其他模式。

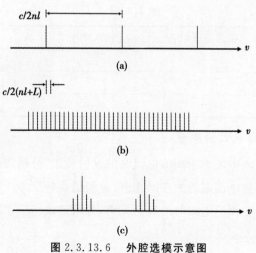

图 2.3.13.6　外腔选模示意图

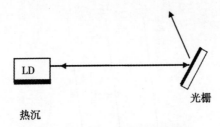

图 2.3.13.7　内腔选模示意图

三、实验仪器

LD 半导体激光器　　　　　1 套;

光功率计　　　　　　　　　1 套;

光纤光谱仪　　　　　　　　1 套;

光栅　　　　　　　　　　　1 套。

四、实验内容及步骤

1. 半导体激光器阈值电流测量

(1) 开启 LD 的稳流电源,调整光路成水平平行,打开功率计,并且功率计调零。

(2) 利用功率计测量 LD 激光束输出功率,测量出阈值电流的大致位置。

(3) 测量输入电流值、电压值和光功率填入表 2.3.13.1 中,并求出阈值电流。

(4) 根据测量的数据汇出变化曲线,进行线性拟合,求出拟合直线斜率,即为转化效率。

(5) 根据测量的数据汇出变化曲线,进行线性拟合,求出拟合直线横截距,即为阈值电流。

表 2.3.13.1

输入电流 I/mA	输入电压 U/V	输入功率 $P_入$/mW	输出功率 $P_出$/mW

2. 半导体激光器发射光谱的测量

(1) 用光谱仪测量注入电流小于阈值电流时的发射光谱,分析谱线特征。

(2) 用光谱仪测量阈值电流附近的发射光谱,分析谱线特征。

(3) 用光谱仪测量大于阈值电流时的发射光谱,分析谱线特征,并测量线宽。

3. 谱线宽度改变及测量

(1) 用光谱仪观测光栅外腔半导体激光器的发射谱,分析谱线特征。

(2) 将光栅加入光路,仔细调节使 +1 级衍射反馈回到激光腔内,用 0 级输出。适当调整光栅的角度,可使光栅只有 0,1 两个级次衍射。此时,电流置于阈值附近,调节光栅的微调钮可得到窄线宽激光输出。得到外腔反馈的激光输出后,用聚焦透镜和自聚焦光纤将光输入光谱仪观测发射光谱,分析激光束压窄谱线宽度前后的变化。

五、思考题

(1) 半导体激光器为什么存在阈值电流?阈值电流与哪些因素有关?

(2) 与气体激光器相比,半导体激光器具有哪些优缺点?

实验 3.14 脉冲 YAG 激光器参数测试实验

一、实验目的

(1) 掌握电光调 Q 固体激光器的基本原理和基本结构;

(2) 掌握电光调 Q 固体激光器的调 Q 原理,掌握调 Q 输出参数的测量方法;

(3) 掌握固体激光器腔外倍频实验技术;

(4) 能够设计并验证激光器腔镜最佳输出透过率技术方案。

二、实验原理

1.固体激光器原理及基本结构

典型的固体激光工作物质是掺钕钇铝石榴石(Nd^{3+}:YAG),它是一种典型的四能级激光工作物质,由于具有激光阈值低、热传导性好和转换效率高的特点,所以可作成连续激光器和高重复频率的脉冲激光器。YAG激光器可输出几种波长,其中最强的为 1 064 nm。如果采用调 Q、倍频技术,则可获得波长为 532 nm 脉宽为几十纳秒的脉冲激光。以 Nd^{3+}:YAG激光器为基础的脉冲激光系统以其高峰值功率、高重复频率和宽波长调谐特性等优点而得到了广泛的应用。

Nd^{3+} 的有关能级图如图 2.3.14.1 所示,用具有连续光谱的氪灯照射 Nd^{3+}:YAG 晶体,Nd^{3+} 离子就从基态 E_1 跃迁至激发态 E_4 的一系列能级。其中最低的两个能级为$^4F_{7/2}$ 和$^4F_{5/2}$。相应于中心波长为 750 nm 和 810 nm 的两个光谱吸收带。由于 E_4 的寿命仅约为 1 ns,所以受激的 Nd^{3+} 离子绝大部分都经过无辐射跃迁转移到了 E_3 态。E_3 是一个亚稳态,很容易获得粒子数积累。E_2 态的寿命为 50 ns,即使有粒子处于 E_2,也会很快地弛豫到 E_1。相对于 E_3 而言,E_2 态上几乎没有粒子,这样就在 E_3 和 E_2 之间造成了粒子数反转。正是 $E_3 \rightarrow E_2$ 的感应辐射在激光谐振腔中得到增益而形成了激光。其波长为 1 064 nm。只要泵浦光存在,Nd^{3+} 离子的能态就总是处在 $E_1 \rightarrow E_4 \rightarrow E_3 \rightarrow E_2 \rightarrow E_1$ 的循环之中。这是一个典型的四能级系统。

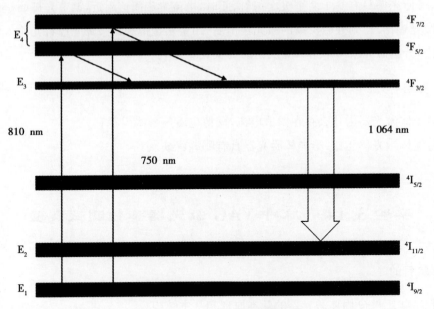

图 2.3.14.1 Nd^{3+} 的能级结构图

YAG 固体激光器的结构如图 2.3.14.2 所示,主要包括 YAG 棒、激励泵浦源、聚光腔、Q 开关、光学谐振腔以及冷却系统。激光器的工作物质 YAG 棒是一种人工晶体,是在钇铝石榴石($Y_3Al_5O_{12}$)中掺少量的 Nd_2O_3,由 Nd^{3+} 取代 Y^{3+} 得到。Nd^{3+} 是三价稀土离子中最早用于激光的。Nd:YAG 为各向同性晶体,淡紫色 $n = 1.82$(对 1 mm 波长),化学表达式:Nd^{3+}:$Y_3Al_5O_{12}$(Nd:YAG),掺杂质量百分比:一般为 $0.5\% \sim 1\%$,高参杂浓度较困难,原因是 Nd^{3+} 和 Y^{3+} 的半径不完全相同。

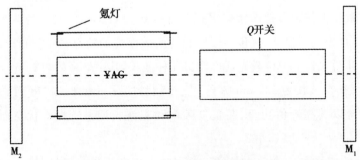

图 2.3.14.2 YAG 固体激光器结构图

通常 Nd^{3+}:YAG 晶体被加工成 ϕ6 mm$\times$100 mm 左右的圆棒状,两端磨成光学平面,面上镀有增透膜,平面的法线与棒轴有一个小夹角,能承受高的功率密度,以防止寄生振荡,激光棒的侧面全部"打毛"。YAG 激光器的激励泵浦源可用多种光源,连续 YAG 激光器泵浦源常用碘钨灯和氪灯,脉冲 YAG 激光器常用脉冲氙灯为泵浦源。因为这些灯的辐射光谱与 YAG 棒晶体的吸收光谱匹配较好。如图 2.3.14.2 所示,泵浦用的氪灯做成和 YAG 棒长度相近的直管形,以便达到最佳的耦合。两氪灯串联后,外接直流电源。如图 2.3.14.3 所示,把 YAG 棒和灯放在一个内壁镀金的空心双椭圆柱面聚光腔中,是为了有效地利用灯的光能。YAG 激光棒占据双椭圆柱面腔的中心焦线,两灯各占双椭圆柱面腔的一根焦线上。氪灯发出的光通过双椭圆柱面镜的反射,理论上百分之百到达 YAG 棒上。在此类激光器中,加到氪灯上的电能只有少量转变成激光能量,其余都变成热能,所以灯和棒都需要散热和冷却。水冷由于方便和价格低廉,常采用水冷,用石英玻璃管分别套上灯和棒,并在腔内通入流动的水,以带走其释放出来的热能。对 YAG 棒加以密封能够滤去紫外光,防止 YAG 棒由于紫外光的照射而使其性能逐渐退化。光学谐振腔是激光器的重要组成部分,主要有两方面的作用:① 主要提供光波反馈作用。这是腔内建立和维持激光振荡不可少的,它取决于组成腔的两个反射镜的反射率、反射镜的几何形状及其尺寸。上述因素的改变都会引起光反馈的变化,即引起腔内损耗的变化。② 对实际振荡光束的限制作用。即控制激光器的特性,谐振频率,光束横向分布,光斑大小及光束发散角。

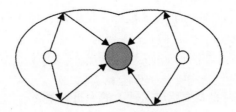

图 2.3.14.3　聚光腔结构图

2. 调 Q 原理

获得短脉冲高峰值功率激光输出的方法有调 Q 技术和锁模技术,本实验主要使用调 Q 技术,自由运转的脉冲激光器输出的激光脉冲的脉宽在几百微秒至几毫秒之间,峰值功率也较低。通过调 Q 技术,可使激光脉冲宽度压缩到几十纳秒。

激光器的 Q 值又称品质因数,是表征激光谐振腔的腔内损耗一个重要参数,其定义为腔内储存的能量与每秒钟损耗的能量之比:

$$Q = 2\pi\upsilon_0 \frac{\text{腔内储存的激光能量}}{\text{每秒钟损耗的激光能量}} \qquad (2.3.14.1)$$

式中,υ_0 为激光的中心频率。如果谐振腔长度为 L,,则光在腔内走一个单程所需时间为 nL/c,其中 n 为折射率,c 为光速。腔内储存的激光能量为 E,光在腔内走一个单程能量的损耗率为 γ,则光在一个单程中对应的损耗能量为 γE。光在腔内每秒钟损耗的能量为 $\dfrac{\gamma E}{nL/c}$,Q 值为

$$Q = 2\pi\upsilon_0 \frac{E}{\gamma Ec/nL} = \frac{2\pi nL}{\gamma\lambda_0} \qquad (2.3.14.2)$$

式中,$\lambda_0 = c/\upsilon_0$ 为真空中激光波长。可得到 Q 值与损耗率成反比变化,即损耗大 Q 值就低,损耗小 Q 值就高。

固体激光器若满足激光产生的条件,则存在弛豫振荡现象,产生功率在阈值附近起伏的尖峰脉冲序列,从而阻碍激光脉冲峰值功率的提高。若提高振荡阈值,使弛豫振荡不能满足条件,激光工作物质上能级的粒子数大量积累。当积累到最大值时,突然使腔内损耗变小,Q 值突增,这时腔内会像雪崩一样以极快的速度建立起极强振荡,在短时间内反转粒子数大量被消耗,转变为腔内的光能量,并在输出镜端输出一个极强的激光脉冲,其脉宽窄(纳秒量级),峰值功率高(大于 mW),通常把这种光脉冲称为巨脉冲。这种技术主要是通过调节激光工作物质的 Q 值来调节腔内的损耗,因此称为调 Q 技术。本实验所采用的调 Q 技术是利用晶体的电光效应制

成,它具有脉冲峰值功率高、脉冲宽度窄、开关速度快、器件输出功率稳定性好的优点,即为电光调 Q 技术。

综合物理光学中光在晶体中传播的知识,电光调 Q 技术常利用 KTP 晶体作为电光晶体,KTP 晶体的纵向电光效应,未加电场时,在主轴坐标系中 KTP 晶体的折射率椭球方程为

$$\frac{x^2 + y^2}{n_o^2} + \frac{z^2}{n_e^2} = 1 \qquad (2.3.14.3)$$

式中,n_o,n_e 分别为各项异性晶体中寻常光和异常光的折射率。加电场后,由于晶体对称性的影响,KTP 晶体外加电场后的折射率椭球方程为

$$\frac{x^2 + y^2}{n_o^2} + \frac{z^2}{n_e^2} + 2\gamma_{41}(E_x yz + E_y xz) + 2\gamma_{63} xy = 1 \qquad (2.3.14.4)$$

式中,γ_{41} 是电场方向垂直于光轴的电光系数;γ_{63} 是电场方向平行于光轴的电光系数。若在 KTP 晶体光轴 z 方向加电场时,式(2.3.14.4)变为

$$\frac{x^2 + y^2}{n_o^2} + \frac{z^2}{n_e^2} + 2\gamma_{63} E_x xy = 1 \qquad (2.3.14.5)$$

经坐标变换,可求出此时在 3 个感应主轴上的主折射率为

$$\left. \begin{array}{l} n_{x'} = n_o - \frac{1}{2} n_o^3 \gamma_{63} E_z \\[2mm] n_{y'} = n_o - \frac{1}{2} n_o^3 \gamma_{63} E_z \\[2mm] n_{z'} = n_e \end{array} \right\} \qquad (2.3.14.6)$$

当光沿 KDP 光轴 z 方向传播时,在感应主轴 x',y' 两方向偏振的光波分量由于晶体在这两者方向上的折射率不同,经过长度为 l 的晶体后产生位相差:

$$\delta = \frac{2\pi}{\lambda}(n_{y'} - n_{x'})l = \frac{2\pi}{\lambda} n_o^3 \gamma_{63} V_z \qquad (2.3.14.7)$$

式中,$V_z = E_z l$ 为加在晶体 z 向两端的直流电压。使光波两个分量产生相位差 $\pi/2$(光程差 $\lambda/4$)所需要加的电压为

$$V_{\pi/2} = \frac{\lambda}{4n_o^3 \gamma_{63}} \qquad (2.3.14.8)$$

常见的 KTP 晶体的电光系数 $\gamma_{63} = 23.6 \times 10^{-12}$ m/V。对于 $\lambda = 1.06\ \mu m$,KTP 晶体的 $V_{\pi/2} = 4\,000$ V 左右。

3. 倍频原理

激光的倍频是一种最常用的扩展频段的非线性光学方法。是将频率为 w 的光,通过晶体的非线性作用,产生频率为 $2w$ 的光。当光与物质相互作用时,物质中的原子因感应而产生电偶极矩,物质感生的电强度与外界电场强度 E 成正比:

$$P = \varepsilon_0 X E \qquad (2.3.14.9)$$

当外界光场的电场强度 E 足够大时,物质对光场的响应与场强具有非线性关系:

$$P = \alpha E + \beta E^2 + \gamma E^3 + \cdots \qquad (2.3.14.10)$$

式中,α,β,γ,$\cdots$ 均为与物质有关的系数,且逐次减小。当外界光场的电场强度 E 足够大时,非线性项就不可以忽略。

一般电磁场光波表达式为

$$E = E_0 \cos\omega t \qquad (2.3.14.11)$$

则物质感生的电强度二次方项为

$$P^{(2)} = \beta E^2 = \beta E_0^2 \cos^2\omega t = \beta \frac{E_0^2}{2}(1 + \cos2\omega t) \qquad (2.3.14.12)$$

式(2.3.14.12)中出现直流项和二倍频项 $\cos2\omega t$，直流项是光学整流，当激光以一定角度入射到倍频晶体时，在晶体中产生倍频光，产生倍频光的入射角称为匹配角。

输出光波的物质感生的电强度为

$$P = P + P^{(2)} = \alpha E_0 \cos\omega t + \beta \frac{E_0^2}{2}(1 + \cos2\omega t) \qquad (2.3.14.13)$$

因而输出的光波既有原来频率的 $\cos\omega t$ 光波，也有二倍频 $\cos2\omega t$ 光波。

4. 实验装置

本实验使用的带起偏器的电光调 Q 技术，实验装置如图 2.3.14.4 所示，Nd:YAG 棒在氙灯的激励下产生无规则偏振光，通过偏振器后成线偏振光。KTP 晶体具有纵向电光系数大，抗破坏阈值高的特点，但易潮解，故需要放在密封盒子内使用。通常采用纵向方式，即 z 向加压，z 向通光。

图 2.3.14.4 带起偏器的 KTP 电光开关原理图

三、实验仪器

YAG 激光器组件	1 套；
脉冲激光能量计	1 套；
探测器	1 套；
高频数字示波器	1 台；
倍频晶体	1 套；
分光棱镜	1 个；
小孔	1 个；
偏振片	1 个；
电光晶体	1 套；
He-Ne 激光器	1 套。

★ 做本实验前必须佩戴 1 064 nm 和 532 nm 激光的防护眼镜。

四、实验内容与步骤

1. YAG 固体激光器谐振腔调谐实验（由于激光能量强，对眼睛损伤较大，可选做）

（1）根据 YAG 装调测量实验原理，装配安装所有的器件。

（2）将 Nd：YAG 激光器、准直器装到导轨上，调整准直 He－Ne 激光器使光束通过 Nd：YAG 晶体前后表面中心。

（3）将输出镜和全反镜放置于光学导轨上，仔细调整它们的高度和俯仰方位，使输出镜和全反镜的反射光较完全地返回准直激光器的出光口。

2. YAG 固体激光器参数测量实验

（1）调整完成灯泵 YAG 激光器谐振腔调谐实验。

（2）打开水冷系统开关，确认水冷系统开始工作后打开激光电源的钥匙开关。

（3）戴上护目镜，仔细微调输出镜和全反镜，使得光斑在黑色相纸上打出的光斑印为圆形，此时激光输出能量最强，使用能量计测量此时的激光能量值。改变氙灯电压，用能量计测量激光器不同电压下的能量值，并记录在表 2.3.14.1 中。

表 2.3.14.1

输入电压 /V	输出能量 /mJ
400	
500	
600	
700	
800	
900	

3. 退压电光调 Q 实验

（1）根据灯泵 YAG 电光调 Q 实验原理，实验安装所有的器件。

（2）插入电光 Q 开关到全反镜和 Nd：YAG 激光器之间，调整电光 Q 开关的高度和俯仰方位，使电光 Q 开关的反射像与准直激光器出口重合。将介质偏振片插入电光 Q 开关和 Nd：YAG 激光器之间。

（3）检查水冷系统工作是否正常，打开激光电源的钥匙开关。确定无误后启动电源，在未调 Q 情况下，仔细微调两块谐振腔片，使未调 Q 激光输出能量最强。此时用检测纸检测激光的光斑大小是否均匀。

（4）加入偏振片，微调俯仰旋转，使得激光输出能量最强，此时损耗最小。调节电光 Q 开关使激光器输出最小，此时电光 Q 开关处于关门状态。

（5）将激光电源改到调 Q 状态，此时输出的激光为调 Q 激光，并记录在表 2.3.14.2 中。

表 2.3.14.2

输入电压 /V	未调 Q 输出能量 /mJ	调 Q 输出能量 /mJ
500		
600		
700		
800		
900		
990		

4. 调 Q 脉冲脉冲宽度测量实验

（1）将激光电源打开，使调 Q 装置处于关闭状态，此时输出的激光为未调 Q 激光，也称未调 Q 激光输出。

（2）用探测器和数字示波器检测激光脉宽，记录脉冲波形和脉宽大小。

（3）将激光电源改到调 Q 状态，此时输出的激光为调 Q 激光，也称调 Q 激光输出或巨脉冲激光输出。

（4）用探测器和数字示波器测量法调 Q 激光脉宽，记录脉冲波形和脉宽大小（见表2.3.14.3）。

表 2.3.14.3

输入电压 /V	未调 Q 输出脉宽 /ns	调 Q 输出脉宽 /ns
500		
600		
700		
800		
900		
990		

5. 激光倍频实验（可选做）

（1）根据灯泵 YAG 倍频实验原理，实验装配安装所有的器件。

（2）插入 KTP 倍频晶体，调节 KTP 倍频晶体的上下左右位置，使准直激光束通过 KTP 倍频晶体的中心。调节 KTP 倍频晶体的俯仰方位，使其发射光点与激光晶体的反射光点重合。

（3）检查水冷系统工作是否正常，打开激光电源的钥匙开关。确定无误后启动电源，调节激光电压，仔细微调两块谐振腔片，使未调 Q 激光输出能量最强。此时可看到激光器输出绿色激光。

（4）在输出光路上加入分光棱镜，使得 1 064 nm 波长和 532 nm 波长的脉冲激光分开，用能量计检测两种波长的能量。

（5）用探测器和数字示波器检测两种波长的激光脉宽，记录脉冲波形和脉宽大小（见表2.3.14.4 和表 2.3.14.5）。

表 2.3.14.4

输入电压 /V	未调 Q 脉冲能量 /mJ		未调 Q 脉冲宽度 /ns	
	波长 1 064 nm	波长 532 nm	波长 1 064 nm	波长 532 nm
500				
600				
700				
800				
900				

表 2.3.14.5

输入电压 /V	调 Q 脉冲能量 /mJ		调 Q 脉冲宽度 /ns	
	波长 1 064 nm	波长 532 nm	波长 1 064 nm	波长 532 nm
500				
600				
700				
800				
900				

五、思考题

(1) 分析常见激光脉冲宽度压缩的方法有几种,具体说明原理和目的。

(2) 分析测量超短激光脉冲时,对探测器和示波器的特殊要求。

(3) 根据实验测量的数据,估算一下调 Q 脉冲的峰值功率。

实验 3.15　超短啁啾脉冲激光的压缩与测量实验

一、实验目的

(1) 掌握超短啁啾脉冲激光的基本原理;

(2) 掌握光栅对压缩器的原理和搭建方法,搭建超短啁啾脉冲激光的光栅压缩器;

(3) 熟悉自相关仪的基本原理并使用;

(4) 掌握超短啁啾脉冲压缩与测量的方法,并能进行方案设计与验证。

二、实验原理

超短脉冲光纤激光器是一种主要通过锁模技术实现光纤激光器的超短脉冲激光输出的光纤激光器,在精密加工、医学和军事等领域具有广阔的应用前景。相对于传统的固体激光器,光纤激光器具有不可比拟的优势。光纤激光器掺杂技术简单,激光传输损耗低,与泵浦光耦合效率高。光纤激光器采用光纤作为传输介质,可以与其他光纤器件兼容,减少了激光器所占的空间。而且光器件之间采取直接熔接的方式,相对于固体激光器而言无需复杂的光路调整系统。由于光通信器件的成熟,激光器成本也可以大大降低,一般单模光纤的芯径为 8 μm,所以光在芯径内传播时的功率密度通常很高,非线性作用很强,非常适合用于产生锁模振荡器。在超短脉冲光纤激光器中,啁啾脉冲放大技术是最为常见和有效的超短脉冲激光能量提升办法,其核心技术是超短脉冲的啁啾展宽和压缩技术。为了避免超短脉冲在增益光纤等波导结构中传输时,因其高峰值产生的非线性自相位调制等问题,需要利用群速度色散的办法将一个脉冲的持续时间进行展宽以降低脉冲峰值功率,然后再对这样的低峰值宽脉冲进行能量放大,最后将放大后的脉冲从波导结构的增益光纤等介质中输出到空间,并同样再次利用相反色散系统,对放大后的脉冲进行脉冲宽度压缩,以便获得高峰值功率,短持续时间的超短激光脉冲输出,如

图 2.3.15.1 所示。

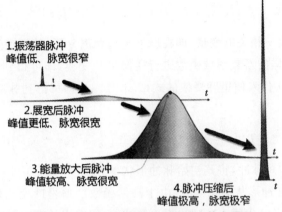

图 2.3.15.1　超短脉冲啁啾放大基本原理

在超短脉冲啁啾放大过程中,脉冲的色散展宽和压缩是最为重要的技术手段。一般情况下的超短脉冲激光器输出的脉冲,其轮廓一般为高斯型脉冲如下式所示:

$$U(0, T) = U_0 \exp\left(-\frac{T^2}{2T_0^2}\right) \tag{2.3.15.1}$$

式中,$U(0, T)$ 表示脉冲在位置 0 处的轮廓函数;T_0 为脉冲宽度;U_0 为脉冲的最大振幅。超短脉冲在介质中的传播,一般采用非线性薛定谔方程可以进行描述,对于尚未达到飞秒量级的超短脉冲,脉冲峰值并不是非常高的情况下,可以忽略三阶及其以上色散和高阶非线性效应的影响,这样的非线性薛定谔方程可写为

$$i\frac{\partial U}{\partial z} + \frac{i\alpha}{2}U - \frac{\beta_2}{2}\frac{\partial^2 U}{\partial T^2} + \gamma |U|^2 U = 0 \tag{2.3.15.2}$$

式中,U 为式(2.3.15.1)中脉冲轮廓函数;β_2 为介质或光学系统的二阶色散;α 为传输损耗;γ 为非线性系数,与波导结构的材料特性和其截面直径有关。在本实验中,由于脉冲在自由空间传播,传输过程中并不存在波导结构,可以忽略非线性项 $\gamma |U|^2 U$,也可忽略激光在自由空间传输时的能量损耗,式(2.3.15.2)即可简化为

$$i\frac{\partial U}{\partial z} - \frac{\beta_2}{2}\frac{\partial^2 U}{\partial T^2} = 0 \tag{2.3.15.3}$$

超短脉冲在色散介质中的变化,可以初始脉冲为起始,利用分步傅里叶变换的办法解出式(2.3.15.3)的解析解,其结果即为脉冲展开或压缩的结构。以式(2.3.15.1)所示的高斯脉冲为例,设 $\tilde{U}(z, \omega)$ 是脉冲轮廓函数 U 的傅里叶变换,即脉冲频率域轮廓函数,或称为脉冲频谱形状。由傅里叶变换知:

$$U(z, T) = \frac{1}{2\pi}\int_{-\infty}^{\infty} \tilde{U}(z, \omega)\, e^{-i\omega T}\, d\omega \tag{2.3.15.4}$$

将式(2.3.15.4)代入简化的非线性薛定谔方程式(2.3.15.3),即可得到一个新的微分方程:

$$i\frac{\partial \tilde{U}}{\partial z} = -\frac{1}{2}\omega^2 \beta_2 \tilde{U} \tag{2.3.15.5}$$

解出

$$\tilde{U}(z,\omega) = \tilde{U}(0,\omega)\exp\left(\frac{\mathrm{i}}{2}\omega^2\beta_2 z\right) \tag{2.3.15.6}$$

式中已包含了传输距离 z 相关的变量,即在脉冲传输距离 z 后,其频谱函数就增加了一个与色散有关的相位。若对这样的新频率域函数进行逆傅里叶变换,即可得到传输距离 z 后,将微分方程的解式(2.3.15.6)代入傅里叶变换的式(2.3.15.4),即可得到脉冲传输距离 z 后的形状变化表示如下:

$$U(z,T) = \frac{1}{2\pi}\int_{-\infty}^{\infty}\tilde{U}(0,\omega)\exp\left(\frac{\mathrm{i}}{2}\omega^2\beta_2 z - \mathrm{i}\omega T\right)\mathrm{d}\omega \tag{2.3.15.7}$$

已知是高斯型的超短脉冲,将其初始脉冲形状函数(2.3.15.1)进行傅里叶变换并代入式(2.3.15.7)即可知道脉冲形状变化情况。由于高斯函数的傅里叶变化仍是高斯函数,并且求解过程也非常简单,所以分步傅里叶解法不再赘述,最终输出的高斯脉冲形状可由下式表示:

$$U(z,T) = \frac{T_0}{\sqrt{T_0^2 - \mathrm{i}\beta_2 z}}\exp\left[-\frac{T^2}{2(T_0^2 - \mathrm{i}\beta_2 z)}\right] \tag{2.3.15.8}$$

可见脉冲轮廓虽然仍是高斯型,但是脉冲宽度已被展宽,并且新增加了一个相位,这一新增加的相位随时间变化,将之称为啁啾。那么若存在这样的一个已经具有初始啁啾的高斯脉冲,并将之表示为

$$U(0,T) = U_0\exp\left[-\frac{(1+\mathrm{i}C)\,T^2}{2\,T_0^2}\right] \tag{2.3.15.9}$$

式中,C 即脉冲在色散介质或系统中积累的啁啾量,对于一个线性啁啾的高斯脉冲,其啁啾值可以通过光谱宽度和脉冲时间宽度的测量来计算得出:

$$\Delta\omega\,T_0 = \sqrt{1 + C^2} \tag{2.3.15.10}$$

式中,$\Delta\omega$ 为脉冲的角频谱宽度,对于这样的具有初始啁啾的脉冲,同样利用分步傅里叶变换的办法得出其在色散系统中传输后的脉冲形状函数:

$$U(z,T) = \frac{T_0}{\sqrt{T_0^2 - \mathrm{i}\beta_2 z(1+\mathrm{i}C)}}\exp\left\{-\frac{(1+\mathrm{i}C)\,T^2}{2\left[T_0^2 - \mathrm{i}\beta_2 z(1+\mathrm{i}C)\right]}\right\} \tag{2.3.15.11}$$

通过将式(2.3.15.11)中分母的复数实数化,并与初始啁啾脉冲比较可以得到脉冲的展宽压缩比例为

$$\frac{T_1}{T_0} = \sqrt{\left(1 + \frac{C\beta_2 z}{T_0^2}\right)^2 + \left(\frac{\beta_2 z}{T_0^2}\right)^2} \tag{2.3.15.12}$$

由式(2.3.15.12)可以看出,只有 $\left(1 + \dfrac{C\beta_2 z}{T_0^2}\right)^2$ 项中 $\dfrac{C\beta_2 z}{T_0^2}$ 为负值,输出脉冲宽度 T_1 才有可能小于初始脉冲 T_0,即 $C\beta_2 < 0$,所有对于具有正啁啾的初始脉冲必须使用具有负啁啾的系统或者色散介质才能实现脉冲压缩,并且被压缩的脉冲存在一个理论极小值:

$$T_1^{\min} = \frac{T_0}{\sqrt{1 + C^2}} \tag{2.3.15.13}$$

对于线性展宽的脉冲,理论上的最短脉冲宽度的压缩脉冲应是一个无啁啾的高斯脉冲。对于常见的啁啾脉冲激光放大系统来说,脉冲在放大前的展宽,均使用的是正色散光学系统或介

质,如具有正色散的光纤、啁啾光纤光栅等。所以,要对这样的正啁啾脉冲进行压缩,就必须使用一个具有负色散的光学系统或介质。最为常见的是光栅对系统,对于反射式光栅对系统,其结构示意图如图 2.3.15.2 所示。

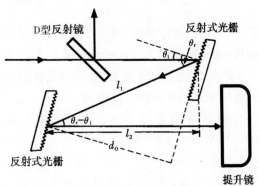

图 2.3.15.2 反射式光栅对脉冲压缩系统

图中反射光栅 1 和 2 为平行放置,D 型反射镜用于被压缩后的脉冲进行输出。为了便于光路以另一不同高度反射回光栅,需要用提升镜改变激光通过光栅的高度。从图中可以看出,光栅对压缩器的光路为,从图片左上方入射,由于入射光高度高于 D 型镜,故从其上方通过,在光栅 1 处,由于光栅的色散效应,不同波长的光被衍射到不同角度处,这里假设入射角为 θ_i,某一波长光的衍射角为 θ_r,则它们应满足光栅方程(此处取第一级衍射级次):

$$d(\sin\theta_i - \sin\theta_r) = \lambda \tag{2.3.15.14}$$

式中,d 为光栅常数,然后,被衍射的第一级衍射光传输至第二个光栅,假设这时光线走过的路径为 l_1,此时,由于两个光栅是平行放置的,故相对于第二块光栅,光线相当于以一级衍射角为入射角。根据光路可逆原理,其出射光线应平行于第一块光栅的入射光线。以第一块光栅上的入射点为基准,向第二块光栅的出射光线做垂线,并将之记为光路 l_2,由简单的几何计算可知,某一波长的光线在光栅中传输的总体光程可认为是 $l_1 + l_2 = l_p$,并计算得到

$$l_p = 2d_0\sec\theta_r[1 + \cos(\theta_r - \theta_i)] \tag{2.3.15.15}$$

因此相对应的相位变化应为 $\varphi_p = \dfrac{2\pi l_p}{\lambda}$,再利用波长与角频率的关系 $\lambda = \dfrac{c}{\nu} = \dfrac{2\pi c}{\omega}$,将式 (2.3.15.15) 和波长与角频率关系代入相位变化 φ_p 中,并利用泰勒展开将 φ_p 展开为关于角频率 ω 的多项式:

$$\varphi_p = \varphi_0 + \varphi_1(\omega - \omega_0) + \frac{1}{2}\varphi_2(\omega - \omega_0)^2 + \cdots \tag{2.3.15.16}$$

式中,φ_2 即相位对角频率 ω 的二阶导数。经过复杂求导计算可以得到

$$\varphi_2 = -\frac{8\pi^2 c d_0 \sec\theta_{r0}}{\omega_0^3 d^2 \cos^2\theta_{r0}} \tag{2.3.15.17}$$

式中,d_0 为两个光栅之间的垂直距离;θ_{r0} 为脉冲中心波长对应的衍射角;ω_0 为中心波长对应的角频率。对于光谱宽度为 $\Delta\lambda$ 的超短脉冲,若其脉冲宽度为 $\Delta\tau$,其积累的色散量与相位二阶导数之间的关系为

$$\frac{\Delta\tau}{\Delta\lambda} = \frac{2\pi c}{\lambda^2}\varphi_2 \tag{2.3.15.18}$$

因此,把式(2.3.15.18)代入式(2.3.15.17),即可解出将脉冲压缩至最短时,光栅之间的垂直间隔应为

$$d_0 = \frac{\Delta \tau c\, d^2\, \cos^3 \theta_{r0}}{2\lambda \Delta \lambda}$$ (2.3.15.19)

以上为脉冲在光栅对之间行进一次的分析,被第二块光栅衍射后,激光传输至提升镜,利用提升镜,将激光的高度降低,并沿原路的下方返回至光栅2,此时根据光路可逆原理,激光将在较低位置原路返回至D型镜,由于光线高度降低,脉冲激光在D型发射镜上反射,并输出压缩系统形成压缩脉冲。将这样压缩过的脉冲输入进自相关仪对其脉冲宽度的自相关函数进行测量,并利用电脑软件拟合出脉冲的实际宽度,即可测得压缩后脉冲宽度的大小(见图2.3.15.3)。

三、实验光路图及仪器

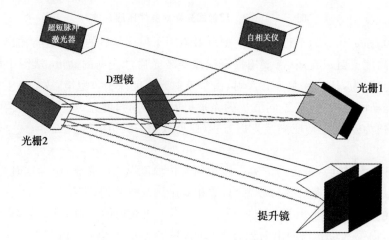

图2.3.15.3 反射式光栅对脉冲压缩系统三维光路图

超短脉冲光纤激光器	1套;
D型反射镜	1套;
光栅1	1套;
光栅2	1套;
提升镜	1套;
自相关仪	1套;
D型镜及支架	1套;
自相关仪光路调整用反射镜	2个;
光路调整红外显像卡	1套。

四、实验内容及步骤

(1) 按图2.3.15.3所示,搭建调试光路。

(2) 调整光栅1平面与光栅2平面平行。

(3) 调整提升镜的高度和角度,保证提升镜反射回光线在入射光线正下方。

（4）调整 D 型反射镜高度和角度，保证返回光路准确输出至自相关仪调整光路。

（5）微调调整自相关仪光路，直至自相关仪可以准确测出脉冲轮廓。

（6）调整两个光栅之间的直线距离，调整时保持两光栅平面严格平行。测出新的超短脉冲轮廓，多次测量得出光栅间距和超短脉冲之间的关系。

五、思考题

（1）光栅压缩系统是否存在某一最佳间距使得压缩脉冲值最小？

（2）对于光栅的同一干涉级，为何被衍射出射的超短脉冲会发射到不同的方位角？

（3）光栅常数的选择是否会影响超短脉冲压缩系统？如何影响？

第四章 光学设计与光学检测技术

光学设计与检测技术是光电信息系统设计的重要组成部分。本章通过典型示例引导学生练习光学设计与检测技能,掌握一定的光学设计与检测能力。在光学设计部分,将培养学生学习 ZEMAX 使用技能与设计技能相统一。在光学检测部分,希望通过光学元件与系统主要性能参数测量,引导学生掌握光学检测的基本技能。

实验 4.1 ZEMAX 基本操作及单透镜设计

一、实验目的

(1) 熟悉光学设计软件 ZEMAX 操作界面;

(2) 掌握键入光学系统的波长(Wavelength)、孔径(Aperture)、光学系统视场(Fields)以及镜头数据(Lens Data)等参数的步骤及在设计过程中需考虑的因素;

(3) 能够正确理解光学系统像质图,并通过优化设计完成光学设计。

二、实验环境

(1) 硬件环境:普通 PC 机;

(2) 软件环境:ZEMAX 软件平台。

三、实验内容及步骤

设计一个相对孔径 F/4 单透镜,在可见光谱范围内使用,其焦距(focal length)为100 mm,视场为 ±3°,材料采用冕牌 BK7。

(1) 运行 ZEMAX 软件:双击屏幕上 ZEMAX 图标,打开 ZEMAX 软件。ZEMAX 软件默认显示透镜数据编辑(LDE),可以对 LDE 窗口进行移动或尺寸调整。LDE 窗口有多行和多列组成,类似于电子表格,曲率半径(radius)、厚度(thickness)、玻璃(class)和半径口径(Aperture)等列使用最多。

(2) 系统参数设置。

1) 波长设置:如图 2.4.1.1 所示,在主屏幕菜单里,选择"系统(system)"菜单下的"波长(Wavelength)",则会弹出一个"波长(Wavelength Data)"对话框。ZEMAX 中有许多这样的对话框,用来输入数据和提供选择。用鼠标在第 2 和第 3 行的"使用(Use)"上单击,将会增加两个输入波长。在第 1 个"波长"行中输入 0.486,其单位默认为 μm。在第 2 行波长列中输入 0.587,最后在第 2 行输入 0.656,其表示可见光三个特征波长。完成上述设置后,在主波长(primary

wavelength)列,点击第2行,则主波长从第1行下移到第2行。(主波长主要是用来计算光学系统在近轴光学近似(paraxial optics,即 first - order optics)下的几个主要参数,如焦距 focal length,放大倍率 magnification,光瞳尺寸 pupil sizes 等)。在"权重(weight)"列,设置所有的权为 1.0,单击"OK"保存设置,然后退出波长数据对话框。

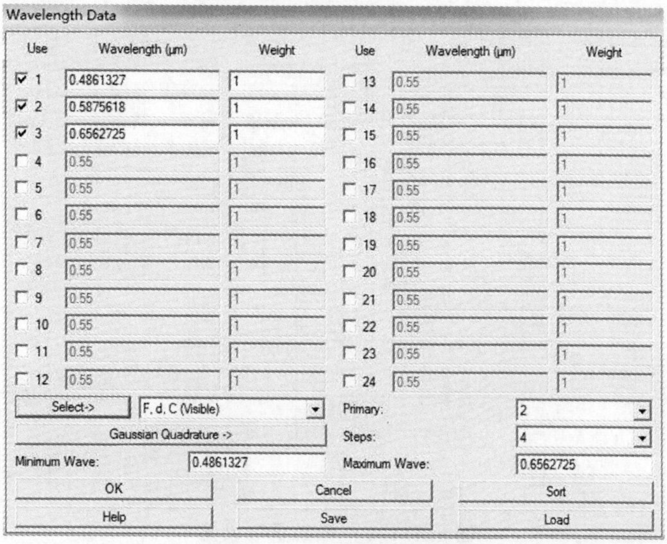

图 2.4.1.1　系统波长设置

2) 系统孔径设置:如图 2.4.1.2 所示,已知需要设计透镜的焦距为 100 mm,F/♯ 为 4,可以得到系统的入瞳直径为 25 mm。单击菜单栏中的系统(system) 菜单,选择"系统(system)"中的"通常(General)"菜单项,出现"通常数据(General Data)"对话框,其默认孔径类型为入瞳直径(Entrance Pupil Diameter),单击"孔径值(Aperture Value)"一格,输入 25,点击"OK"则完成系统孔径设置。也可以选择其他类型的孔径设置,例如,选择第 2 种像空间F/♯(Imaging space F/♯),仅需在孔径类型中选择此项,在孔径值中输入 4 即可。

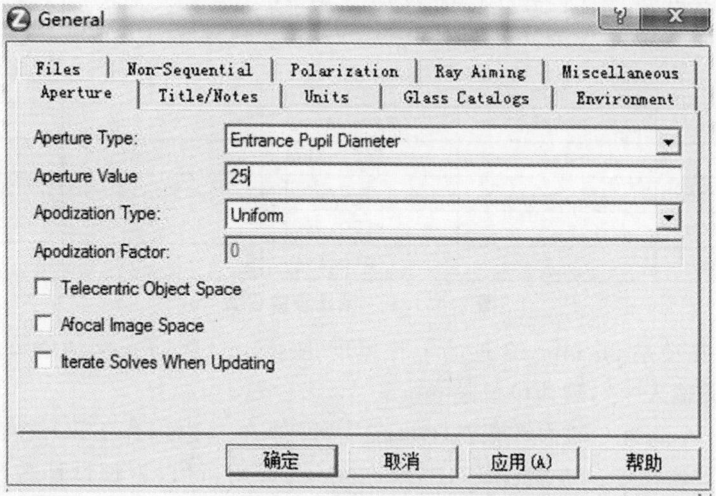

图 2.4.1.2　系统相对孔径设置

3) 视场设置:如图 2.4.1.3 所示,选择"系统(system)"中的"视场(General)"菜单项,弹出"视场(Filed)"对话框,点选第 2 行和第 3 行使用 Use 选项使得视场项增加为三个。在第 1 行,

y 视场列输入 0,表示 0 视场。在第 2 行,y 视场列输入 2.121,表示 0.707 视场。在第 3 行输入 3,表示最大视场。由于大部分光学系统是回转对称的,所以只需要输入正半视场,或者负半视场即可。将应三个视场对应的权重列都设置为 1,点击"OK"保存设置。

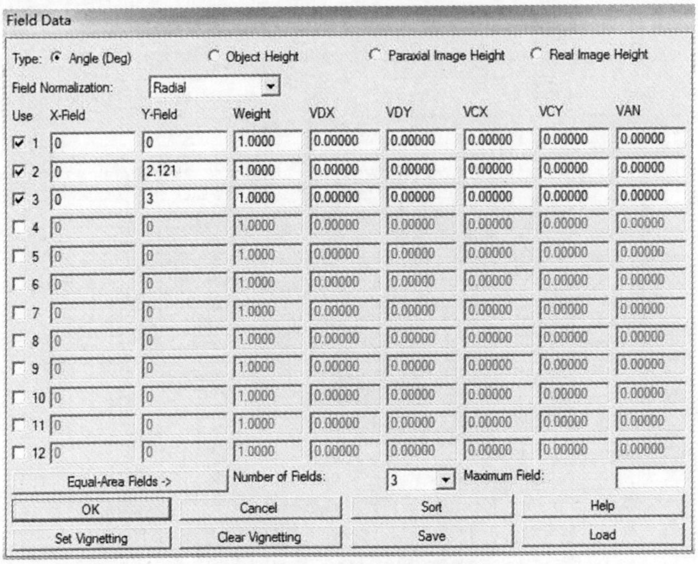

图 2.4.1.3   系统视场设置

4)插入表面:在 ZEMAX 中光学系统由一系列的表面组成,LDE 对话框中的每一个行代表一个表面。在 LDE 中默认显示有 3 行。第 1 行 OBJ 表示物面;第 2 行 STO 表示光阑面;第 3 行 IMA 表示像面,除物面和像面外即为透镜面。由于单透镜由两个面组成,因此需要再增加一行。将光标移动到像平面的"无限(Infinity)"之上,按键盘 INSERT 键。这将会在像平面前插入一个新的面,并将像平面下移,新面被标为第 2 面。

5)透镜曲率半径、厚度、材料输入:如图 2.4.1.4 所示,假设计算得到透镜的前面和后面的半径分别是 100 mm 和 −100 mm,单击透镜第 1 面(此时为 STO 行),半径(Radius)列对应的单元格输入 100,其默认单位为 mm。同样在第 2 面,半径列对应的单元格输入 −100,在这里注意符号约定。

	Surf:Type	Comment	Radius	Thickness	Glass	
OBJ	Standard		Infinity	Infinity		
STO	Standard		100.000	4.000	BK7	
2	Standard		−100.000	0.000		
IMA	Standard		Infinity	−		

图 2.4.1.4   系统参数设置

由于透镜的孔径是 25 mm,合理的镜片厚度是 4 mm。移动光标到透镜第 1 面,在厚度(Thickness)列并输入"4",默认单位是 mm。

移动光标到透镜第 1 面的"玻璃(Glass)"列,即在左边标作 STO 的面。输入"BK7"。ZEMAX 有一个非常广泛的玻璃目录(Glass catalog)可用,可以根据设计需要在其中选择所需材料。

6)像平面位置设置:在镜片焦点处设置像平面的位置,所以要输入一个 100 的值,作为透镜第 2 面的厚度。或者在透镜第 2 面右击,弹出属性对话框,选择第 3 个边缘光线高度

(Marginal ray height)，软件将自动生像面位置。

（3）系统像质分析。

1）系统结构图输出：选择"分析（Analysis）"中的"输出（Layout）"选项，弹出系统二维结构图。点击"三维输出 3D"选项，弹出系统三维结构图（见图 2.4.1.5）。

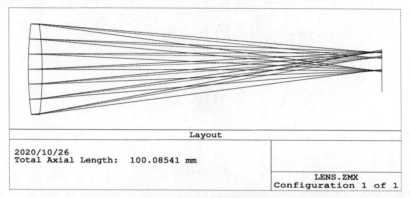

图 2.4.1.5　系统结构图

2）系统光线像差图：如何判断系统成像质量是否好呢?最有用的判断工具是像质图。选择"分析（Analysis）"菜单，然后选择"图（Fan）"菜单，再选择"光线扇形图（Ray Fan）"将会看到光学像差曲线图（见图 2.4.1.6）。在此图中，端点连线的斜率表征系统场曲，连线与过原点切线的夹角表征轴外球差，连线与纵坐标的截距表征彗差。

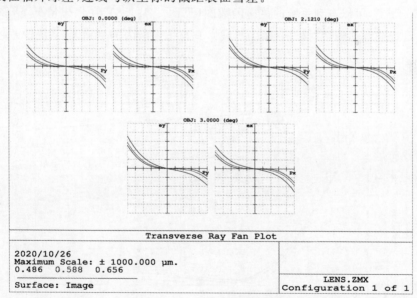

图 2.4.1.6　系统光线像差图

3）系统点列图：选择"分析（Analysis）"菜单下的"点列图（Spot diagram）"选项，然后选其中的"标准（Standard）"，将会显示系统点列图（见图 2.4.1.7）。理想成像时，光线汇聚成无穷小的点，由于像差的存在实际光学系统的光线汇聚成具有一定尺寸的弥散斑，称为点列斑。点列斑越小，系统成像质量越好，反之成像质量越差。

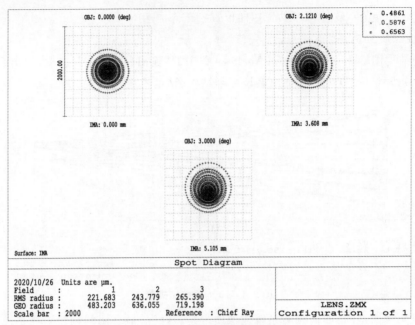

图 2.4.1.7　系统点列图

4）系统传递函数图：选择"分析"菜单下的"传递函数 MTF"再选择"快速傅里叶变化传递函数（FFT MTF）"，可以看到系统的传递函数图（见图 2.4.1.8）。在理想情况下，系统的传递函数曲线应接近或者达到衍射极限（图中黑线），其与衍射极限偏离越大，系统像差越大。

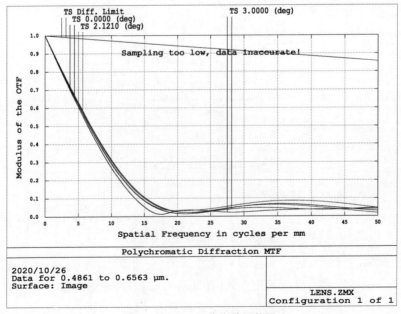

图 2.4.1.8　系统传递函数图

四、思考题

（1）设计的光学系统成像质量是否满足要求？如果不满足要求存在哪些像差？

（2）如何设计一个焦距为－100 mm 的单负透镜？

实验 4.2　卡塞格林望远物镜设计

一、实验目的

（1）熟悉光学设计软件 ZEMAX 操作界面；

（2）掌握如何使用圆锥系数（conic constants）、三维图形（three dimensional layouts）、遮挡（obscurations）等操作；

（3）根据需求参数，能够通过优化设计，完成反射镜（mirrors）设计。

二、实验环境

（1）硬件环境：普通 PC 机；

（2）软件环境：ZEMAX 软件平台。

三、实验内容及步骤

设计一个焦距为 1 000 mm、相对孔径为 $F/5$ 望远镜镜片，视场角为 $\pm 0.5°$ 的卡塞格林望远物镜。

卡塞格林望远镜时最常用的用来矫正轴上像差的望远镜，而且它对于阐明 ZEMAX 的一些基本操作非常有用。卡塞格林望远镜是由一个抛物面主镜和双曲面次镜组成的。

根据设计要求，需要一个 1 000 mm，$F/5$ 的卡塞格林望远镜，计算得到其口径为 200 mm。经过计算得到一个满足要求的结果，主镜曲率为 －1 000 mm，圆锥系数为 －1，次镜曲率为 －800 mm，圆锥系数为 －8.75，两者间隔 －300 mm。

1. 基本参数设置

（1）设置系统基本参数，波长为 0.486 μm，0.587 μm 和 0.656 μm；

（2）设置系统入瞳口径为 200 mm；

（3）设置系统视场为 0°，0.35° 和 0.5°。

2. 主镜设置

移动光标到反射镜第 1 面（此时为 STO 行），半径（Radius）列对应的单元格，输入曲率半径为 －1 000，在此曲率半径的负号表示反射镜为凹面。移动光标到第 1 面，厚度（Thickness）列所对应的单元格，输入厚度值 －300，这个负号表示通过镜面折射后，光线将往"后方"传递。现在在同一面的"Glass"列输入"MIRROR"。移动光标到反射镜第 1 面，圆锥系数（conic constants）对应的单元格，输入值 －1。根据初中几何知识可知，圆锥系数为 0 表示球面，圆锥系数为 ± 1 表示抛物面，圆锥系数绝对值 ＜1 表示椭球面，圆锥系数绝对值 ＞1 表示双曲面。如图

2.4.2.1 所示为主镜参数及结构图。

Surf:Type		Comment	Radius	Thickness	Glass	Semi-Diameter	Conic
OBJ	Standard		Infinity	Infinity		Infinity	0.000
STO	Standard		-1000.000	-300.000	MIRROR	100.044	-1.000
IMA	Standard		Infinity	-		43.061	0.000

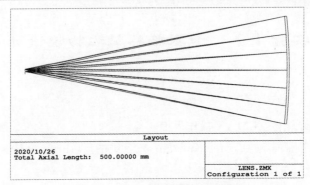

图 2.4.2.1　主镜参数及结构图

3. 次镜设置

将光标移动到像平面的"无限(Infinity)"之上,按键盘 INSERT 键,插入一个新的面作为次镜面。移动光标到次镜面,半径(Radius)列对应的单元格,输入曲率半径为 -800。现在在同一面的"Glass"列输入"MIRROR"。移动光标到次镜面,圆锥系数(conic constants)对应的单元格,输入值 -8.75。在次镜面,厚度(Thickness)列所对应的单元格右击,弹出属性对话框,选择第 3 个边缘光线高度(Marginal ray height)生像面位置(见图 2.4.2.2)。

Surf:Type		Comment	Radius	Thickness		Glass	Semi-Diameter	Conic
OBJ	Standard		Infinity	Infinity			Infinity	0.000
STO	Standard		-1000.000	-300.000		MIRROR	100.044	-1.000
2	Standard		-800.000	400.000	M	MIRROR	42.841	-8.750
IMA	Standard		Infinity	-			8.805	0.000

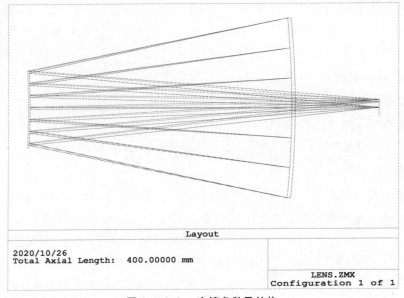

图 2.4.2.2　次镜参数及结构

4. 系统挡光设置

卡塞格林望远物镜属于同轴反射式系统,起存在光线遮挡。落在次镜面后面的光线应该被挡去,不能到达像平面上。这对于真正的系统来说是非常重要的,因此需要再系统中设置一个挡光片,以使仿真设计和实际光学系统相符。将鼠标移动到主镜面对应的行,按 Insert 键在其前面增加一个面,设置新增加面的厚度为 350 mm。双击该面的面型(默认为"Standard"),在对话框中选择孔径类型为圆形遮挡("Circular Obscuration"),这样就在系统中安放了一个"遮挡(Obscuration)"。考虑到光束是被次镜所阻挡,挡光片的"最大半径(Max Radius)"应与次镜口径相同,输入"4"然后单击"OK"(见图 2.4.2.3)。

Surf:Type		Comment	Radius	Thickness	Glass	Semi-Diameter	Conic
OBJ	Standard		Infinity	Infinity		Infinity	0.000
1*	Standard		Infinity	350.000		103.054	0.000
STO	Standard		-1000.000	-300.000	MIRROR	100.044	-1.000
3	Standard		-800.000	400.000 M	MIRROR	42.841	-8.750
IMA	Standard		Infinity	-		8.805	0.000

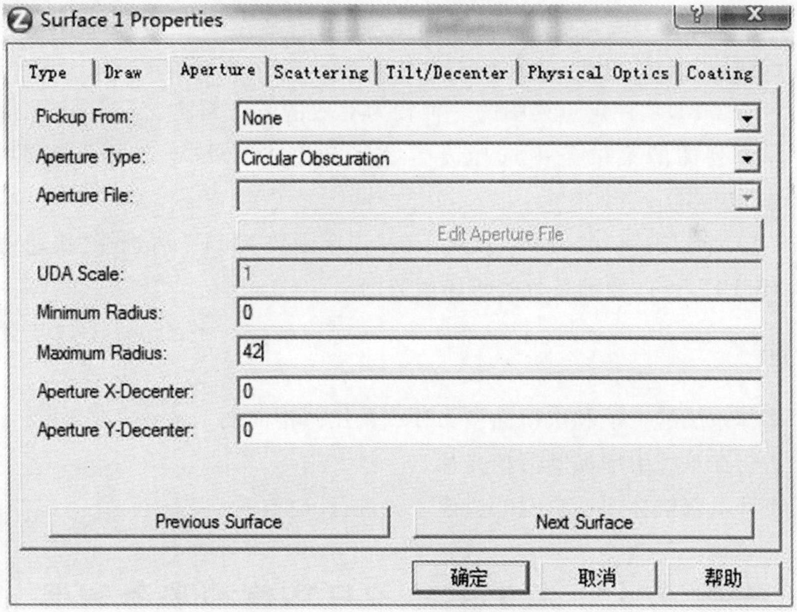

图 2.4.2.3　挡光设置及参数

5. 系统分析

(1) 系统结构图输出:点击"分析(Analysis)"中的"Layout""3D Layout"菜单显示系统结构图(见图 2.4.2.4)。在三维图形显示中,可用左、右、上、下、Page Up 和 Page Down 键来控制图形的旋转。

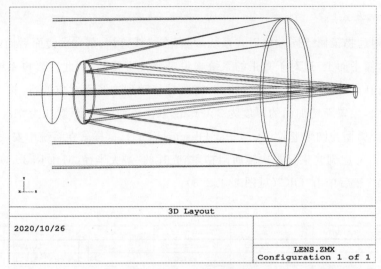

图 2.4.2.4　系统结构图

（2）系统光线像差图：选择"分析（Analysis）"菜单，然后选择"图（Fan）"菜单，在选择"光线像差（Ray Aberration）"将会看到光学特性曲线图。

（3）系统点列图：选择"分析（Analysis）"菜单下的"点列图（Spot diagram）"选项，然后选其中的"标准（Standard）"。评定点列图的一种较为有效的方法是将艾利（Airy）衍射斑与点列图进行比较。在点列图的菜单条中选择设置"Setting"，在"Show Scale"选项中选择"Airy Disk"，然后单击"OK"。

（4）系统传递函数图：选择"分析"菜单下的"传递函数 MTF"再选择"快速傅里叶变化传递函数（FFT MTF）"，可以看到系统的传递函数图。

四、思考题

（1）卡塞格林系统的主镜和次镜面型为什么采用圆锥曲面？

（2）为什么要在系统中增加圆形挡光片？

（3）对所设计卡塞格林望远物镜的成像质量进行分析。

实验 4.3　光学系统刀口仪检测像差实验

一、实验目的

（1）理解刀口阴影法检测几何像差原理；

（2）掌握球差的阴影图特征；

（3）利用图像处理方法测量轴向球差；

（4）熟练使用刀口阴影法测量光学系统初级彗差；

（5）掌握初级彗差的阴影图特征；

（6）能够设计光学透镜几何像差检测技术方案。

二、实验原理

对于理想成像系统，成像光束经过系统后的波面是理想球面（见图 2.4.3.1），所有光线都会聚于球心 O。此时用不透明的锋利刀口以垂直于图面的方向向切割该成像光束，当刀口正好位于光束会聚点 O 点处（位置 N_2）时，则原本均照亮的视场合变暗一些，但整个视场仍然是均匀的（阴影图 M_2）。如果刀口位于光束交点之前（位置 N_1），则视场中与刀口相对系统轴线方向相同的一侧视场出现阴影，相反的方向仍为亮视场（阴影图 M_1）。在刀口位于光束交点之后（位置 N_3），则视场中与刀口相对系统轴线方向相反的一侧视场出现阴影，相同的方向仍为亮视场（阴影图 M_3）。

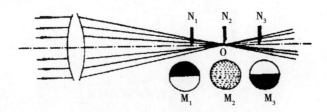

图 2.4.3.1　理想系统刀口阴影图

实际光学系统由于存在球差，成像光束经过系统后不再会聚于轴上同一点。此时，如果用刀口切割成像光束，根据系统球差的不同情况，视场中会出现不同的图案形状。图 2.4.3.2 是 4 种典型的球差以及其相应的阴影图。图 2.4.3.2(a)(b) 为球差校正不足和球差校正过度的情况，相当于单片正透镜和单片负透镜球差情况。这两种情况在设计和加工质量良好的光学系统中一般极少见到，除非是把有的镜片装反，检验时把整个光学镜头装反，或是系统中某个光学间隔严重超差所致。图 2.4.3.2(c)(d) 为实际光学系统中常见的带球差情况。

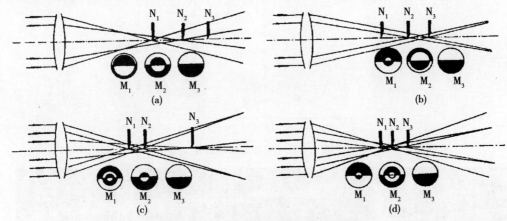

图 2.4.3.2　系统存在球差时的阴影图

利用刀口阴影法对系统轴向球差进行测量就是要判断出与视场图案中亮 2 暗环带分界（呈均匀分布的半暗圆环）位置相对应的刀口位置，一般系统球差的表示以近轴光束的焦点作为球差原点。

本实验使用的原理图如图 2.4.3.3 所示。

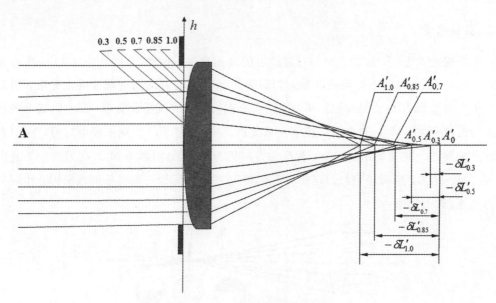

图 2.4.3.3　无限共轭系统球差

根据图 2.4.3.3,若待测透镜只存在球差,则测量看到的刀口环阴影图应该是与光瞳面同心的圆,并且刀口的轴向位置与阴影图的形状一一对应。测量前应调节刀口切在光轴上,若刀口轴向移动,看到刀口环对称地扩大或缩小,说明刀口轴移动方向已与光轴一致。这里,阴影图刀口环与刀口轴向偏移近轴焦点的位移 δ_L 之间的对应关系,就是要求的球差曲线。图 2.4.3.4 就是一个典型的系统的球差曲线。横轴是位移量,纵轴是阴影图刀口环直径。图 2.4.3.5 是效果示意图。

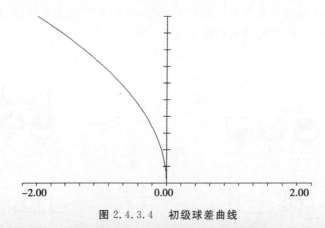

图 2.4.3.4　初级球差曲线

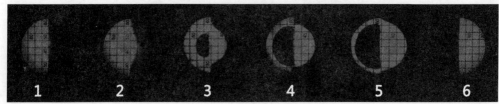

图 2.4.3.5　球差切割效果图

彗差是轴外像差之一,它体现的是轴外物点发出的宽光束系统成像后的失对称情况。彗差是指通过待检测物镜光瞳面的各环带光线不会聚于一点而产生的垂轴方向的偏差。存在初级彗差时,光瞳面某一环带上各个径向的光线对的像方交点仍形成一环状像,但与各环带光相对应环状像的大小和位置均不同。最后叠加成彗差像。当刀口在近轴像面内沿彗差像轴线向着光轴方向切入时,若从彗差的头部切入,则先切掉的是光瞳中心部分光线所成的像,故先看到光瞳面中心先出现椭圆形阴影暗区。随着刀口的进一步切入,椭圆阴影暗区逐渐扩大,直至光瞳面的边缘的月牙状亮区全部变暗。若从慧差尾部切入,则先切掉光瞳两边的部分,成像为一个较亮的椭圆,随着刀口的进一步进入,椭圆会越来越大直至变成一个圆。效果图如图 2.4.3.6 所示。

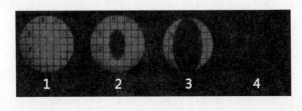

(a)

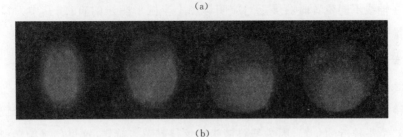

(b)

图 2.4.3.6　彗差切割效果图

(a) 彗差头部切割效果图;(b) 彗差尾部切割效果图

三、实验仪器

激光器、待测透镜、刀口仪。

四、实验内容及步骤

实验系统装置图如图 2.4.3.7 所示。

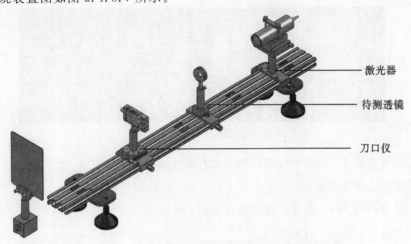

激光器

待测透镜

刀口仪

图 2.4.3.7　阴影法测量光学系统像差实验系统装置图

1.初级球差测量

根据图 2.4.3.7 安装所有的器件。

固定可变光阑的高度和孔径,安装激光器,调整激光管夹持器水平,使出射光在近处和远处都能通过可变光阑(近处调节激光器的高低和角度,远处调节激光管夹持器的俯仰、偏摆旋钮),保持此小孔光阑高度不变,作为后续高度调整标志物。

将各光学器件放置在激光器出光口处,调整各器件中心高与激光等高。

将球差镜头插入准直后的光路中,并且打开其前面的光阑。在激光光束汇聚点处插入刀口仪,使用刀口仪下的平移台微调刀口仪沿光轴的位置,使得刀口片正好处于光斑束腰处。

调整刀口仪旋钮,切割光束束腰位置,使用白屏观察出射光斑情况,观测待测镜头像差。

调整平移台,使刀口仪沿 x 轴方向前后移动,观察不同切割位置的出射光斑的情况。测量并记录刀口在轴线不同位置时白屏上对应阴影图上半圆形阴影的直径。其中刀口轴向位置通过轴向的侧推平移台丝杆读出,白屏上的阴影图通过钢尺测出,并描出球差曲线。

2.初级彗差测量

根据图 2.4.3.7 搭建实验光路。

将球差镜头换为彗差镜头,由于彗差镜头的焦距较短,建议将刀口仪下的套筒放在侧推平移台上离彗差镜头较近的位置,因为彗差镜头应该绕其节点旋转。这里如果旋转滑块带动彗差镜头旋转,其后焦点处的光斑没有明显径向移动,即说明旋转中心正好处于镜头的节点上。刀口起始位置应该且在镜头的近轴焦点上,并且应该正好切到光轴上,记下此时径向侧推平移台丝杆的读数。

径向旋转彗差镜头 2°,此时可以看见后边白屏上有小的椭圆阴影图。

调节径向侧推平移台的丝杆,带动刀口切割阴影图,并观察丝杆带动刀口切割彗差图案的阴影图,当阴影图有特殊图像出现时记录丝杆上的资料并用钢尺测量对应阴影图的横轴和纵轴长度。此时调节平移台丝杆,会依次看到以下现象(见图 2.4.3.8)。

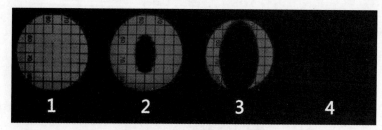

图 2.4.3.8　彗差实验现象

径向旋转彗差镜头 2°,此时可以看见后边白屏上有小的椭圆阴影图。

当阴影图完全消失瞬间(图 2.4.3.8 中的 4),记录此时丝杆读数。

径向旋转彗差镜头 4°,重复上述实验步骤。

计算彗差镜头 2° 和 4° 的彗差值。

分别作出旋转 2° 和 4° 时的彗差特征关系曲线。

五、思考题

(1) 刀口阴影法检测几何像差的优缺点是什么?

(2) 如何通过刀口法得到初级球差曲线?

实验 4.4　光学系统星点法像差检测实验

一、实验目的

(1) 理解星点检测法的原理;

(2) 熟悉几何像差球差、彗差、像散和场曲星点法检测现象并能准确辨别;

(3) 能够使用星点法像差检测相关仪器;

(4) 能够完成光学系统星点法像差检测及成像质量评价技术方案设计。

二、实验原理

1. 像差

像差就是光学系统所实际成像与理想像之间的差异。只有在近轴区且以单色光所成像才是完善的(此时视场趋近于 0,孔径趋近于 0),而实际的光学系统均须对有一定大小的物体以一定的宽光束进行成像,因此,此时的像已不具备理想成像的条件及特性,即像并不完善。可见,像差是由球面本身的特性所决定的,即使透镜的折射率非常均匀,球面加工得非常完美,像差仍会存在。

几何像差主要有七种:球差、彗差、像散、场曲、畸变、位置色差及倍率色差。前五种为单色像差,后两种为色差。

(1) 球差。轴上点发出的同心光束经光学系统后,不再是同心光束,不同入射高度的光线交光轴于不同位置,相对近轴像点(理想像点)有不同程度的偏离,这种偏离称为轴向球差,简称球差($\delta L'$)。如图 2.4.4.1 所示。

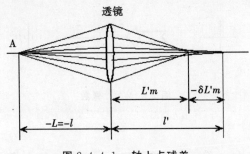

图 2.4.4.1　轴上点球差

(2) 彗差。彗差是轴外像差之一,是轴外点宽光束非对称像差,同一视场不同孔径光线对经系统后的交点不在主光线上,在垂直光轴方向的偏差成为彗差 K'_t。彗差既与孔径相关又与视场相关。若系统存在较大彗差,则将导致轴外像点成为彗星状的弥散斑,影响轴外像点的清晰程度,如图 2.4.4.2 所示。

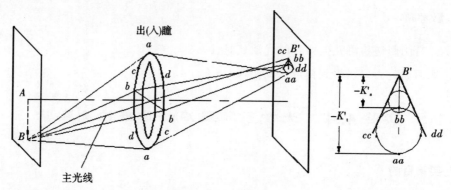

出(入)瞳

主光线

图 2.4.4.2　彗差

（3）像散。通过光学系统后的细光束所对应的波面变成非球面波,在两主截面内的曲率中心不同,而聚焦成子午像和弧矢像。像散用偏离光轴较大的物点发出的邻近主光线的细光束经光学系统后,其子午焦线与弧矢焦线间的轴向距离表示为

$$x'_{ts} = x'_t - x'_s \tag{2.4.4.1}$$

式中,x'_t,x'_s分别表示子午焦线至理想像面的距离及弧矢焦线会得到不同形状的物至理想像面的距离,如图 2.4.4.3 所示。

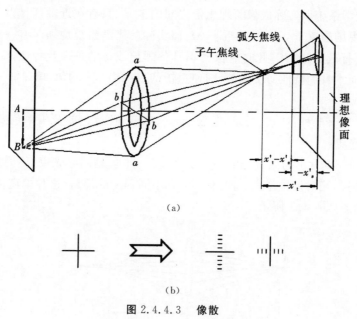

弧矢焦线

子午焦线

理想像面

（a）

（b）

图 2.4.4.3　像散

（a）像散光路图;（b）十字叉丝像散成像图

当系统存在像散时,不同的像面位置会得到不同形状的物点像。若光学系统对直线成像,由于像散的存在其成像质量与直线的方向有关。例如,若直线在子午面内其子午像是弥散的,而弧矢像是清晰的;若直线在弧矢面内,其弧矢像是弥散的而子午像是清晰的;若直线既不在子午面内也不在弧矢面内,则其子午像和弧矢像均不清晰,故而影响轴外像点的成像清晰度。

（4）场曲。使垂直光轴的物平面成曲面像的像差称为场曲,如图 2.4.4.4 所示。

　　子午细光束的交点沿光轴方向到高斯像面的距离称为细光束的子午场曲；弧矢细光束的交点沿光轴方向到高斯像面的距离称为细光束的弧矢场曲，而且即使像散消失了（即子午像面与弧矢像面相重合），场曲依旧存在（像面是弯曲的）。

　　场曲是视场的函数，随着视场的变化而变化。当系统存在较大场曲时，就不能使一个较大平面同时成清晰像，若对边缘调焦清晰了，则中心就模糊，反之亦然。

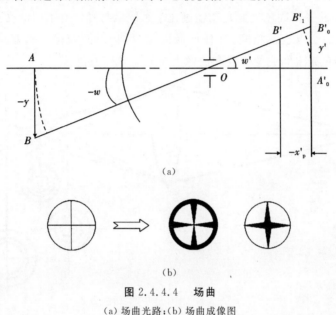

(a)

(b)

图 2.4.4.4　场曲

(a) 场曲光路；(b) 场曲成像图

　　(5) 畸变。畸变描述的是主光线像差，不同视场的主光线通过光学系统后与高斯像面的交点高度并不等于理想像高，其差别就是系统的畸变，如图 2.4.4.5 所示。

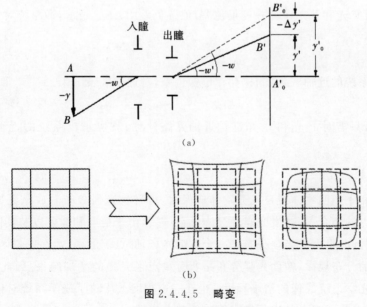

(a)

(b)

图 2.4.4.5　畸变

(a) 畸变光路图；(b) 畸变成像图

由畸变的定义可知,畸变是垂轴像差,只改变轴外物点在理想像面的成像位置,使像的形状产生失真,但不影响像的清晰度。

通常用格网板成像来判断系统是否存在畸变。枕(桶)形畸变:放大率随视场增大而增大(小),实际像高大(小)于理想像高,正(负)畸变。

(6) 色差。光学材料对不同波长的色光有不同的折射率,对于波长较长的色光,透镜的折射率较低。因此同一孔径不同色光的光线经过光学系统后与光轴有不同的交点。不同孔径不同色光的光线与光轴的交点也不相同。在任何像面位置,物点的像是一个彩色的弥散斑,如图2.4.4.6所示。各种色光之间成像位置和成像大小的差异称为色差。

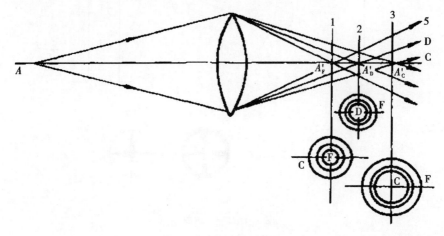

图 2.4.4.6　轴上点色差

为确定色差值,首先应规定对哪两种色光来考虑色差,即所谓的消色差谱线。一般以波长较长的谱线的像点位置为基准来确定色差。一般有在靠近可见光谱区间边缘的两种色光为 C 光(红光)和 F 光(蓝光)和对人眼最敏感的为黄绿光。所以对目视光学系统对黄绿色光计算和校正单色像差,对 C 光和 F 光计算并校正色差。位置色差用 $\Delta L'_{FC}$ 表示,即系统对 F 光和 C 光消色差:

$$\Delta L'_{FC} = L'_F - L'_C \qquad (2.4.4.2)$$

即使在光学系统的近轴区,也同样存在位置色差,对近轴区表示为

$$\Delta l'_{FC} = l'_F - l'_C \qquad (2.4.4.3)$$

为计算色差,只需对 F 光和 C 光进行近轴光路计算,就可求出系统的近轴色差和远轴色差。

2. 星点法检验原理

光学系统对相干照明物体或自发光物体成像时,可将物光强分布看成是无数个具有不同强度的独立发光点的集合。每一发光点经过光学系统后,由于衍射和像差以及其他工艺疵病的影响,在像面处得到的星点像光强分布是一个弥散光斑,即点扩散函数。在等晕区内,每个光斑都具有完全相似的分布规律,像面光强分布是所有星点像光强的叠加结果。因此,星点像光强分布规律决定了光学系统成像的清晰程度,也在一定程度上反映了光学系统对任意物分布的成像质量。上述的点基元观点是进行星点检验的基本依据。

星点检验法是通过考察一个点光源经光学系统后,在像面及像面前后不同截面上所成衍射像的形状(通常称为星点像)及光强分布来定性评价光学系统成像质量好坏的一种方法。由光的衍射理论得知,一个光学系统对一个无限远的点光源成像,其实质就是光波在其光瞳面上的衍射结果,焦面上的衍射像的振幅分布就是光瞳面上振幅分布函数亦称光瞳函数的傅里叶变换,光强分布则是振幅模的二次方。对于一个理想的光学系统,光瞳函数是一个实函数,而且是一个常数,代表一个理想的平面波或球面波,因此星点像的光强分布仅仅取决于光瞳的形状。在圆形光瞳的情况下,理想光学系统焦面内星点像的光强分布就是圆函数的傅里叶变换的二次方,即爱里斑光强分布,即

$$
\left.
\begin{aligned}
\frac{I(r)}{I_o} &= \left[\frac{2J_1(\psi)}{\psi}\right]^2 \\
\psi &= kr = \frac{\pi D}{\lambda f'}r = \frac{\pi}{\lambda F}r
\end{aligned}
\right\}
\tag{2.4.4.4}
$$

式中,$I(r)/I_o$ 为相对强度(在星点衍射像的中间规定为 1.0);r 为在像平面上离开星点衍射像中心的径向距离;$J_1(\psi)$ 为一阶贝塞尔函数。

通常,光学系统也可能在有限共轭距内是无像差的,在此情况下 $k = (2\pi/\lambda)\sin u'$,其中 u' 为成像光束的像方半孔径角。

无像差星点衍射像如图 2.4.4.7 所示,在焦点上,中心圆斑最亮,外面围绕着一系列亮度迅速减弱的同心圆环。衍射光斑的中央亮斑集中了全部能量的 80% 以上,其中第一亮环的最大强度不到中央亮斑最大强度的 2%。在焦点前后对称的截面上,衍射图形完全相同。光学系统的像差或缺陷会引起光瞳函数的变化,从而使对应的星点像产生变形或改变其光能分布。待检系统的缺陷不同,星点像的变化情况也不同。故通过将实际星点衍射像与理想星点衍射像进行比较,可反映出待检系统的缺陷并由此评价像质。

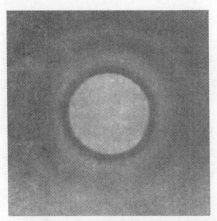

图 2.4.4.7　无像差星点衍射像

三、实验仪器

平行光管、电源、待测镜头、COMS 相机、光阑、一维侧推平移台。

四、实验内容

1.观测标准像差镜头的单类像差现象

根据图 2.4.4.8 安装所有的器件。

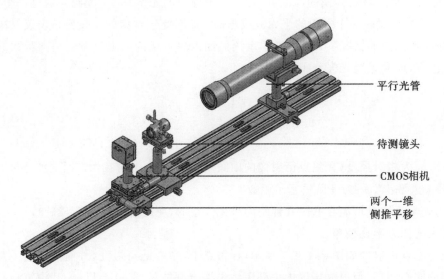

图 2.4.4.8　轴上光线像差星点法观测装配图

将所有器件调整至同心等高。由于相机在 x 方向和 y 方向都有移动,所以将两个侧推平移台装在一起来达到需求。

选取其中某一色 LED 作为平行光管光源并打开。打开 CMOS 相机采集程序,使用连续采集模式。

沿光轴方向调整 CMOS 相机位置,使得待测镜头焦斑像最小且锐利。在测量以下像差时,如果由于像差镜头焦距过短而使镜头与相机的距离过近时,可以不用 CCD 光阑。

观察球差现象时,平行光管里使用的是针孔,将球差镜头前的光阑打开到最大,沿光轴方向移动 CMOS 相机,观察焦斑前后的光束分布。此时可通过微调 COMS 相机下的二维侧推平移台来实现。

观察慧差现象时,平行光管里使用的是针孔,慧差镜头下使用旋转台,通过移动 COMS 相机找到清晰的像,可通过侧推平移台来精调,旋转慧差镜头,采集不同角度下的慧差。

观察像散现象时,平行光管里使用的是十字缝,如果所成的像是倾斜的,可以通过旋转平行光管使其水平,搭好光路,将平行光管偏离轴一定角度(15°左右),移动 COMS 相机找到清晰的像,在 x 方向微调 COMS 相机下的二维侧推平移台,采集像散现象。

观察场曲现象时,平行光管里使用的是玻罗板,搭好光路,将平行光管偏离轴一定角度(15°左右),移动 COMS 相机找到清晰的像,在 x 方向微调 COMS 相机下的二维侧推平移台,分别采集每条线清晰时的图像,并绘制场曲曲线图。

打开相机采集程序,选择十字辅助线,选择分辨率为 640×512,调整像在靶面的位置,使其水平线与十字线重合,在 x 方向使用千分丝杆调整场曲镜头与CMOS相机之间的距离,使玻罗板某一外端线最清晰且锐利,则认为此时该端线的像面与CMOS靶面重合,记录此时的侧推平移台千分丝杆读数值,记作 x_1,并将其作为 x 轴原点(见图2.4.4.9)。

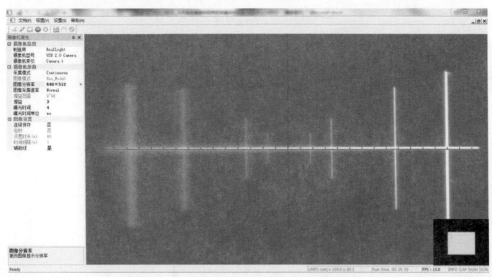

图 2.4.4.9　最右端玻罗板分划线聚焦的图像

调节相机下的 x 方向的侧推平移台,使其焦点向另一端移动,将玻罗板上所有分划线经场曲镜头成的像面依次与CMOS靶面重合,分别读出对应的千分丝杆读数值(见图2.4.4.10)。

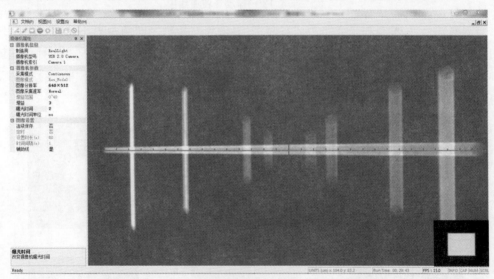

图 2.4.4.10　最左端玻罗板分划线聚焦的图像

用计算机软件对玻罗板分划线进行标定,将步骤1中端线位置作为 y 轴原点,数出其他各线与该端线间的小格数 n,如果两线之间的小格数不是整数,需要自己进行估算,每小格的距离为 $104.0\ \mu m$,计算玻罗板分划线经场曲镜头成像后每条线的位置坐标 s(见图2.4.4.11)。

图 2.4.4.11 状态栏显示位置坐标

以每次千分丝杆的读数与 x_1 的差值作为 x 轴,玻罗板分划线的位置坐标为 y 轴,建立平面直角坐标系,绘制出弧矢场曲曲线图。将场曲镜头沿光轴方向旋转 $90°$,测量子午场曲并绘制子午场曲曲线图(见图 2.4.4.12)。

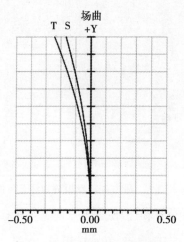

图 2.4.4.12 标准场曲曲线图

当观察其他像差时,如果光路是从右向左,当镜头与相机之间的距离不足时,旋转台锁紧旋钮会妨碍到相机的位置,须把旋转台 $180°$ 反向安装在导轨上。由于实验配备四种像差镜头,每种镜头的焦距不同,所以在更换像差镜头后,需要重新调节镜头与 CMOS 相机之间的距离,使得 CMOS 相机处于像差镜头的后焦面上(见图 2.4.4.13 和图 2.4.4.14)。

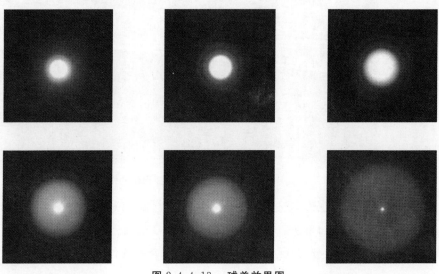

图 2.4.4.13 球差效果图

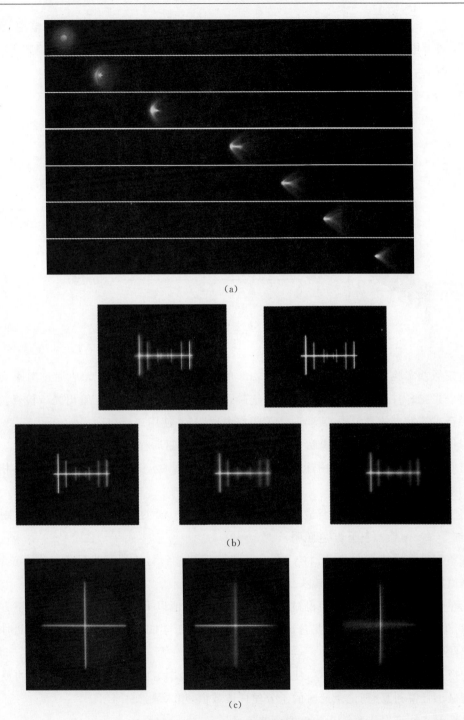

(a)

(b)

(c)

图 2.4.4.14 **轴外像差效果图**

(a)彗差效果示意图;(b)场曲效果示意图;(c)像散效果示意图

2.观测球差镜头的位置色差

根据位置色差测量实验装配图安装所有的器件(平行光管里加入针孔)(见图 2.4.4.15)。

注意:连接平行光管的直流可调电源选用 9 V 输出,即配有单输出接口的可调电源。实验另配有 12 V 可调电源,为双输出接口。如果错接成 12 V 输出的可调电源则可直接烧毁平行光管里的 LED 灯。

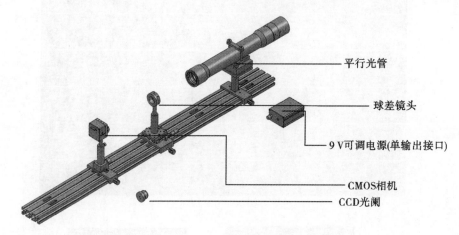

平行光管

球差镜头

9 V可调电源(单输出接口)

CMOS相机

CCD光阑

图 2.4.4.15　位置色差测量实验装配图

由于像差实验使用的星点像只有 15 μm,所以在较明亮的环境下无法通过肉眼观察到平行光管发光。如需检查平行光管光源是否连接正确,可直接目视平行光管出光口检查。

平行光管发出的光较弱,实验时请关闭室内照明,并使用遮光窗帘。

根据 CMOS 相机的使用说明书安装 CMOS 相机的驱动程序和采集程序。

打开相机的采集程序,使用连续采集模式。此时如果显示图像亮度过高适当减小相机的增益值和曝光时间。

将 LED 亮度可调旋钮调至最大。拨动平行光管后端 4 挡拨动开关(拨动开关控制顺序为关—红—绿—蓝),打开红色照明。

调整相机沿导轨方向移动,将 CMOS 相机靶面调整到与待测镜头后焦点重合位置。此时可以在电脑屏幕上观察到待测镜头焦点亮斑。

调整平行光管照明亮度,使得显示亮斑亮度在饱和值以下。此时微调待测透镜下方的平移台,使得焦点亮斑最小且锐利。此时认为待测镜头后焦点与 CMOS 靶面重合。记录此时的平移台千分丝杆读数值。

变换平行光管照明光源颜色。使用千分丝杆调整待测镜头与 CMOS 相机之间的距离至焦点亮斑最小且锐利。分别记录此时的千分丝杆读数值,填入表 2.4.4.1。

根据下式计算出待测镜头的位置色差值:

$$\Delta L'_{FC} = L'_F - L'_C$$

$$\Delta L'_{FD} = L'_F - L'_D$$

$$\Delta L'_{DC} = L'_D - L'_C$$

表 2.4.4.1　位置色差测量结果

$L_F^{'}$	$L_C^{'}$	$L_D^{'}$	$\Delta L_{FC}^{'}$	$\Delta L_{FD}^{'}$	$\Delta L_{DC}^{'}$

根据 $L_F^{'},L_C^{'}$ 和 $L_D^{'}$ 判断波长大小与折射率之间的关系。

五、思考题

(1) 几何像差中有哪些属于色差,其与单色像差的区别有哪些?
(2) 星点检验的基本依据是什么?

实验 4.5　光学系统焦距、传递函数检测实验

一、实验目的

(1) 掌握光学焦距仪的使用与光学元件的焦距检测;
(2) 掌握光学系统传递函数的检测;
(3) 能够设计光学系统焦距和传函测量技术方案。

二、实验原理

1. 光学焦距仪简介

焦距仪的测量原理是光源照亮多缝板,经平行光管以平行的光线投射到被测透镜上后,多缝刻线会在其焦平面上成像,通过 CCD 相机前后移动,找到精确的透镜焦平面位置(即成像最清晰处),采集 CCD 像面上的多缝像,再经过相应的机软件计算就可得出被测透镜的焦距。

凸透镜焦距测量原理如图 2.4.5.1 所示。

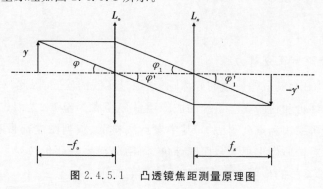

图 2.4.5.1　凸透镜焦距测量原理图

$$\tan\varphi = \frac{y}{f_o^{'}}, \quad \tan\varphi_1^{'} = \frac{y^{'}}{f_x} \qquad (2.4.5.1)$$

平行光管射出的是平行光,且通过透镜光心的光线不改变方向,因此

$$\varphi = \varphi^{'} = \varphi_1 = \varphi_1^{'} \qquad (2.4.5.2)$$

$$\frac{y}{f_o} = \frac{y'}{f_x'} \tag{2.4.5.3}$$

$$f_x' = \frac{y'}{y}f_o' \tag{2.4.5.4}$$

式中,f_o 为平行光管物镜焦距;y 为玻罗板上线对的长度;y' 为用 CCD 采集得到的玻罗板上线对像的距离;f_x 为待测透镜的焦距。本实验中实际测量凸透镜焦距和凹透镜焦距的光路图如图 2.4.5.2 和图 2.4.5.3 所示。

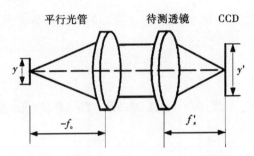

图 2.4.5.2　凸透镜焦距测量光路图

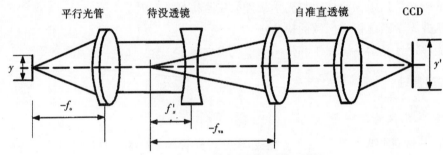

图 2.4.5.3　凹透镜焦距测量光路图

测量凹透镜焦距需要将一自准直透镜组与待测凹透镜组成伽利略望远系统,通过测量 CCD 中采集到的望远系统中的像对距离 ,即可求得凹透镜的焦距为

$$f_x' = -\frac{y'}{y}f_o' \tag{2.4.5.5}$$

2.光学系统分辨率及分辨力板

在光学成像系统中,其成像质量的好坏,必须经过实践的检验。因此,对于采用什么样的方法或手段来正确地评价和检验光学系统的成像质量显得尤为重要。人们先后提出了传递函数法、瑞利判断法、分辨率法和点列图法等,其中星点法检测、点列图法都带有一定的主观性,光学传递函数方法能对像质做出更为全面的评价。而用分辨率法评价像质,由于其指标单一,且便于测量,在光学系统的像质检测中得到了广泛的应用。

(1) 瑞利判据。由于光本质上是电磁波,所以一个发光物点经过光学系统成像。即使是理想的光学系统,由于光的衍射,所成的像已不再是一个点而是一个衍射像,此时称为艾里斑。如果有两个发光物点,则经过光学系统后形成两个上述这样的亮斑。瑞利指出:"能分辨的两个等亮度点间的距离对应艾里斑的半径",即一个亮点的衍射图案中心与另一个亮点的衍射图案的第一暗环重合时,这两个亮点则能被分辨,如图 2.4.5.4 所示。

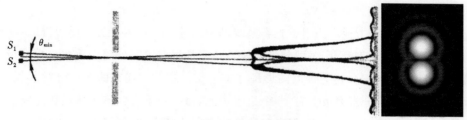

$$\textbf{图}2.4.5.4 \quad \textbf{能分辨的情况}$$

这时在两个衍射图案光强分布的叠加曲线中有两个极大值和一个极小值,其极大值与极小值之比为 1:0.735,这与光能接收器(如眼睛或照相底版)能分辨的亮度差别相当。若两亮点更靠近,光能接收器就不能再分辨出它们是分开的两点了,如图 2.4.5.5 所示。

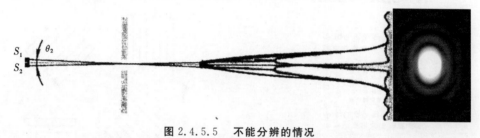

$$\textbf{图}2.4.5.5 \quad \textbf{不能分辨的情况}$$

(2)镜头分辨率的测量。在一个固定的平面内,分辨率越高,意味着可使用的点数越多,这是判断镜头好坏的一个重要指标,镜头的分辨率一般用单位距离里能分辨的线对数(如每毫米线对数:LP/mm)来表示。在没有像差的理想情况下,艾里斑的大小与光的波长和通光口径有关。可以从理论上推出,艾里斑的半角是 $\sin\theta = 1.22\lambda/D$,其中 λ 是光的波长,D 是通光口径的直径。在某些特定的场合下,对分辨率要求非常高的情况下,艾里斑影响分辨率就不可忽视,按照光的衍射理论和瑞利判据的定义,在没有像差的条件下,镜头的分辨率仅与镜头的相对孔径有关,若以能分辨的两点距离来表示,则有

$$\sigma = \frac{1.22\lambda f'}{D} \tag{2.4.5.6}$$

镜头的分辨率通常用每毫米能分辨的线对数 N_1 来表示,此时有

$$N_1 = \frac{1}{\sigma} = \frac{\dfrac{D}{f'}}{1.22\lambda} \tag{2.4.5.7}$$

值得注意的是,系统的分辨率是一个整体的概念,它由镜头的分辨率和 CCD/CMOS 芯片的分辨率两部分组成。设镜头的分辨率为 N_1,CCD/CMOS 芯片的分辨率为 N_P,则系统的分辨率 N 可由下面的公式来表示:

$$\frac{1}{N} = \frac{1}{N_1} + \frac{1}{N_P} \tag{2.4.5.8}$$

CCD/CMOS 芯片的分辨率 N_P 可以根据它的像元大小计算得到。光学系统分辨率的测量就是根据以上原理,将分辨力板作为目标物放在物平面位置。计算机通过 CCD/CMOS 采集被测镜头像平面上的分辨力板的像,通过图像处理技术和 CCD/CMOS 芯片像元的大小,分析所

得图像的灰度分布,从而以刚能分辨开两线之间的最小距离 $\sigma(\text{mm})$ 的倒数为系统的分辨率 N,从而可以算出镜头的分辨率 N_1。

(3)分辨力板。分辨力板广泛用于光学系统的分辨率、景深、畸变的测量及机器视觉系统的标定中。本实验用到的是国标 A 型分辨力板 A1,它是根据国家分辨力板相关标准设计的分辨力测试图案。一套 A 型分辨力板由图形尺寸按一定倍数关系递减的七块分辨力板组成,其编号为 A1 ~ A7。每块分辨力板上有 25 个组合单元,每一线条组合单元由相邻互成 $45°$、宽等长的 4 组明暗相间的平行线条组成,线条间隔宽度等于线条宽度[见图 2.4.5.6(b)]。分辨力板相邻两单元的线条宽度的公比为 $1/\sqrt[12]{2}$(近似 0.94)。分辨力板各单元中,每一组的明暗线条总数以及分辨力板 A1 的所有单元的线条宽度。

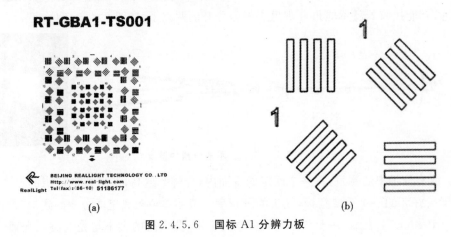

图 2.4.5.6　国标 A1 分辨力板

3.光学传递函数仪简介

调制传递函数(Modular Transfer Function,MTF)是信息光学领域引入的概念。光学成像系统作为最基本的光学信息处理系统,可以用来传递二维的图像信息。对于一个给定的光学系统而言,输入图像信息经过光学系统后,输出的图像信息取决于光学系统的传递特性。由于光学系统是线性系统,而且在一定条件下还是线性空间不变系统,所以可以沿用通信理论中的线性系统理论来研究光学成像系统性能。对于相干与非相干照明下的衍射受限系统,可以分别给出它们的本征函数,把输入信息分解为由这些本征函数构成的频率分量,并考察每个空间频率分量经过系统后的振幅衰减和相位移动情况,可以得出系统的空间频率特性,即传递函数。这是一种全面评价光学系统传递光学信息能力的方法,当然也可以用来评价光学系统的成像质量。与传统的光学系统像质评价方法(如星点法和分辨率法)相比,用光学传递函数方法来评价光学系统成像能力更加全面,且不依赖于观察个体的区别,评价结果更加客观,有着明显优越性。随着近年来微型计算机及高精度光电测试工具的发展,测量光学传递函数的方法日趋完善,已成为光学成像系统的频谱分析理论的一种重要应用。另外,光学成像系统的传递函数分析方法作为光学信息处理技术的理论基础,有利于推动光学信息处理技术在信息科学中得到广泛的应用。

MTF 是瑞典哈苏公司制定的反映镜头成像质量的一个测试参数,反映的是镜头对现实世界的再现能力。这是一个复杂的测试体系,是对镜头的锐度,反差和分辨率进行综合评价的数值。对于一个平面黑(白)色物体,它的线对频率是 0。此时,任何一个最简易的镜头都可以完整地体现出这一反差,即 MTF 值等于 1。而对于纯黑和纯白相间的线条(反差为 100%) 来说,随着线对频率的提高,通过镜头表现的反差就相应减少(反差小于 100%)。当频率达到一个很高的数值时(例如 1 000 线对 /mm),则任何镜头也只能把它们记录成一片灰色。这时镜头的MTF 值就接近于 0。因此,MTF 值是一个界于 0 到 1 之间的数值。这个数值越大(越接近 1),说明这个镜头还原真实的能力越强。

对于一个线性或可以近似看作线性的成像光学系统,当一个点光源在物方移动时,如果点光源的像只改变位置,而不改变函数形式,则称此成像系统是空间不变的。一般的光学系统成像总是可以认为满足线性条件和空间不变性条件的。这个系统对脉冲响应的傅里叶变换即空间频率的光学传递函数。

点扩展函数(Point Spread Function,PSF)、线扩展函数(Line Spread Function,LSF) 和边缘扩展函数(Edge Spread Function,ESF) 是与 MTF 密切相关的几个重要概念。常用的 MTF测试方法正是基于这几个函数之间的关系进行计算。

PSF 是点光源成像的强度分布函数,用函数 $\delta(x,y)$ 作为理想的输入,假设图像接收器是连续采样的,即不用考虑有限大小的像素或有限的采样距离,则二维的图像强度分布就等于脉冲响应 $h(x,y)$,也称为点扩散函数 $PSF(x,y)$。由光学传递函数的定义可知,MTF 可以通过对$PSF(x,y)$ 进行二维傅里叶变换得到。

$$OTF(u,v) = \iint PSF(x,y)\exp[-i2\pi(xu+yv)]dxdy \qquad (2.4.5.9)$$

PSF 是表征成像系统最有用的特征,理论上也是获取 MTF 的一种方法,而且一次测试可以同时得到子午和弧矢两个方向的 MTF,但是在实际应用中,由于点光源提供的能量较弱,而且得到理想的点光源比较困难,进行二维光学传递函数计算较为烦琐,所以很少应用。常用的方法是利用狭缝像代替星点像,从而获得线扩散函数及其一维方向上的光学传递函数。设光源沿 y 方向延伸形成一维光源,其上各发光点不相干,则狭缝目标物可以看成在 y 方向为常量,以 x 为变量的 δ 函数。可以表示为

$$f(x,y) = \delta(x)T(y) \qquad (2.4.5.10)$$

式中,T 为常数。

线光源上的每个点都在像平面产生一个PSF,这些线性排列的PSF在单一方向产生叠加,也就是说,光学系统所成的像可以看成是系统对无数个物点成像以后,再由这些点像按强度叠加的结果。像平面的图像强度分布 $g(x,y)$ 就是 LSF,一个与狭缝目标物一样只与 x 空间变量相关的函数。所以狭缝像的光强分布可以用线扩散函数 $LSF(x)$ 来表示。

$$g(x,y) = LSF(x) \qquad (2.4.5.11)$$

LSF 也是光学成像系统脉冲响应与线光源的二维卷积,有

$$g(x,y) = LSF(x) = f(x,y) * h(x,y) = [\delta(x)T(y)] * PSF(x,y) \quad (2.4.5.12)$$

根据系统的线性叠加理论,y 为常量的卷积等价于沿 x 方向的积分,因此式(2.4.5.12)可

以写成积分的形式,得到线扩展函数 LSF 为

$$\mathrm{LSF}(x) = \int_{-\infty}^{+\infty} \mathrm{PSF}(x,y)\mathrm{d}y \qquad (2.4.5.13)$$

由傅里叶变换的卷积定理可以得到一维光学传递函数为

$$\mathrm{OTF}(u) = \int_{-\infty}^{+\infty} \mathrm{LSF}(x)\mathrm{e}^{-\mathrm{i}2\pi ux}\mathrm{d}x \qquad (2.4.5.14)$$

调制传递函数 MTF 的测试方法按共轭方式的不同,可以分为有限共轭和无限共轭两种,如图 2.4.5.7 所示。有限共轭系统是指物体在待测镜头前面一个有限距离并且在待测镜头后一个有限距离形成物体的实像。有限共轭透镜的实例包括照相放大镜头、超近摄镜头、光纤面板、显像管和影印镜头等。对于有限共轭系统,放大率等于图像高度除以物体高度。要进行有限共轭测量,将光源置于距在测装置有限距离处并要求知道测试时的物距和像距,以精确计算物按几何光学理论换算到像平面的尺寸,作为物频谱计算的依据。无限共轭系统要用准直仪将目标物呈现在待测镜头上,像平面的图像尺寸可以由物体宽度,准直仪焦距和待测镜头焦距计算。

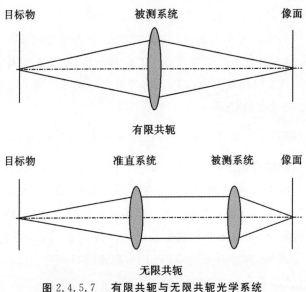

图 2.4.5.7　有限共轭与无限共轭光学系统

狭缝法测试 MTF 的原理就是采用狭缝对一个被测光学系统成像,对于采集到的带有原始数据和噪声的图像信号数字化然后进行去噪处理,再对处理过的 LSF 进行傅里叶变换取模得到包括目标物在内的整个系统的 MTF,最后对影响因素进行修正得到最终被测系统的 MTF。对于无限共轭光学系统,这个影响因素主要包括目标狭缝、准直系统、中继物镜和 CCD/CMOS 各部分本身的 MTF;对于有限共扼光学系统,则主要是狭缝和 CCD/CMOS 的影响。

三、实验仪器

平行光管、电源、待测镜头、自准直镜、COMS 相机、光阑和一维侧推平移台。

四、实验内容

1.凸透镜焦距检测

参照图 2.4.5.8,将平行光管、待测透镜(凸透镜)和 CMOS 相机放置在导轨滑块上,调节所有光学器件共轴,打开平行光管光源,CMOS 相机前装配简易光阑,通过数据线与计算机相连。固定平行光管和透镜下的滑块。运行实验软件,选择"采集模块"中的"采集图像",调整相机和透镜间的距离,使计算机图像画面上能出现平行光管中分划板的像,找到分划板像后,固定相机下的滑块,微调平移台,使成像清晰。注意:连接平行光管的直流可调电源选用 9 V 输出,即配有单接口的可调电源。实验另配有 12 V 可调电源,为双接口输出。如果错接成 12 V 输出的可调电源则可直接烧毁平行光管里的 LED 灯。

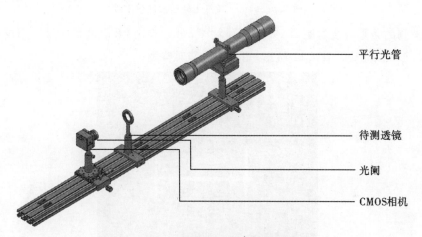

图 2.4.5.8　凸透镜焦距测量实验装配图

调节平行光管光源亮度,使 CMOS 相机的线对像清晰均匀,且不会曝光过度,点击"保存图像"保存图片。图 2.4.5.9 为例图,可参考。

图 2.4.5.9　分划板清晰图

运行"焦距测量"模块,在"透镜选取"中选择"正透镜",单击"读图"读入刚采集的图片。设置好二值化阈值后(默认数值为 0.3),点击"二值化",可得到二值化处理后的线对图,图

2.4.5.10 为例图。

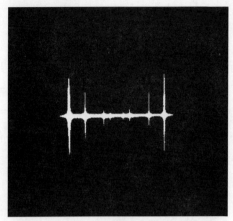

图 2.4.5.10　二值化处理后的线对图

输入被测的分划板线对距离(默认数值为 10 mm),点击"截取测量区域",用鼠标在图像上划取一个矩形框,如图 2.4.5.11 所示,矩形框比线对略宽。

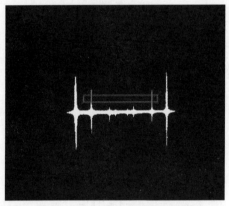

图 2.4.5.11　截取测量区域图

点击"测量焦距",便可测得该透镜焦距。

在不同位置多选择测量区域,测量焦距。多组焦距值取平均值(见图 2.4.5.12)。

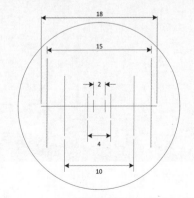

图 2.4.5.12　玻罗板线间距(单位:mm)

2.凹透镜焦距检测

如图 2.4.5.13 所示,将平行光管和 CMOS 相机放置在平行导轨上。CMOS 相机尽量放在靠近导轨的另一侧,给中间待测透镜和自准直透镜留下摆放空间,并调节共轴,固定滑块。打开平行光管光源。注意:连接平行光管的直流可调电源选用 9 V 输出,即配有单接口的可调电源。实验另配有 12 V 可调电源,为双输出接口。如果错接成 12 V 输出的可调电源则可直接烧毁平行光管里的 LED 灯。

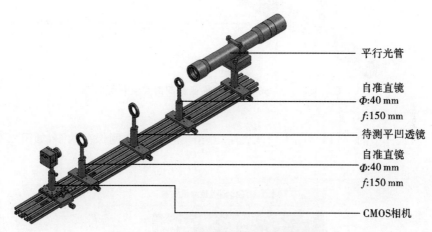

平行光管

自准直镜
Φ:40 mm
f:150 mm

待测平凹透镜

自准直镜
Φ:40 mm
f:150 mm

CMOS相机

图 2.4.5.13　凹透镜焦距测量实验装配图

将其中一个自准直透镜(Φ:40 mm,f:150 mm)(双凸透镜)加入光路,放置在靠近相机一端的导轨上。调节共轴,寻找平行光管里的线对像。此时,根据实际情况,可再次调整相机的高度,保证光路共轴。在找到线对像后,移动自准直透镜,将成像调整清晰,即可。

将另一个自准直透镜和待测透镜同时放置在平行光管和已经调整好的自准直透镜之间。调整共轴调并改变待测透镜与刚放入的自准直透镜之间的距离。通过相机采集软件,寻找清晰像。找到清晰线对像后,固定滑块。旋转电源旋钮,调节平行光管光源亮度,使 CMOS 相机的线对像清晰均匀,且不会曝光过度,保存图片。

重复正透镜焦距测量中的步骤,在"透镜选取"中选择"负透镜"测量即可。

3. 基于线扩散函数测量光学系统 MTF 值

如图 2.4.5.14 所示,将平行光管、待测透镜和 CMOS 相机放置在在导轨滑块上,调节所有光学器件共轴,打开平行光管光源,CMOS 相机前装配简易光阑,通过数据线与计算机相连。注意:连接平行光管的直流可调电源选用 9 V 输出,即配有单接口的可调电源。实验另配有 12 V 可调电源,为双输出接口。如果错接成 12 V 输出的可调电源则可直接烧毁平行光管里的 LED 灯。

运行实验软件,选择"采集模块"中的"采集图像",调整相机和透镜间的距离,使计算机图像画面上能出现平行光管中分划板的像,并使成像最清晰。

如图像亮度和对比度不够,可以适当调节软件采集模块的增益和曝光时间。在图像调节合适后,先点击"停止采集",然后点击"保存图像",将图片保存在计算机中。

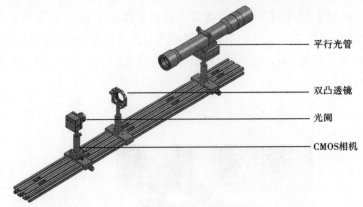

平行光管
双凸透镜
光阑
CMOS相机

图 2.4.5.14　光学系统传递函数测量实验装配图

选择实验软件中的"MTF测量"功能模块,点击"读图"读入刚保存的图,如图2.4.5.15所示。

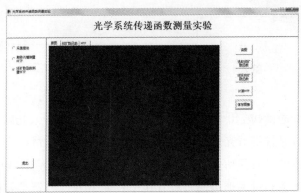

图 2.4.5.15　读入狭缝图

点击"选取线扩散函数",将鼠标移至一条狭缝的中心,单击左键,则会出现一个红色的矩形框,如图2.4.5.16所示。

图 2.4.5.16　选择线扩散函数

点击"线实现扩散函数",则可以得到红色矩形框中狭缝图案的线性扩散函数图,如图2.4.5.17所示。可点击"保存图像"将计算曲线保存。

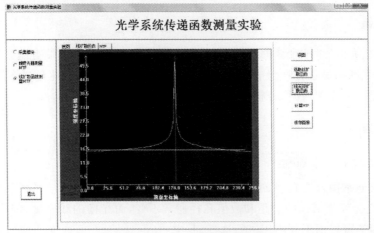

图 2.4.5.17　线扩散函数图

点击"计算 MTF",便可得到被测透镜的 MTF 图。横轴是频率,纵轴是 MTF 值,如图2.4.5.18 所示。

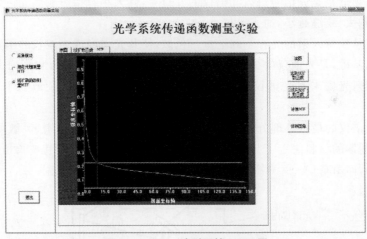

图 2.4.5.18　被测透镜 MTF 图

五、思考题

(1) 采用传递函数法检验光学系统成像质量的优缺点是什么?

(2) 瑞利判断法的基本依据是什么?

实验 4.6　光纤光谱仪应用综合实验

一、实验目的

(1) 掌握光纤光谱仪的工作原理、基本结构和主要参数;

(2) 掌握通过光纤光谱仪测试固体的光谱反射、透射以及液体的光谱透射方法,实现颜色、透过率及气体（或液体）的吸收光谱等测试技术；

（3）能够应用光谱仪设计测试技术方案。

二、实验仪器

光纤光谱仪、光纤、微型余弦修正器、余弦修正器支架、标准白板、带有滤光片支架的卤钨灯光源、由照明光纤和显示光纤组成的反射式探针、反射式探针支架、比色皿支架、带有紫外线准直透镜的透射样品支架、操作分析软件和固定密度滤光片组。

三、实验原理

1. 光纤光谱仪的基本原理

光纤光谱仪通常由入射狭缝、准直光学系统、衍射光栅或、聚焦光学系统和探测器等组成（见图 2.4.6.1）。光纤光谱仪的焦距和数值孔径通常不变，而光栅的线密度、闪耀波长，狭缝宽度及探测器类型等可根据不同应用进行选择。其中：

入射狭缝直接影响光谱仪的分辨率和通光量。光谱仪的探测器最终检测到的是狭缝投射到检测器上的像，因此狭缝的大小直接影响到光谱仪的分辨率，狭缝越小，分辨率越高，狭缝越大，分辨率越低；狭缝也是光信号进入光谱仪的"门户"，其大小直接影响到光谱仪的通光量。狭缝越大，通光量越大，狭缝越小，通光量越小。

衍射光栅将从狭缝入射的光在空间上进行色散，使其光强度成为波长的函数。它是光谱仪进行分光检测的基础，是光谱仪的核心部分。对于一个给定的光学平台和阵列探测器，可以通过选择不同的衍射光栅来对光谱仪的光谱覆盖范围，光谱分辨率和杂散光水平进行额外的控制。

探测器是光谱仪的最核心部分，直接决定了光谱仪的光谱覆盖范围、灵敏度、分辨率及信噪比等指标。探测器的材料决定了其光谱覆盖范围，例如：硅基检测器其波长覆盖范围一般为 $190 \sim 1\,100$ nm，而 InGaAs 探测器器覆盖 $900 \sim 2\,900$ nm 的波长范围。

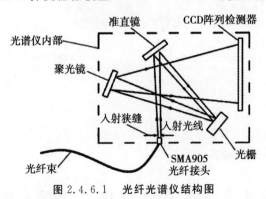

图 2.4.6.1 光纤光谱仪结构图

光纤光谱仪的性能主要由光谱范围、光谱分辨率和灵敏度、信噪比等参数来决定。其中任何一项参数的变动通常会影响其他参数的性能。

（1）光谱范围。光谱范围指能被光纤光谱仪检测到的光信号波长范围，光纤光谱仪的光谱范围是必须明确指定的重要参数之一，光谱范围（D_L）通常与光纤光谱仪的有效焦距、衍射光栅的刻线数（groove/mm，g）、探测器的尺寸（W_d）密切相关，其计算公式如下：

$$D_L = 106W_d \cos B/(mgF)$$

式中,m 是衍射光栅的衍射级数;B 是衍射光栅的衍射角;F 是聚焦部分的焦距。

从上式可以看出,光谱仪的光谱覆盖范围与光谱仪的有效焦距和光栅刻线数成反比,与光谱仪检测器的长度成正比。另外,光谱覆盖范围的中心波长的选择对光谱覆盖范围也有一定的影响。

不同的光谱范围须对应不同的探测器。例如:硅基检测器其波长覆盖范围一般为 190 ~ 1 100 nm,而 InGaAs 探测器覆盖 900 ~ 2 900 nm 的波长范围。

(2)光谱分辨率。光谱分辨率指光谱仪能分辨开的最小波长差值,是衡量光纤光谱仪分光能力的重要参数。光谱分辨率与光谱仪的光谱范围、狭缝宽度、探测器像元尺寸及像元数目密切相关,其计算公式如下:

$$R = (D_L/n)(W_s/W_d) R_F$$

式中,D_L 为光谱覆盖范围;n 为探测器像元数;D_L/n 表示了每个像素点所接收的波长范围,因此常称为像素分辨率;W_s 为狭缝宽度;W_d 为检测器宽度;R_F 为分辨率因子,由 W_s 与 W_d 的比值决定。

(3)灵敏度。灵敏度指光纤光谱仪能检测到的最小光能量。光纤光谱仪的灵敏度通常由光纤光谱仪的通光量、狭缝宽度、光栅的衍射效率以及探测器的量子效率和像元大小来决定。通常可认为灵敏度与光谱分辨率成直接的反比关系。

光谱仪的通光量大小可通过光谱仪的焦距来体现,焦距越大,其通光量越小,焦距越小,其通光量越大;另外通光量与光谱仪的狭缝成正比,狭缝越大,通光量越大,狭缝越小,通光量越小。

(4)信噪比。信噪比(S/N)通常指光谱仪的光信号能量水平与噪声水平的比值。光纤光谱仪的噪声来源主要是三个方面,分别是物理噪声(shot noise)、暗噪声(dark current)、电路噪声(electronic noise)。

物理噪声即固有的噪声,只要是有信号,开方就是物理噪声;暗噪声主要和探测器件的温度有关,温度越高,暗噪声越大,反之越小;电路噪声主要来自于 A/D 转换。而通常提到的信噪比,即信号完全饱和的情况下与噪声的比值。

光纤光谱仪的各个重要指标之间具有密切的联系。细小的狭缝可以得到更好的分辨率,但降低了灵敏度;高刻划线的光栅增加了分辨率,但降低了光谱范围;较小的探测器像素尺寸增加了分辨率,但降低了灵敏度。

其他影响光纤光谱仪性能的参数还有动态范围、积分时间等。

(5)动态范围。动态范围指可被光谱仪测量到的最大与最小光能量的比值。探测器阵列的动态范围常常用来作为衡量光谱仪性能规格的参考。一般来说,探测器的动态范围越大,其所检测的光强度范围越大,光谱仪的信噪比与稳定性也就相对更好。

(6)积分时间。积分时间指在一定的入射光能量水平下,光谱仪产生可测量到的光信号并获得光谱图所需的时间。积分时间与光谱仪的灵敏度、光谱仪的读出速度及 PC 接口速度成正比。光谱仪的读出速度主要与光谱仪内置 A/D 转换器相关,而 PC 接口速度是限制光谱获取速度的一个重要因素,一般来说,采用 USB 2.0 接口最快可达到 100 张谱图 /s 的获取速度,而 RS232 接口最多只能达到 2 张谱图 /s 的速度(以上速度是基于最短积分时间的基础上)。

2.光纤光谱仪测试颜色的原理

通过探头或者其他光学配件有效收集光学辐射信号(光信号),光信号通过光纤经准直反射镜等到达光纤光谱仪的衍射光栅。光栅把光按波长展开,就像棱镜把白色的光转换成彩虹一样(见图2.4.6.2)。一个宽带光(例如太阳光)是由很多不同波长的光组成的,当这种类型的光通过衍射光栅时,它将从多角度反射光线产生一个分散的光谱。类似地,如果光栅接触了单色光源,如一束激光,那么只有激光的特定波长的光会被反射。

| 380 nm | 500 nm | 600 nm | 780 nm |

图 2.4.6.2　由光谱仪得到的可见光光谱分布

经过光栅的衍射光谱经聚焦反射镜等到达探测器,每个探测器单元均代表不同的颜色。

仪器出厂时会通过相应的校准系数校准光谱数据。校正系数包括波长精确度修正、光谱分布修正和光度修正。波长校准通常采用的是具有特征光谱的氖灯光源。线光源提供了已知的光谱发射谱线通过光栅分光后投射到多探测器上再通过软件显示。用于波长校准的氖谱线包括388.6 nm,447.1 nm,471.3 nm,587.6 nm,667.8 nm,706.5 nm 和 728.13 nm。对于PR-745,采用汞氙灯线光源,校准谱线为 404.7 nm, 435.8 nm, 546.1 nm, 696.5 nm, 763.51 nm, 811.53 nm, 912.3 nm 和 1 013.97 nm。

接下来,可用光谱校准系数校准这些数据。这些校准系数确保被测目标光谱能量分布(SPD)和由此计算出的数据比如 CIE 色度值经过了正确的溯源。最后,校准系数(光度系数)确保光度测试结果的准确性,如光照度或光强度等。

校正后的光谱数据用来计算光度和色度值包括亮度,CIE 1931 x,y 和 1976 u',v' 的色坐标,相关色温和主波长等。

常见辐射度/光度/色度参数函数和计算公式如图2.4.6.3和图2.4.6.4所示。

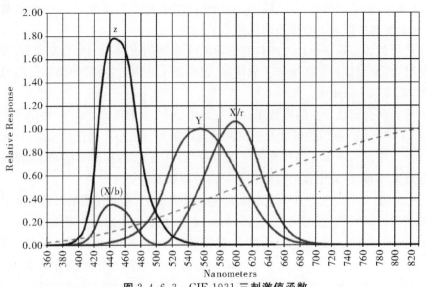

图 2.4.6.3　CIE 1931 三刺激值函数

$$X = 683\int_{380}^{780} S(\lambda)\overline{X}(\lambda)\Delta(\lambda)$$

$$Y = 683\int_{380}^{780} S(\lambda)\overline{Y}(\lambda)\Delta(\lambda)$$

$$Z = 683\int_{380}^{780} S(\lambda)\overline{Z}(\lambda)\Delta(\lambda)$$

图 2.4.6.4　CIE XYZ 三刺激值和光度值

X,Y 和 Z 是 CIE 的三刺激值。X 表示红色,Y 是绿色,Z 是蓝色。

Y 还可表示光度值。在使用标准的 MS-75 镜头时,Y 给出的是 cd/m² (国际亮度单位)。Footlamberts(英制亮度单位) 可以用 cd/m² 值乘 0.2919 得到 fl 单位数值。

683 是可将流明转换成瓦的一个常数。对于亮场环境(白天),555 nm 处 683 流明等同于 1 W 的功率。

$S(\lambda)$ = 校正的光谱数据,$\overline{X}(\lambda)\ \overline{Y}(\lambda)\ \overline{Z}(\lambda)$ 是 CIE 三刺激值函数(曲线),$\Delta(\lambda)$ 是光谱增量。得出这三个三刺激值(X,Y,Z) 后,CIE 1931 x,y 和 CIE 1976 u',v' 可通过下式得出:

CIE = 1931 x,y:

$$x = \frac{X}{X+Y+Z}$$

$$y = \frac{Y}{X+Y+Z}$$

CIE 1976 u',v':

$$u' = 4X/(X+15Y+3Z)$$

$$v' = 9Y/(x+15Y+3Z)$$

3. 光谱反射、透射、吸收光谱测试

(1) 光谱反射、透射测试。反射/透射光谱是材料本身的一项重要光学特性,在现今科技蓬勃发展的背景下,对材料本身特性的质量控制越来越严格,从而利用光纤光谱仪进行快速准确的反射光谱/透射光谱的测量技术也开始日渐成熟。

物体表面的反射主要分为镜面反射和漫反射两种。光在完美的平整表面上的反射是镜面反射,光在粗糙表面上的反射即为漫反射,光在大多数物体表面的反射则介于两者之间(见图 2.4.6.5)。

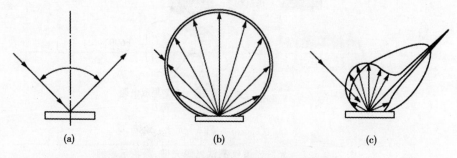

(a)　　　　　　　　(b)　　　　　　　　(c)

图 2.4.6.5　物体表面对光的三种反射情况

光反射比:被物体反射的光能量 Φ_ρ 与入射到物体的光能量 Φ_i 之比,用下式表示为

$$\rho = \Phi_\rho / \Phi_i$$

光谱透射比：在波长为 λ 的光照射下，物体反射的光能量 $\Phi_\rho(\lambda)$ 与入射的光能量 $\Phi_i(\lambda)$ 之比，用下式表示为

$$\rho(\lambda) = \Phi_\rho(\lambda)/\Phi_i(\lambda)$$

光照射到物体上，部分光通过折射进入物体内部，一部分被吸收，一部分透过。

光透射比：从物体透射出的光能量 Φ_ζ 与入射到物体的光能量 Φ_i 之比，用下式表示为

$$\zeta = \frac{\Phi_\zeta}{\Phi_i}$$

光谱透射比：从物体透射出的波长为 λ 的光谱光能量 $\Phi_\zeta(\lambda)$ 与入射到物体的光能量 $\Phi_i(\lambda)$ 之比，用下式表示为

$$\zeta = \frac{\Phi_\zeta(\lambda)}{\Phi_i(\lambda)}$$

对于固态样品，如薄膜和滤光片等，通常采用透过光谱测量支架测量，而液体则使用标准比色皿承载，比色皿光谱测量支架中测量。

（2）光谱吸收性测试。测量物质的光谱吸收特性首先要测量物质的透射光谱，对于具有均匀的吸收粒子分布的纯吸收样品，平行光在其中传播，样品所吸收的光信号能量或光信号强度百分数依赖于吸收物质以及入射波长和吸收层的厚度，用下式表示为

$$OD = \lg\left(\frac{I_0}{I}\right) = \alpha(\lambda)Cl$$

通常称为 Lambert-Beer 定理。吸光度定义为 $A = \ln\left(\frac{I_0}{I}\right)$，$\alpha$ 定义为比消光系数，$\mu_a = \alpha(\ln 10)C$ 称为吸收系数。

实验中利用光纤光谱仪可以测量不同样品的透射光谱，观察不同样品的吸收峰，同时采样得到样品不同波长下的透射光强，与参考光强进行比较，利用 Lambert-Beer 定理即可得到样品的吸光度等信息。

四、实验仪器

实验仪器示意图如图 2.4.6.6 所示。

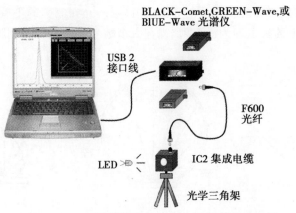

图 2.4.6.6 光纤光谱仪测试光源光谱、颜色示意图

五、实验内容及步骤

（1）检验光源（如日光灯、LED 光源等）的光谱辐射分布、主波长、峰值波长、色坐标（x，y）及色纯度等，对比不同光源的光谱分布有何不同？

（2）检测光源的照度，对比有无余弦修正器时的参数，分析造成差别的原因。

（3）将光源点亮，每隔不同时段进行，记录数值，观察主波长、色坐标（x，y）等是否有偏移，分析产生这些现象的原因。

（4）检测不同透过率的固定密度滤光片透过率。

（5）检测液体的透过率以及光谱吸收性。

六、思考题

（1）影响光纤光谱仪测试准确性的因素有哪些？如何在实验中提高光纤光谱仪测试的准确性？

（2）影响颜色测试的因素有哪些？如何理解不同的颜色测试标准？

（3）Lambert-Beer 定理的其他应用有哪些？

第五章　　光电信息系统设计与研发

光电信息系统涵盖的范围广涉及面宽。本节的内容重点集中基于图像传感器的平面视觉测量、双目立体视觉测量及光栅投影三维轮廓等视觉测量技术和基于干涉技术的微小量测量技术。期望学生掌握视觉测量系统设计和数据处理能力以及干涉测量应用技术开发所需的系统设计及数据处理能力。

实验 5.1　　平面几何量单目视觉测量技术

一、实验目的

(1) 掌握基于图像观测的光电观瞄系统设计的步骤与方法；
(2) 初步掌握基于平面目标的图像观瞄系统的设计能力；
(3) 初步掌握针对复杂图像处理问题的算法设计能力；
(4) 初步掌握编制基于 MATLAB 平台的大型图像处理程序的能力。

二、实验要求

(1) 安装有 MATLAB 的计算机一台；
(2) 要求针对工程需求，设计完成光电观瞄系统结构及主要参数；
(3) 完成检测系统的搭建，标定方案的设计及标定数据采集与解算；
(4) 编程调试完成弹孔图图像的特征提取结果；
(5) 数据分析获得密集度计算结果。

三、实验原理

如图 2.5.1.1 所示，完成单摄相机系统标定，并通过采集到的靶标图像，识别平面目标上的图像特征，并反演解算平面观测目标上的几何特征。

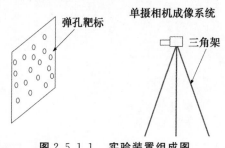

图 2.5.1.1　实验装置组成图

这种测量系统在成像系统径向畸变较少的视场范围可近似应用摄相机的线性系统模型来描述。典型的摄像机线性系统模型之一 —— 直接线性变换法。

摄像机线性模型由下式表示：

$$s_i \begin{bmatrix} u_i \\ v_i \\ 1 \end{bmatrix} = \begin{bmatrix} m_{11} & m_{12} & m_{13} & m_{14} \\ m_{21} & m_{22} & m_{23} & m_{24} \\ m_{31} & m_{32} & m_{33} & m_{34} \end{bmatrix} \begin{bmatrix} X_i \\ Y_i \\ Z_i \\ 1 \end{bmatrix} \tag{2.5.1.1}$$

式中，$(X_i, Y_i, Z_i, 1)$ 为三维立体靶标第 i 个点的坐标，也就是系统标定过程中的标准量所使用的点的空间坐标；$(u_i, v_i, 1)$ 为第 i 个点的图像坐标；m_{ij} 为世界坐标系向像平面坐标系线性变换矩阵 M 的第 i 行 j 列元素。式（2.5.1.1）包含 3 个方程：

$$\left. \begin{array}{l} s_i u_i = m_{11} X_i + m_{12} Y_i + m_{13} Z_i + m_{14} \\ s_i v_i = m_{21} X_i + m_{22} Y_i + m_{23} Z_i + m_{24} \\ s_i = m_{31} X_i + m_{32} Y_i + m_{33} Z_i + m_{34} \end{array} \right\} \tag{2.5.1.2}$$

将式（2.5.1.2）中的第一式除以第三式，第二式除以第三式分别消去 s_i 后，可得如下两个关于 m_{ij} 的线性方程：

$$X_i m_{11} + Y_i m_{12} + Z_i m_{13} + m_{14} - u_i(X_i m_{31} + Y_i m_{32} + Z_i m_{33} + 1) = 0 \tag{2.5.1.3a}$$
$$X_i m_{21} + Y_i m_{22} + Z_i m_{23} + m_{24} - v_i(X_i m_{31} + Y_i m_{32} + Z_i m_{33} + 1) = 0 \tag{2.5.1.3b}$$

式（2.5.1.3a）为图 2.5.1.2 中平面 β 的平面方程，式（2.5.1.3b）为图 2.5.1.2 中平面 α 的平面方程。直接线性变换法的原理为物点、成像系统光 s、像点三点共线。为了减化系统参数求解难度及测量平面特征点的解算过程，选取被测平面为摄像机标定物方空间坐标系 $Z = 0$ 的平面。令式（2.5.1.3）中 $Z = 0$ 得下式：

$$\left. \begin{array}{l} l_1 X + l_2 Y + l_4 + u(l_9 X + l_{10} Y + 1) = 0 \\ l_5 X + l_6 Y + l_8 + v(l_9 X + l_{10} Y + 1) = 0 \end{array} \right\} \tag{2.5.1.4}$$

式中有 8 个参数，只需 4 组特征点对即可求出系统参数，因此在标定过程中至少需要 4 个特征点对。参数求解程序见本书附录 1。

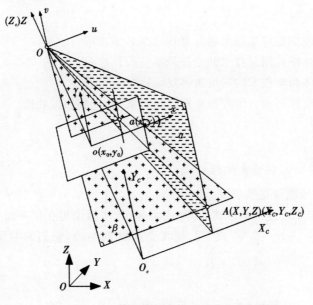

图 2.5.1.2　直接线性变换法共线方程示意图

在系统参数标定完后,通过图像特征识别的方法识别出图像中的弹孔中心特征点$(u_i,v_i,1)$后,应用式(2.5.1.4)求解弹孔中心在靶面上的坐标$(X_i,Y_i,0,1)$。

四、实验内容及步骤

(1)根据弹孔靶标的大小,设计搭建测量系统;

(2)在弹孔靶标上设计标定特征点,并用成像系统采集靶标特征点图像(注意:成像系统的视场中心(即像平面坐标原点)应对准标定靶标的中心(世界坐标系统的原点);

(3)应用图像处理技术识别靶标特征点,并编程完成系统模型参数的解算;

(4)应用成像系统采集弹孔靶标图像,应用图像处理算法识别图像中弹孔中心特征点的坐标;

(5)反演求解靶标中弹孔中心的坐标,计算$R100$及$R50$等数值,后对测量系统的精度进行分析。

五、实验仪器

云台及三角架,被测弹孔靶标,成像镜头及CCD,标定靶标及标识,安装有MATLAB软件的计算机等。

六、思考题

分析测量系统精度的影响因素,如何提高系统的标定精度?

实验5.2 双目立体视觉三维轮廓测量技术

一、实验目的

(1)熟悉三维光电信息传感技术的发展现状与典型技术;

(2)掌握双目立体视觉测量技术的原理及系统设计过程;

(3)掌握双目立体视觉技术的三维数据反求过程;

(4)能够设计系统标定和三维数据求解技术方案,并完成数据处理。

二、实验原理

1.视轴平行双目立体测量系统模型

双目立体视觉三维测量是基于视差原理,图2.5.2.1所示为简单的平视双目立体成像原理图,两摄像机的投影中心连线的距离,即基线距为B。两摄像机在同一时刻观看空间物体的同一特征点P,分别在"左眼"和"右眼"上获取了点P的图像,它们的图像坐标分别为$p_1=(X_1,Y_1)$,$p_r=(X_r,Y_r)$。

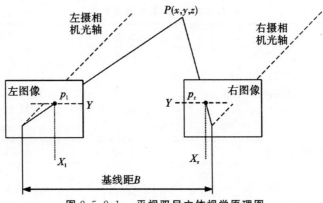

图 2.5.2.1 平视双目立体视觉原理图

假定两摄像机的图像在同一个平面上，则特征点 P 的图像坐标的 Y 坐标相同，即 $Y_l =$ $Y_r = Y$，则由三角几何关系得到

$$\left.\begin{array}{l} X_l = f\dfrac{x_c}{z_c} \\[2mm] X_r = f\dfrac{(x_c - B)}{z_c} \\[2mm] Y = f\dfrac{y_c}{z_c} \end{array}\right\} \qquad (2.5.2.1)$$

则视差为 $\text{Parallax} = X_l - X_r$。由此可计算出特征点 P 在摄像机坐标系下的三维坐标为

$$\left.\begin{array}{l} x_c = \dfrac{BX_l}{\text{Parallax}} \\[2mm] y_c = \dfrac{BY}{\text{Parallax}} \\[2mm] z_c = \dfrac{Bf}{\text{Parallax}} \end{array}\right\} \qquad (2.5.2.2)$$

因此，左摄像机像面上的任意一点只要能在右摄像机像面上找到对应的匹配点（二者是空间同一点在左、右摄像机像面上的点），就可以确定出该点的三维坐标。这种方法是点对点的运算，像面上所有点只要存在相应的匹配点，就可以参与上述运算，从而获取对应的三维坐标。

2. 双目立体视觉系统标定

摄像机标定是指建立摄像机图像像素位置与场景点位置之间的关系，其途径是根据摄像机模型，由已知特征点的图像坐标和世界坐标求解摄像机的模型参数。摄像机需要标定的模型参数分为内部参数和外部参数，这些参数见表 2.5.2.1。

表 2.5.2.1 中 $\alpha_x, \alpha_y, u_0, v_0, \gamma$ 是线性模型的内部参数。其中 α_x, α_y 分别是图平面 u 轴和 v 轴的尺度因子，$\alpha_x = f/\mathrm{d}x$，$\alpha_y = f/\mathrm{d}y$，这里 $\mathrm{d}x$ 和 $\mathrm{d}y$ 分别为水平方向与竖直方向的像元间距。u_0 和 v_0 是光学中心，γ 是 u 轴和 v 轴不垂直因子，一般情况下令 $\gamma = 0$，$\boldsymbol{R}$ 和 $\boldsymbol{T}$ 是旋转矩阵和平移向量，称为外参数，对于非线性模型的内部参数，除了线性模型的内部参数 $\alpha_x, \alpha_y, u_0, v_0, \gamma$ 外，还包括径向畸变参数 k_1 和 k_2 和切向畸变参数 p_1 和 p_2。

表 2.5.2.1　摄像机模型参数

参　　数	表达式	自由度
透视变换	$A = \begin{bmatrix} \alpha_x & \gamma & u_0 \\ 0 & \alpha_y & v_0 \\ 0 & 0 & 1 \end{bmatrix}$	5
径向畸变、切向畸变	k_1, k_2, p_1, p_2	4
外部参数	$R = \begin{bmatrix} r_1 & r_2 & r_3 \\ r_4 & r_5 & r_6 \\ r_7 & r_8 & r_9 \end{bmatrix}, T = \begin{bmatrix} t_x \\ t_y \\ t_z \end{bmatrix}$	6

（1）线性模型摄像机标定。摄像机标定线性模型采用针孔成像模型。空间任意一点 P 在图像中的成像位置可以用针孔成像模型近似表示，即任何点 P 在图像中的投影位置 p，为光心 O 与点 P 的连线 OP 与图像平面的交点。这种关系也称为中心射影或透视投影。由比例关系得如下关系式：

$$\left. \begin{array}{l} X = fx_c/z_c \\ Y = fy_c/z_c \end{array} \right\} \tag{2.5.2.3}$$

式中，(X,Y) 为点 p 的图像坐标；(x_c, y_c, z_c) 为空间点 P 在摄像机坐标系下的坐标；f 为 $x_c y_c$ 平面与图像平面的距离，一般称为摄像机的焦距。用齐次坐标和矩阵表示上述透视投影关系为

$$s \begin{bmatrix} X \\ Y \\ 1 \end{bmatrix} = P \begin{bmatrix} x_c \\ y_c \\ z_c \\ 1 \end{bmatrix} = \begin{bmatrix} f & 0 & 0 & 0 \\ 0 & f & 0 & 0 \\ 0 & 0 & 1 & 0 \end{bmatrix} \begin{bmatrix} x_c \\ y_c \\ z_c \\ 1 \end{bmatrix} \tag{2.5.2.4}$$

式中，s 为一比例因子；P 为透视投影矩阵。将图像坐标 (X,Y) 转化成数字图像坐标 (u,v)，将摄像机坐标系下点的坐标 (x_c, y_c, z_c) 用世界坐标系下点坐标 (x,y,z) 表示。得到以世界坐标系表示的 (x,y,z) 点坐标与其在像平面坐标系下的数字图像坐标 (u,v) 的关系为

$$s \begin{bmatrix} u \\ v \\ 1 \end{bmatrix} = \begin{bmatrix} \dfrac{1}{dX} & 0 & u_0 \\ 0 & \dfrac{1}{dY} & v_0 \\ 0 & 0 & 1 \end{bmatrix} \begin{bmatrix} f & 0 & 0 & 0 \\ 0 & f & 0 & 0 \\ 0 & 0 & 1 & 0 \end{bmatrix} \begin{bmatrix} R & T \\ 0^T & 1 \end{bmatrix} \begin{bmatrix} x \\ y \\ z \\ 1 \end{bmatrix} =$$

$$\begin{bmatrix} \alpha_x & 0 & u_0 & 0 \\ 0 & \alpha_y & 0 & 0 \\ 0 & 0 & 1 & 0 \end{bmatrix} \begin{bmatrix} R & T \\ 0^T & 1 \end{bmatrix} \begin{bmatrix} x \\ y \\ z \\ 1 \end{bmatrix} = M_1 M_2 X_w = M X_w \tag{2.5.2.5}$$

式中，$\alpha_x = f/dx$ 为 u 轴上的尺度因子，或称为 u 轴上归一化焦距；$\alpha_y = f/dy$ 为 v 轴上尺度因子，或称为 v 轴上归一化焦距；M 为 3×3 矩阵，称为投影矩阵；M_1 由 $\alpha_x, \alpha_y, u_0, v_0$ 决定，由于 $\alpha_x,$

α_y,u_0,v_0,γ 只与摄像机内部参数有关,称这些参数为摄像机内部参数;$\boldsymbol{M}_2$ 由摄像机相对于世界坐标系的方位决定,称为摄像机外部参数。确定某一摄像机的内外参数称为摄像机的标定。

(2) 非线性模型摄像机标定。非线性模型是因为镜头并不是理想的透镜成像,而是带有不同程度的畸变,使得空间点所成的像并不在线性模型所描述的位置(X,Y),而是在受到镜头失真影响而偏移的实际像平面坐标(X',Y'):

$$\left.\begin{array}{l} X = X' + \delta_X \\ Y = Y' + \delta_Y \end{array}\right\} \tag{2.5.2.6}$$

式中,δ_X 和 δ_Y 是非线性畸变值,它与图像点在图像中的位置有关。理论上镜头会同时存在径向畸变和切向畸变。但一般来讲切向畸变比较小,径向畸变的修正量由距图像中心的径向距离的偶次幂多项式模型来表示:

$$\left.\begin{array}{l} \delta_X = (X' - u_0)(k_1 r^2 + k_2 r^4 + \cdots) \\ \delta_Y = (Y' - v_0)(k_1 r^2 + k_2 r^4 + \cdots) \end{array}\right\} \tag{2.5.2.7}$$

式中,(u_0,v_0) 是主点位置坐标的精确值,而

$$r^2 = (X' - u_0)^2 + (Y' - v_0)^2 \tag{2.5.2.8}$$

式(2.5.2.7)表明图像边缘处的畸变较大。对一般机器视觉,一阶径向畸变已足够描述非线性畸变,这时可写成

$$\left.\begin{array}{l} \delta_X = (X' - u_0)k_1 r^2 \\ \delta_Y = (Y' - v_0)k_1 r^2 \end{array}\right\} \tag{2.5.2.9}$$

线性模型参数 $\alpha_x,\alpha_y,u_0,v_0$ 与非线性畸变参数 k_1 和 k_2 一起构成了摄像机非线性模型的内部参数。

摄像机非线性模型除包括线性模型中的全部参数外,还包括径向畸变参数 k_1,k_2 和切向参数 p_1,p_2。线性模型的参数 $\alpha_x,\alpha_y,u_0,v_0,\gamma$ 与非线性畸变参数 k_1,k_2,p_1,p_2 一起构成了非线性模型的摄像机内部参数。

3. 空间三维数据点坐标解算

(1) 若应用双目立体视觉系统标定工具箱,获得系统标定参数:左、右相机内参(相机矩阵 $\boldsymbol{A}_l$ 和 $\boldsymbol{A}_r$,畸变系数k_1 和k_r)和右相机坐标系相对于左相机坐标系的外参(旋转矩阵 $\boldsymbol{R}$ 和平移向量 $\boldsymbol{T}$)(注意,为了与调用的 OpenCV 函数参数名称相一致,以下将相机矩阵 $\boldsymbol{A}_l$ 和 $\boldsymbol{A}_r$ 用$\boldsymbol{K}_1$ 和$\boldsymbol{K}_2$ 代替,畸变系数k_1 和k_r 用 $\boldsymbol{D}_1$ 和 $\boldsymbol{D}_2$ 代替,注意$\boldsymbol{D}_1$ 和$\boldsymbol{D}_2$ 是向量)。

(2) 对双目图像数据进行畸变校正和立体矫正(应用 OpenCV)。畸变校正是应用畸变参数对采集图像数据进行去径向畸变校正,立体矫正是应用成像系统模型参数,对左、右相机采集的图像进行矫正和行对准,使左、右两个视图的成像原点坐标一致(CV_CALIB_ZERO_DISPARITY标志位被设置时)、两相机光轴平行、左右成像平面共面、极线行对齐,便于进行左、右相机同一特征点匹配和视觉值(d)计算。

根据双目标定的结果 $\boldsymbol{K}_1,\boldsymbol{K}_2,\boldsymbol{D}_1,\boldsymbol{D}_2,\boldsymbol{R},\boldsymbol{T}$ 利用 OpenCV 函数 stereoRectify,计算得到如下参数:左目矫正矩阵(旋转矩阵) $\boldsymbol{R}_1(3\times3)$;右目矫正矩阵(旋转矩阵) $\boldsymbol{R}_2(3\times3)$;左目投影矩阵$\boldsymbol{P}_1(3\times4)$;右目投影矩阵$\boldsymbol{P}_2(3\times4)$;视差深度(disparity-to-depth) 映射矩阵 $\boldsymbol{Q}(4\times4)$。其中,左、右目投影矩阵为

$$\boldsymbol{P}_1 = \begin{bmatrix} f' & 0 & c'_{x1} & 0 \\ 0 & f' & c'_y & 0 \\ 0 & 0 & 1 & 0 \end{bmatrix}, \boldsymbol{P}_2 = \begin{bmatrix} f' & 0 & c'_{x2} & t'_x f' \\ 0 & f' & c'_y & 0 \\ 0 & 0 & 1 & 0 \end{bmatrix}$$

式中，$t'_x = -B$。

$$\boldsymbol{Q} = \begin{bmatrix} 1 & 0 & 0 & -c'_{x1} \\ 0 & 1 & 0 & -c'_y \\ 0 & 0 & 0 & f' \\ 0 & 0 & -\dfrac{1}{t'_x} & \dfrac{c'_{x1} - c'_{x2}}{t'_x} \end{bmatrix}$$

注意：当 CV_CALIB_ZERO_DISPARITY 标志位被设置时，$c'_{x1} = c'_{x2}$，此时基线长度 $B = -t'_x = -\dfrac{P_{2(03)}}{f'}$，OpenCV 代码如下：

cv::Mat R1，R2，P1，P2，Q；

cv::fisheye::stereoRectify(K1，D1，K2，D2，img_size_，R，T，R1，R2，P1，P2，Q，CV_CALIB_ZERO_DISPARITY，img_size_，0.0，1.1）；

下一步，左、右目分别有 OpenCV 函数 initUndistortRectifyMap 计算无失真校正变换数据映射（the undistortion and rectification transformation map），得到左目 map 数据map_1^l，map_2^l 和右目 map 数据map_1^r，map_2^r。

cv::fisheye::initUndistortRectifyMap(K1,D1，R1，P1，img_size，CV_16SC2，rect_map_[0][0]，rect_map_[0][1])；

cv::fisheye::initUndistortRectifyMap(K2，D2，R2，P2，img_size，CV_16SC2，rect_map_[1][0]，rect_map_[1][1])；

下一步，左、右目分别利用 OpenCV 函数 remap 并根据左、右目 map 对左、右目图像进行去畸变和立体矫正，得到左、右目矫正图像。

cv::remap(img_l, img_rect_l, rect_map_[0][0], rect_map_[0][1], cv::INTER_LINEAR)；

cv::remap(img_r, img_rect_r, rect_map_[1][0], rect_map_[1][1], cv::INTER_LINEAR)；

（3）立体匹配并计算视差图。通过 OpenCV 函数 stereoBM（block matching algorithm），生成视差图（Disparity Map）（CV_16S or CV_32F）。如果选择参数 CV_32F 直接输出左、右目采集图像匹配点的视差值（d）。

（4）根据匹配点的左目所采集的图像点坐标（u,v）和匹配点之间视差值（d）通过下式计算出空间点的齐次坐标向量：

$$\begin{bmatrix} X' \\ Y' \\ Z' \\ W \end{bmatrix} = \boldsymbol{Q} \begin{bmatrix} u \\ v \\ d \\ 1 \end{bmatrix}$$

特别地，为了精确地求得某个点在三维空间里的距离 Z，需要获得的参数有焦距 f、视差 d、基线距 B。如果还需要获得 X 坐标和 Y 坐标的话，那么还需要额外知道左、右像平面的坐标系与立体坐标系中原点的偏移 c_x 和 c_y。其中 f，T_x，c_x 和 c_y 可以通过立体标定获得初始值，并通过立体校准优化,使得两个摄像头在数学上完全平行放置,并且左、右摄像头的 c_x, c_y 和 f 相同(也就是实现图 2.5.2.2 中左、右视图完全平行对准的理想形式)。而立体匹配所做的工作,就是在之前的基础上,求取最后一个变量:视差 d(d 一般需要达到亚像素精度)。为了提高测量精度,标定、校准和匹配,都是围绕着如何更精确地获得 f, d, T_x, c_x 和 c_y 而进行方案设计,基于上述原理,借助 OpenCV 完成三维数据解算。

图 2.5.2.2 双目立体视觉测量系统

三、实验内容及步骤

(1)搭建平视双目立体视觉系统,在计算机上安装相机的驱动程序,实现计算机与相机联接,实现图像采集功能。

(2)在拟定的测量区域内放置被测对象,调整测量系统参数,使左、右相机所采集的物体图像尽可能大。

(3)应用棋盘靶标,在拟定的测量区域内,采集不同姿态的标定靶标图像数据。

(4)重新将被测物体放置在测量区域内,采集不同放置位置的被测物体图像数据。

(5)在 MATLAB 编程环境下,运行双目立体视觉系统标定工具箱 TOOLBOX_calib 程序"calib_gui",弹出单相机标定程序界面,完成左、右两个单摄相机标定,并将左、右两相机标定结果分别存成"Calib_Result_left. mat"和"Calib_Result_right. mat"。

(6)运行双目立体视觉系统标定工具箱 stereo_gui 程序启动立体标定界面,点击 Load left and right calibration files 并在命令行中选择默认的文件名(Calib_Result_left. mat 和 Calib_Result_right. mat)之后就可以开始 Run stereo calibration 了,运行之后可以获得左、右摄像头的参数修正结果和两个摄像机之间的旋转矩阵 $\boldsymbol{R}$ 和平移向量 $\boldsymbol{T}$。

(7)应用 OpenCV 编程,参照上述原理,解算被测物体点云三维数据坐标。

四、实验仪器

云台及三角架,被测弹孔靶标,成像镜头及 CCD,标定靶标及标识,安装有 MATLAB 软件的计算机等。

五、思考题

(1) 如何实现左右相机所拍摄图像特征点的识别与匹配?平视双目立体视觉系统的缺点?

(2) 为什么在标定时所采集的靶标图像应尽可能地充满测量区域?

实验 5.3 光栅投影三维轮廓术方案设计与验证

一、实验目的

(1) 掌握正弦光栅、莫尔条纹投影三维轮廓测量技术的原理;

(2) 掌握多步相移、傅里叶变换相位解包裹原理;

(3) 掌握一种基于主动光投影三维轮廓术,完成测量系统搭建、数据采集及三维数据解算。

二、实验原理

基于相位轮廓术空间三维坐标测量技术包括相移轮廓术、傅里叶相位轮廓术、小波相位轮廓术等,其基本原理是根据被高度调制后的光栅条纹图,解算条纹图相位变化,相位变化与高度信息之间的关系是由测量方法及系统参数决定的,解算出相位变化,即可解算出高度信息。

1. 测量原理

基于光栅投射的一维面形测量基本原理如图 2.5.3.1 所示。x 轴与光栅条纹正交,y 轴与光栅条纹平行。当一个正弦光栅图形被投影到参考平面上时,其光强可表示为

$$I_R(x,y) = A(x,y) + B(x,y)\cos(2\pi x/P_0 + \phi_0) \tag{2.5.3.1}$$

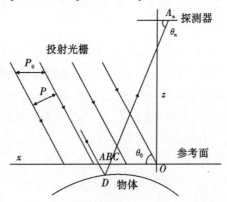

图 2.5.3.1 基于光栅投射的三维面型测量示意图

式中,$A(x,y)$ 为背景光强;$B(x,y)$ 为条纹的对比度;(x,y) 为参考平面上某点的坐标值;P_0 为参考平面上的光栅周期;$\phi(x,y) = 2\pi x/P_0 + \phi_0$ 为该点的相位。

以探测器光轴与参考平面的交点作为坐标原点 O,不失一般性,设坐标原点 O 位于某一光栅条纹上,该条纹的相位设为零,则所确点的相位相对于点 O 都有一个唯一确定的相位值。如参考平面上一点 C,成像于探测器的点 A_n,则

$$\phi_c = 2\pi n + \phi_c' \tag{2.5.3.2}$$

其中,n 为整数,$0 < \phi_c' < 2\pi$。

探测器上点 A_n 既可获得参考平面上点 C 的光栅条纹,也可获得物体表面上点 D 的光栅条纹,但点 D 的光栅条纹是沿着 AD 方向投刺过来的,因此 C 和 D 间存在着相位差,CD 间的相位差可表示为

$$\Delta\phi_{CD} = 2\pi \frac{AC}{P_0} \tag{2.5.3.3}$$

由此可得

$$AC = \Delta\phi_{CD} \frac{P_0}{2\pi} \tag{2.5.3.4}$$

因此,点 D 相对参考平面的相对高度 BD 可以由 $\triangle ADC$ 确定:

$$BD = AC\tan\theta_0 / (1 + \tan\theta_0/\tan\theta_n) \tag{2.5.3.5}$$

式中,θ_0 是投影光栅与参考平面的夹角;θ_n 是参考平面与观察方向的夹角。式(2.5.3.5)表明,如果已知 CD 间的相位差,就可以得到点 D 相对参考平面的相对高度 BD。

在通常的测量系统中,探测器(如 CCD 摄像机)的感光靶面很小,靶面平行置于被测表面上方,距离较远,因而 θ_n 近似为 $90°$,式(2.5.3.5)可以化简为

$$\left.\begin{array}{l} BD = AC\tan\theta_0 = \dfrac{\phi_{CD}}{2\pi}\tan\theta_0 = \dfrac{\phi_{CD}}{2\pi}\lambda_e \\[2mm] \lambda_e = P_0\tan\theta_0 \end{array}\right\} \tag{2.5.3.6}$$

式中,λ_e 为系统的有效波长,一个有效波长正好等于引起 2π 相位变化量的高度差,是光栅投影方法中一个重要的参数。

对于发散的投影系统,如图 2.5.3.2 所示,也可得到与式(2.5.3.6)类似的结果,条纹的变形使物体表面点 D 与参考平面的点 C 处于探测器的同一像元上,而点 D 是由参考平面上点 A 的投影光栅线所形成的,相位的改变在参考平面上对应于 AC,而高度的改变 BD 可由 $\triangle P_2 DI_2$,$\triangle ADC$ 相似求得,即

$$h = BD = \frac{AC \cdot l_0}{d + AC} \approx \frac{AC \cdot l_0}{d}(d \geqslant AC) \tag{2.5.3.7}$$

式中,d 为投射光轴到探测器光轴的距离;l_0 为摄像机到参考平面的距离;AC 见式(2.5.3.4)。

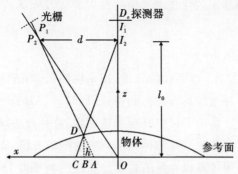

图 2.5.3.2　投射光栅系统的几何关系

2.相移三维轮廓术

相移轮廓术是相位测量轮廓术之一,它是由激光干涉计量发展而来的。V. Srinivasan 和 M. Halioua 等人在 20 世纪 80 年代初将相移干涉术(Phase-Shift Interferometry,PSI)引入对

物体三维面形的测量中,称为相位测量轮廓术。它采用正弦光栅投影和相移技术,具有并行处理能力,其基本原理如下:

将一幅正弦光栅投影到物体表面时,被物体表面高度调制后的光强可表示

$$I(x,y) = A(x,y) + B(x,y)\cos\phi(x,y) \qquad (2.5.3.8)$$

式中,$\phi(x,y)$ 为由于物体表面高度变化引起的相位调制,从式(2.5.3.8)中很难准确地得到相位分布 $\phi(x,y)$,采用相移技术可较容易地求出 $\phi(x,y)$。当投影的正弦光栅沿着与栅线垂直的方向移动一个周期时,同一点处变形条纹旧的相位被移动了 2π。当投影光栅移动一个周期的一小部分 Δ_j 时,变形条纹图的相位便移动了 δ_j,这时产生一个新的光强值,式(2.5.3.1)可写为

$$I(x,y;\delta_j) = A(x,y) + B(x,y)\cos[\phi(x,y) + \delta_j] \qquad (2.5.3.9)$$

式中,$A(x,y),B(x,y)$,$\phi(x,y)$ 为三个未知量。若在一个周期之内,相位移动的次数为 N,则 δ_j 为 $j2\pi/N$,则

$$\phi(x,y) = \arctan \frac{\sum_{j=1}^{N} I_j(x,y)\sin(j2\pi/N)}{\sum_{j=1}^{N} I_j(x,y)\cos(j2\pi/N)} \qquad (2.5.3.10)$$

通常 $N = 3$ 和 $N = 4$ 时分别称为三步相移和四步相移轮廓术,增大相移次数可以校正相移误差对测量精度的影响。在实际测量时,将光栅投射到一参考平面上,应用相移技术求出系统在参考平面上的初始相位。然后将待测物放于参考平面上,应用相移技术求出物体轮廓相位。将物体轮廓相位与初始相位进行相减,得到表征物体轮廓与参考平面之间高度信息的相位分布,最后将表征高度信息的相位分布代入测量系统标定参数,求解到待测表面相对于基准平面的高度分布。

相位测量轮廓术的最大优点在于求解物体相位时是点对点的运算,即某一点的相位值只与该点的光强值有关从而避免了物面反射率不均匀引起的误差,测量精度高达几十分之一到几百分之一个有效波长。影响相移测量技术精度的主要因素除相移误差外,还有光场的非正弦性引入的测量误差。光场的非正弦性是由光栅的投射装置及光场的图像采集器件在其有效工作范围内的非线性引起的。

3.傅里叶变换三维轮廓术

傅里叶变换轮廓术可用于干涉条纹的处理,用来检测光学元件的质量。在主动光学二维测量中,结构照明型条纹与干涉条纹具有类似的特征。1983 年,$M. Takeda$ 和 $K. Mutoh$ 将傅里叶变换用于三维物体面形测量.提出了傅里叶变换轮廓术。这种方法以罗奇光栅产生的结构光场投影到待测三维物体表面,得到被三维物体面形调制的变形光场,成像系统将此变形条纹光场成像于面阵探测器上。然后用计算机对像的强度分布进行傅里叶分析、滤波和处理,得到物体的二维面形分布。在实际应用中,为了获得较高的测量精度,增加系统的分辨率,通常使用正弦光栅代替罗奇光栅。

设投影光栅是罗奇光栅。傅里叶变换轮廓术首先将光栅像投影到参考平面上,在探测器中得到的条纹分布表示为

$$g_0(x,y) = \sum_{n=-\infty}^{\infty} A_n \mathrm{e}^{\mathrm{i}[2\pi n f_0 x + n\phi_0(x,y)]} \qquad (2.5.3.11)$$

式中，f_0 代表光栅像的基频；$\phi_0(x,y)$ 代表初始相位调制。然后将光栅像投影到待测物体表面，由于物体面形的调制，观察系统得到变形的光栅像可记为

$$g(x,y) = r(x,y) \sum_{n=-\infty}^{\infty} A_n \mathrm{e}^{\mathrm{i}[2\pi n f_0 x + n\phi_0(x,y)]} \qquad (2.5.3.12)$$

式中，$r(x,y)$ 是物体表面非均匀的反射率；$\phi_0(x,y)$ 是物体高度分布引起的相位调制。对式(2.5.3.12)沿 z 轴方向进行一维傅里叶变换，得到图 2.5.3.3 所示变形光栅像的空间频谱，频谱中零频反映的是背景光强分布，基频包含了所要求的相位信息。设计合适的带通滤波器，可将其中一个基频分量 f_0（图 2.5.3.3 中阴影部分）过滤出来，然后对其进行傅里叶逆变换，得到的分布可以表示为

$$g(x,y) = A_1 r(x,y) \mathrm{e}^{\mathrm{i}[2\pi f_0 x + \phi(x,y)]} \qquad (2.5.3.13)$$

针对式(2.5.3.12)进行同样的运算后得到

$$g_0(x,y) = A_1 \mathrm{e}^{\mathrm{i}[2\pi n f_0 x + n\phi_0(x,y)]} \qquad (2.5.3.14)$$

于是有

$$g(x,y)g_0^*(x,y) = |A_1|^2 r(x,y) \mathrm{e}^{\mathrm{i}[\Delta\phi(x,y)]} \qquad (2.5.3.15)$$

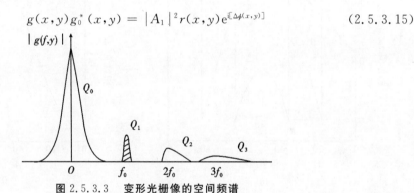

图 2.5.3.3　变形光栅像的空间频谱

其中，$\Delta\phi(x,y) = \phi(x,y) - \phi_0(x,y)$，为了获得相位差 $\Delta\phi(x,y)$，对式(2.5.3.15)求对数

$$\lg[g(x,y)g_0^*(x,y)] = \lg[|A_1|^2 r(x,y)] + \mathrm{i}\Delta\phi(x,y) \qquad (2.5.3.16)$$

对式(2.5.3.16)求虚部即可得到相位差

$$\Delta\phi(x,y) = \mathrm{im}\{\lg[g(x,y)g_0^*(x,y)]\} \qquad (2.5.3.17)$$

再由式(2.5.3.7)即可得到待测表面的高度分布。

由于 FTP 方法使用了傅里叶变换和在频域中的滤波运算，只有频谱中的基频分量对于重建二维面形是有效的，为了准确测量物体的二维面形，需要防止基频分量与奠他级次的频谱分量发生交叉即频谱混叠，这限制了 FTP 可测量的最大范围。理论表明，FTP 最大测量范围不受高度分布本身的限制，而是受到高度分布在与光栅垂直方向上变化率的限制。

傅里叶变换轮廓术和相位测量轮廓术都是基于条纹投影、采用相位测量的光学三维形状测量技术，这两种方法各有其优缺点及适用范围。PMP 方法实现了点列点求解初相位，精度高，但由于需要进行相移，测量速度相对较慢；FTP 方法只需要一帧或两帧条纹图，速度快，可用于动态测量，但 FTP 需保证各级频潜之间不混叠，从而限制了测量范围，且测量精度相对较低。

4.相位展开(相位解截断,phase unwrapping)

在相位测量轮廓术和傅里叶变换轮廓术中,由图像灰度值解算相位值要用到反正切函数。由于反三角函数的性质,得到的相位分布在$(-\pi,+\pi)$区间内变化。例如,当相邻两临域之间的实际相位差超过2π,由于三角函数运算,得到的两点之间的相位差在$(-\pi,+\pi)$内,不能正确反映实际的相位分布,可能存在2π相位跃变,这种相位称为截断相位,如图2.5.3.4(a)所示。截断相位不能正确反映物点和参考平面上列应点的相位差,因此需要对裁断相位进行相位展开,将被截断在$(-\pi,+\pi)$范围内的相位恢复为不受主值范围限制的连续相位分布。相位展开所有相位三维轮廓术都面临的问题,而且是关键技术之一。

相位展开的过程可从图2.5.3.4直观地看到。图2.5.3.4(a)是分布在$(-\pi,+\pi)$之间的截断相位。相位展开就是将这一截断相位恢复为如图2.5.3.4(b)所示的连续相位。

相位展开基于这样一个假设列于一个连续物面,只要两个相邻被测点的距离足够小,两点之间的相位差将小于π。也就是说必须满足抽样定理的要求,每个条纹至少有两个抽样点,抽样频率大于最高空间频率的两倍。

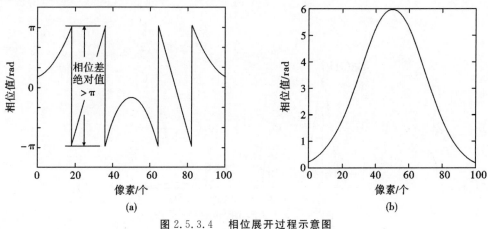

图2.5.3.4　相位展开过程示意图
(a)截断相位;(b)连续相位

展开方法可一般表述为:在展开方向上比较相邻两个点的相位值,如果后点与前点的差值小于$-\pi$则后点的相位值应加上$2n\pi$,如果差值大于π,则后点的相位值应减去2π,其中n为该点与展开心点间的截断次数。

通常的情况是截断的相位数据为一个二维的矩阵,这时应先沿数据矩阵的某一行进行相位展开,然后以该行展开后的相位为基准,再沿每一列展开,从而得到连续分布的二维相位面数(注意,此时每列展开点的n应当相应加上每列起始位置的n_1)。

对于复杂的物体表面,得到的条纹图十分复杂。由于存在阴影,条纹断裂,局部不满足采样定理等情况,即相邻抽样点之间的相位变化大于π,相位展开将变得十分困难.展开的相位将会出现错误。解决相位展开典型的方法有变精度递推相位展开法和基于时间序列特征的相位展开法等。

5.变精度递推相位展开法

变精度递推相位展开法核心思想是迭代法对相位解包裹。该思想是西安交通大学教授赵宏等人在 1994 年提出的。其基本原理是在条纹投影相位解算三维轮廓测量过程中,运用高低频率两个光栅投影,得到具有不同载频条纹的变形条纹,并假定低精度的调制光栅在测量范围内所有点上的调制相位均在区间$[0,2\pi]$内,这样通过解算高低两幅包裹相位,运用低精度的无包裹相位去展开高精度的包裹相位准确性好。理论上,若采用频率不同的多组光栅投影,可以通过递推迭代的算法准确地对于复杂面形物体三维轮廓进行相位展开。这种算法各点的相位展开是独立的,不需要相领点相位信息做辅助判断,对于突变物体形貌也可以得到准确的解算结果。基于此法,现有技术通过对投影仪和彩色相机红绿兰三色彩通道进行解耦后,在 3 个色彩通道上分别投影低中高三种频率的光栅,采用上述变精度相位迭代解算方法,开发动态三维轮廓测量系统。

三、实验器件

投影仪、工业相机、计算机、标定靶标等。图 2.5.3.5 采用双目立体视觉系统,与单目光栅条纹投影系统相比,可有效提高测量精度。

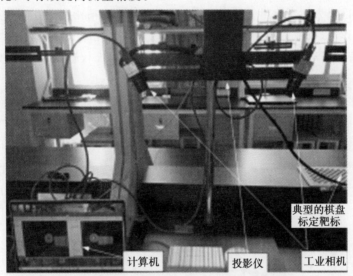

图 2.5.3.5　光栅投影双目立体视觉实验装置

四、实验内容及步骤

(1) 根据测量范围及测量精度要求,确定测量系统参数,主要包括基线距 B 和相机到基准面的距离l_0和光栅条纹周期等。

(2) 根据系统参数,搭建实验系统,选择相位测量技术方法(如相移法)。

(3) 应用软件编程生成符合要求的条纹图,实现条纹投影。

(4) 采集基准面条纹图和被物体调制的条纹图。

(5) 根据所选择的相位测量技术方法,完成相位解算。

(6) 完成三维形貌显示及测量精度分析。

五、思考题

(1) 除正弦光栅条纹、莫尔条纹外,其他的条纹如矩形栅格条纹能不能用于相位轮廓术?

(2) 光栅条纹投影技术的优点和缺点都有哪些?

实验 5.4　干涉仪的稳定性测量设计与验证

一、实验目的

(1) 掌握不同结构的干涉仪的原理,掌握调整光路的方法;

(2) 选择一种干涉仪测量其稳定性,分析比较不同结构的干涉仪的稳定属性。

二、实验原理

光干涉技术已成为精密测量领域里重要与关键的技术,精密测量在现代科学技术中发挥着越来越重大的作用。目前,常用的双光束干涉仪可分为共光路和分光路两大类。分光路干涉仪包括马赫-曾德尔干涉仪、泰曼-格林干涉仪等,共光路干涉仪包括斐索干涉仪、赛格纳克干涉仪等。

马赫-曾德尔(Mach-Zehnder)干涉仪如图 2.5.4.1 所示,是由两个平行平板 P_1 和 P_2 以及两个平面反射镜 M_1 和 M_2 组成。这两平板具有相同的厚度,其一个面上镀有半透半反膜。平板和反射镜的 4 个反射面一般是互相平行放置的,使干涉仪的光路构成一个平行四边形。光源 S 置于透镜 L_1 的焦点处,发出的光束经透镜准直平行后由平板 P_1 分为两束平行光波,再分别被反射镜 M_1 和 M_2 反射到平板 P_2,两束光波一起经过平板 P_2 和透镜 L_2 后,在 L_2 的焦平面上形成干涉图样。

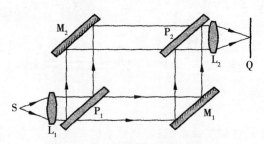

图 2.5.4.1　马赫-曾德尔干涉仪

泰曼-格林(Twyman-Green)干涉仪通常采用激光作为光源,扩束准直后形成一束平行入射光,如图 2.5.4.2 所示。它的两束光波是完全分开的,通常,把沿着干涉仪的两分支光路传播的两光分别称为参考光和物光;并可由一个反射镜的移动来改变传感光的光程从而产生光程差的改变。这样,待测的物体可以比较方便地安置在干涉仪的光路中,或者在移动的反射镜上。在被检测的光学元件 G(或光学系统)放入干涉仪的光路中时,移动反射镜 M_1 使两光束的光程差小于光波的相干长度时,可得到清晰的干涉条纹。光波波面通过光学元件后发生变形,研究分析该波面干涉图样(条纹的位置和级次)的变化形状,可对光学元件进行综合质量检验

（如折射率、应力和缺陷等）。

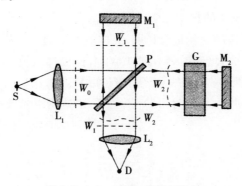

图 2.5.4.2 泰曼-格林干涉仪

在如图 2.5.4.3 所示的斐索（Fizeau）干涉仪中，平面反射镜 M_1，M_2 放置在同一条光路上。入射光通过平板半透半反射镜 P 后到平面镜 M_2，M_2 也是一个半透半反平面镜；这样一部分光被 M_2 反射回到平板 P（R_2，作为参考光），另一部分光透过 M_2 射到反射镜 M_1 后（R_1 作为传感光），再被反射也回到平板 P，两束光重合形成干涉。

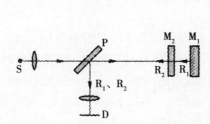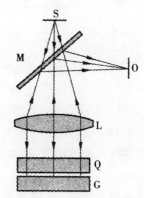

图 2.5.4.3 斐索干涉仪

由此可见，斐索干涉仪和迈克尔逊干涉仪最大的不同之处就是在干涉仪中，参考光和传感光是沿着同一条光路行进的，因此称为共光路干涉仪。如果使用分光路的干涉仪，在两束光经过的光程较长时或者进行大口径元件的检测时，两支光路上往往会受到不同的外界干扰（如机械振动、温度起伏等），致使干涉条纹不稳定，甚至严重影响了测量。而在共光路干涉仪中，参考和传感两束光通过的是同一条光路，受到的干扰也一样，故可以较好地克服此干扰问题。

例如，图 2.5.4.3 右所示的平面干涉仪就是利用斐索干涉仪结构和等厚干涉的原理来设计的光学测量仪器。在光学元件加工时，可使用这些仪器来检查和测量光学元件的光学表面的质量，如平面度及其局部缺陷与误差等。干涉仪的光源 S 可采用准单色光源（如汞光灯、钠光灯），发出的光经半透半反镜 M 和透镜 L，投射到标准平晶 Q 与待测光学元件 G 的夹层处；在 O 处可观察到等厚干涉条纹，由这些条纹的微小弯曲形状来判断待测光学平面的不平度。现在此干涉仪普遍使用激光作为光源，由于激光的单色性好、相干性好，因此标准平晶 Q 与待测光学元件 G 之间的距离可拉开，这样可大大方便检测操作；而且可获得亮度大、对比度好的干涉条纹，从而提高了测量精度和测量范围。

赛格纳克(Sagnac)干涉仪也是双光束干涉仪,但是一种环形干涉仪。通常把它作为一种测量转动物体的参量(如转速)的精密光学仪器。图 2.5.4.4 所示分别为三角形和四边形结构的干涉仪,下面以四边形结构的为例进行说明,光源 S 发出的光束经镀有半透半反膜的平行平板 P 分为两束光。其中一束光,沿顺时针方向(CW)环路由反射镜 M_1,M_2 和 M_3 反射回到平板 P 处,又被 P 反射到观察探测 D 处;另一束光沿着逆时针方向(CCW)的环路,由反射镜 M_3,M_2 和 M_1 反射回到平板 P 处,并透过 P 射到 D 处;这样,由这两束光波重合叠加形成干涉。

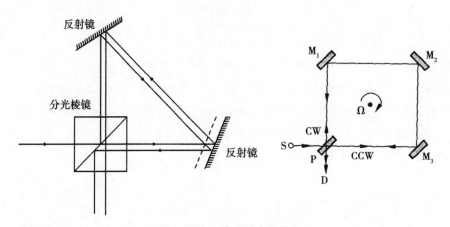

图 2.5.4.4   赛格纳克干涉仪

光学干涉对环境振动十分敏感,在测量的时候,所有结构的干涉仪都会受到空气扰动等因素的影响,尤其是当物光和参考光在空间上经历不同的路径,环境振动对干涉测量的影响更加严重。它的具体表现形式为,样品静置不动时,干涉条纹会随时间抖动。通常采用测量的重复性来表征干涉仪的稳定性,通常需要在一段时间内,比如 10 min,每过一定的时间间隔(例如 30 s)记录一幅干涉图,然后对重建的相位信息进行分析处理。测量的重复性可用标准差(Standard Deviation)衡量。

三、实验器件

激光器、扩束、准直镜、分光棱镜、反射镜、白屏和 CMOS 相机等。

四、实验内容

(1)选择一种干涉光路,将所用的光学元件的按照干涉仪光路摆好。

(2)打开激光器,观察白屏上激光亮斑的位置。改变白屏与反射镜间的距离,若亮斑在白屏的位置发生改变,调节激光器的俯仰。重复上述步骤,直到白屏上的位置保持不变为止。

(3)移走白屏。在反射镜前适合的位置摆放扩束镜。在扩束镜后较近的位置放置白板,调节扩束镜的高低,使白屏上射激光圆斑中心处于先前确定的位置处。

(4)放上针孔,调节针孔滤波器的三方向调节手轮,找到针孔滤波器后白屏上的亮斑。

(5)仔细调节针孔滤波器的三方向手轮,使白屏上的纯净激光的强度最大。

(6)调整准直镜的位置,使滤波器到准直镜的长度等于准直镜透镜的焦距,达到准直镜出射平行光的目的。

（7）按照选择的干涉仪，大致调整好后面的分束镜和反射镜，使两路光在白屏上会合，产生干涉条纹，并用相机记录。

（8）观察条纹的抖动。

（9）不放置测量样品，在 5 min 的时间内，每间隔 30 s 记录下一幅干涉图。

（10）关闭激光器，收起实验仪器。

（11）从干涉条纹，重建相位分布，并计算随机选取的一点的相位值随时间变化的标准差，作为衡量稳定性的指标。

五、思考题

影响干涉仪稳定性主要影响因素有哪些?消除这些影响因素的主要措施有哪些?

实验 5.5　基于干涉法的平面光学元件折射率均匀性检测

一、实验目的

（1）查资料，了解平面光学元件的折射率均匀性检测的方法;

（2）设计一种干涉法测量光学元件的折射率均匀性检方法;

（3）针对设计的检测方法，建立检测量和待测量之间的数学模型;

（4）搭建设计的光电检测系统，进行实验测试;

（5）利用图像处理软件处理干涉法测量折射率均匀性检的得到检测数据。

二、实验光路

实验光路如图 2.5.5.1 所示。

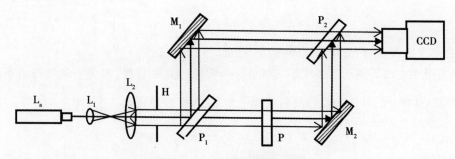

图 2.5.5.1　光学检测光路图

La—He-Ne 激光器;L$_1$— 扩束镜;L$_2$— 准直镜;H— 可调孔径光阑;P$_1$— 分束镜;P$_2$— 分束镜;
M$_1$— 反射镜;M$_2$— 反射镜;CCD— 带镜头 CCD 相机;P— 待测片

三、实验原理

本实验是以基于马赫-曾德尔（Mach-Zehnder）干涉原理为基础，进行光学元件的波像差检测的。马赫-曾德尔干涉仪如图 2.5.5.2 所示,是由两个平行平板 P_1 和 P_2 以及两个平面反射镜 M_1 和 M_2 组成。这两平板具有相同的厚度,其一个面上镀有半透半反膜。平板和反射镜的 4 个反射面一般是互相平行放置的,使干涉仪的光路构成一个平行四边形。光源 S 置于透镜 L_1 的焦点处,发出的光束经透镜准直平行后由平板 P_1 分为两束平行光波,再分别被反射镜 M_1 和 M_2 反射到平板 P_2,两束光波经过平板 P_2 和透镜 L_2 后,在 L_2 的焦平面上形成干涉图样。

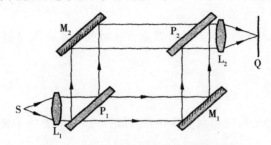

图 2.5.5.2　马赫-曾德尔干涉仪原理图

马赫-曾德尔干涉仪可用于研究介质的折射率分布以及均匀介质的面形。将待测光学元件置于干涉装置的一支光路(探测光)中,由于待测介质折射率分布的不均匀致使该光路里各处的光程不同,其平行光束的波面将发生相应的变形。此变形的波面和另一个参考的平面波面叠加干涉,将生成有反映变形波面的等高线的干涉图样,经过干涉条纹的数据处理,可清楚地计算出待测介质的折射率的变化。

实验原理如下:

在本实验中的干涉为等厚干涉,由光学等厚干涉相关理论知识,可知,在光路传播过程中,光路的光程差为

$$\Delta = 2nh \cos\theta_2 + \frac{\lambda}{2} \tag{2.5.5.1}$$

式中,n 表示平板折射率;h 表示平板厚度;θ_2 表示从空气中入射到玻璃平板表面的入射角。

当入射光线为垂直入射时,当光程差 Δ 满足条件

$$\Delta = 2nh + \frac{\lambda}{2} = m\lambda,\ m = 0,1,2,\cdots \tag{2.5.5.2}$$

时,此时为强度极大点(即条纹为亮条纹)。

楔形平板产生的等厚干涉条纹是一些平行与楔棱的等距直线,相邻亮条纹与暗条纹对应的光程差都为 λ,因此,从一条纹过渡到相邻一个条纹,平板厚度改变 $\frac{\lambda}{2n}$,即

$$\Delta h = \frac{\lambda}{2n} \tag{2.5.5.3}$$

由此可知,在空气中,条纹每变化一个条纹间距时,对应的平板厚度改变 $\lambda/2$,即条纹间距:

$$e = \frac{\lambda}{2na} \tag{2.5.5.4}$$

在空气中,有 $n_0 = 1$,可得楔角为

$$\alpha = \frac{\lambda}{2e} \tag{2.5.5.5}$$

对式(2.5.5.4)两边进行微分,有

$$de = -\frac{\lambda}{2\alpha n^2}dn \qquad (2.5.5.6)$$

则有折射率的变化：

$$\Delta n = -\frac{2n^2\alpha}{\lambda}\Delta e = -\frac{n}{e}\Delta e = -n\frac{\Delta e}{e} \qquad (2.5.5.7)$$

式(2.5.5.7)表达的是干涉条纹的变化 $\frac{\Delta e}{e}$ 与楔形平板折射率变化 Δn 二者之间的数学关系式。利用式(2.5.5.7)，建立关于干涉条纹变化与待测样品折射率变化量之间的数学模型关系式，利用 MATLAB 对干涉图样进行处理，对结果进行分析处理，得出待测样品的折射率均匀性的分布情况。

四、实验仪器

He-Ne 激光器，半导体激光器，扩束、准直系统，孔径光阑，分光束器件，合光束器件，CCD 光探测器，待测器件，CCD 图像采集处理系统。

五、实验的装置原理图

实验的装置原理图如图 2.5.5.3 所示。

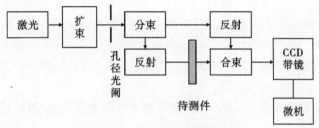

图 2.5.5.3　实验装置原理框图

五、实验内容及数据处理

(1) 搭建检测平面光学元件折射率均匀性的光电系统，调试得到稳定、清晰的干涉条纹，对干涉条纹进行图像数据处理，计算出干涉条纹的条纹间距以及虚楔形空气平板的楔角；

采集等厚干涉条纹，测量条纹间距 e，光波长 632.8 nm，代入 $\alpha = \frac{\lambda}{2e}$ 计算出楔角 α。测量条纹间距填入表 2.5.5.1。

表 2.5.5.1

条纹数目(3 个)测量次数	1 次	2 次	3 次	4 次
条纹距离				
条纹间距				
条纹间距平均值				

(2) 将待测平行平板加入一条光路中，形成检测后的干涉图样，对干涉图样进行图像数据处理，计算出干涉图样的条纹变化值，绘出待测平面光学元件折射率非均匀性分布图。

采集加入待测件的干涉条纹，已知玻璃的折射率为 1.516 3，测量 $\frac{\Delta e}{e}$，代入 $\Delta n = n\frac{\Delta e}{e}$ 可计

算出待测件的折射率空间变化。

测量 $\dfrac{\Delta e}{e}$ 的数据处理方法如图 2.5.5.4 所示。

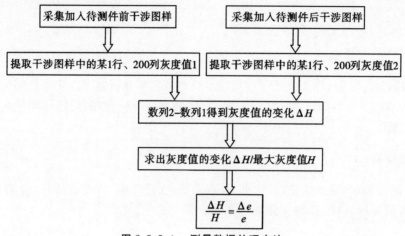

图 2.5.5.4　测量数据处理方法

六、思考题

(1) 在光学检测中,常用反射方法有反射干涉法和透射干涉法,这两种方法各有什么优缺点?

(2) 在透射干涉法中,得到的干涉条纹的变化主要受哪些因素影响?怎么确定是哪种因素占主导作用?

(3) 在确定了实验的条件下,可否计算该检测方法的测量范围?粗略地计算一下。

第三篇　编程能力进阶
——从 C 语言启航

在光电信息技术领域,应用图像传感器记录平面光场信息,通过对所记录的光场强度信息或相位信息进行处理与分析,可以反演成像过程,或者对采集的图像进行高分辨率重构,提升成像系统的分辨能力,或者将深度学习和模式识别等技术引入图像处理领域,实现光电成像系统的自动化与智能化,从而开拓了新的光电应用技术领域,如数字全息、计算全息、超分辨率成像、超光谱高光谱成像、超分辨率成像和智能化军用光电成像系统等。上述这些新技术,其信息处理系统均包含基于图像采集、处理、传输与存储的小型系统。

本篇从培育学生图像处理算法开发能力,图像采集处理集成软件系统开发能力,图像处理嵌入式软件系统开发能力出发,以学生所掌握的 C 语言编程能力为基础,从 C 语言启航,引导学生逐步形成编程基本素养,具有图像处理与软件系统开发能力。本篇重点介绍的内容如图 3.0.1.1 所示。

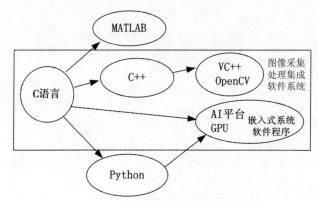

图 3.0.1.1   编程能力进阶组成单元图

本篇内容是针对只学习了 C 语言等少数编程语言编程经验与经历不丰富的学生。本篇的主要目的是让学生熟悉基于图像采集、处理、传输与存储的小型系统,开发图像处理算法软件、图像采集处理集成软件系统、嵌入式图像处理及相关系统、基于视觉的人工智能软件所需撑握的基本编程技能。从学生达到上述目的所需掌握的"最小"知识与技能出发,组织知识点与技能培训点,旨在让学生能较快地动起手来,完成自己的第一个软件程序或软件系统。如果有的学生需要对某一部分进行更深一层的学习,建议进一步学习参考文献[1-3]中的相关章节。

第一章　MATLAB 图像处理软件编程

编程需掌握的基本技能如下：

(1)MATLAB 程序开发环境；

(2) 数据类型及语法，循环结构与分支结构；

(3) 自定义函数的定义及调用；

(4) 数字图像的类型、图像的读入、显示、存储；

(5) 程序的结构框架及调试。

一、MATLAB 程序开发环境

MATLAB 开发环境如图 3.1.1.1 所示，系统运行需要确定一个当前路径（当前文件夹），当程序或指令运行时，从当前路径访问程序文件（∗.m 文件）、需打开的图像文件等资源。若在当前路径下访问不到相应的文件，系统从用 Path 命令设置的路径集中逐一进行查找访问。对于编程初学者，建议将程序文件、图像文件等资源文件全部放在与主程序相同的路径下。命令窗口可以运行命令或一段程序代码，还可以在命令窗口输出程序运动过程出现语法或逻辑故障的位置。在程序运行过程中，程序语句如果没有结束符"；"，语句中变量的值会在命令窗口中显示出来，但这会影响程序运行的速度。工作区是程序运行后存储程序运行过程中变量值的内存空间，可以从访问工作区，查看变量的数据类型及维数。如图 3.1.1.1 中变量"Iinp"存储的是彩色图像，其数据类型为"uint8"，即 C 语言"unsigned char"数据类型，其中 8 bit（位）存储图像灰度值，取值范围为 0～255。变量的维数为 435×534×3，表明灰度图像在 MATLAB 中是一个三维数组，图像水平分辨率为 534，垂直分辨率为 435，第三维数 3 表明彩色图像是由 3 个二维数组组成的，下标为 1 是红色分量，下标为 2 是绿色分量，下标为 3 是蓝色分量。双击工作区中的变量，可在程序运行环境中心区域显示变量的值。程序运行的本质是变量值传递与变换过程，因此，软件编程是通过代码设计控制程序变量值传递与变换的过程。图中主窗口中显示的是彩色图像色彩变换算法主程序的开始部分。开始语句"clear；"是为了清空工作区中变量。如果在程序运行前不清空工作区，程序运行过程中若存在相同变量，变量的值可能存在不能全部替代的问题，出现变量值混淆。语句"close all；"是关闭所有的"figure"。程序中用两个 for 循环嵌套，通过访问图像中每一个像素点的值，从彩色图像的三维数组中生成彩色图像红、绿、蓝分量的 3 个二维数组，同时生成色彩变换算法中用到的中间变量：图像的度量信号 y，色差信号 c1,c2，饱和度信号 sat，色相信号 hue，它们均是二维数组。为了确保算法计算过程中的精度，采用强制类型转换，将上述变量的值均赋为"double(0.0)"。

图 3.1.1.1　MATLAB 开发环境

二、数据类型及语法，循环结构与分支结构

1. 数据类型

MATLAB 开发环境基本的数据结构是数组，数组中各单元的数据类型有整型、浮点型和字符型等。另外 MATLAB 中用与 VC++ 中 CArray 类相似的 cell 数据结构存储多外数组的结合。MATLAB 中支持的常用数据类型见表 3.1.1.1。

表 3.1.1.1　MATLAB 环境中数据类型

数据类型	特性描述
double	双精度浮点型，占 8 个字节（每个字节占 8 bit）
single	单精度浮点型，占 4 个字节
uint8	无符号 8 bit 整型，占 1 个字节（数字图像像素灰度值用此类型）
uint16	无符号 16 bit 整型，占 2 个字节
uint32	无符号 32 bit 整型，占 4 个字节
int8	有符号 8 bit 整型，占 1 个字节
int16	有符号 16 bit 整型，占 2 个字节
int32	有符号 32 bit 整型，占 4 个字节
char	字符型，占 2 个字节
logical	逻辑型，值为 0 和 1，占 1 个字节

2. 循环结构

(1)for 循环，进行循环次数设定。通过逐一访问图像，使图中某些像素变成白色，例如：

　for　j = 1:ysize

```
for   j = 1:ysize
    if (imagegray(j,i) > 120)
        imagegray(j,i) = 255;
    end
end
    end
```

（2）while 循环，只要条件为 Ture，循环就继续。使用 break 语句以编程方式退出循环，也可以使用 continue 语句跳到循环的下一次迭代，例如：

```
n = 1;
nFact = 1;
a = 0;
whilenFact < 4000
    n = n + 1;
nFact = nFact * n;
if (nFact == 100)
continue;
a = n;
if (nFact == b)   %b 为程序中动态生成的一个数
break;
end
```

上述代码中，当 nFact 等于 100 时，程序跳过进入下一个循环，也就是变量 a 不能等于 100。当 nFact 等于变量 b 时，直接退出 while 循环。

3. 分支结构

（1）if 语句，基本语法如下：

```
if 条件
语句
end
if 条件
语句 1
else
语句 2
end
if 条件
语句 1
elseif 条件 2
语句 2
elseif 条件 3
语句 3
end
```

在编程时，需注意 if 与 end 的配对关系。

（2）switch 语句，基本语法如下：

```
switch 变量名
    case：变量取值 1
        语句 1
    case：变量取值 2
        语句 2
    ...
            otherwise
        语句 m
end
```

在编程时，需注意 switch 与 end 配对关系，otherwise 项不能缺失，否则可能出现程序运行死机的现象。

三、自定义函数的定义及调用

自定义函数是为了将程序设计过程中某些专项功能用自定义函数实现，以提升编程效率。MATLAB 自定义函数语法如下：

function [m_out1,m_out2,…] = 自定义函数名(m_in1,m_in2,…)

function 是自定义函数的声明关键字，左边 [ ] 内是输出参数，右边( )内是输入参数。色彩变换算法用 5 个自定义函数来实现，如图 3.1.1.2 所示。图中最后部分程序用两个嵌套的 for 循环，用图像的红、绿、蓝 3 个分量的二维数组，生成 1 个三维数组，即变换后的彩色图像。

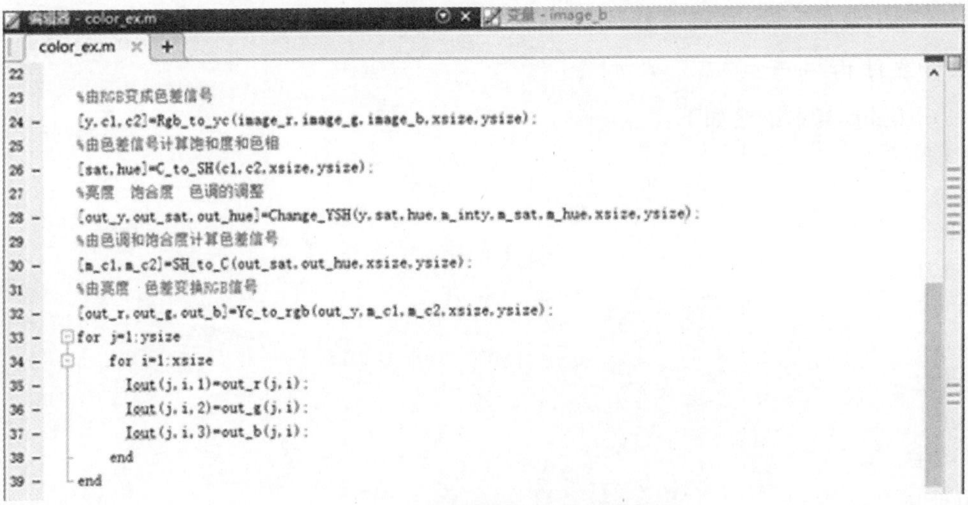

图 3.1.1.2　图像色彩变换算法主程序

图 3.1.1.3 是自定义函数 Rgb_to_yc，功能是通过图像各像素点的红、绿、蓝灰度值，计算像素点对应的亮度信号及色差信号 c1 和 c2。为了保证计算精度，应用强制类型转换，将图像像素点灰度值由 uint8 转换成 double。注意：在使用自定义函数脚本文件存储时，文件名应与函数名完全一致，并存储在与主程序相同的文件夹下，便于主程序调用。

```
编辑器 - Rgb_to_yc.m                              ⊙ ×   变量 - image_b
 color_ex.m  ×  Rgb_to_yc.m  ×  +
1    □function [y,c1,c2]=Rgb_to_yc(image_r,image_g,image_b,xsize,ysize)
2        %由R G B 转换为色差信号
3  -     □ for j1=1:ysize
4  -     □   for i1=1:xsize
5  -         fr=double(image_r(j1,i1));
6  -         fg=double(image_g(j1,i1));
7  -         fb=double(image_b(j1,i1));
8  -         y(j1,i1)=double(0.3*fr+0.59*fg+0.11*fb);
9  -         c1(j1,i1)=double(0.7*fr-0.59*fg-0.11*fb);
10 -         c2(j1,i1)=double(-0.3*fr-0.59*fg+0.89*fb);
11 -           end
12       end
```

图 3.1.1.3 自定义函数 Rgb_to_yc

图 3.1.1.4 是自定义函数 C_to_SH,功能是通过色差信号 c1 和 c2 计算各像素点的饱合度信号 sat 和色相信号 hue。由于与色彩颜色类型相对应的色相信号 hue 是角度:当其计算值大于 360 时,减 360;当其计算值小于 0 时,加 360。

```
编辑器 - C_to_SH.m                               ⊙ ×   变量 - image_b
 color_ex.m  ×  Rgb_to_yc.m  ×  C_to_SH.m  ×  +
1    □function [sat,hue]=C_to_SH(c1,c2,xsize,ysize)
2        %由色差信号计算
3  -    □ for j1=1:ysize
4  -    □    for i1=1:xsize
5  -         length=double(c1(j1,i1))*double(c1(j1,i1))+double(c2(j1,i1))*double(c2(j1,i1));
6  -           sat(j1,i1)=double(sqrt(double(length)));
7  -           if (sat(j1,i1)>0.0)
8  -               fhue=double(atan2(double(c1(j1,i1)),double(c2(j1,i1)))*180.0/3.14159);
9  -               if(fhue<0)
10 -                   fhue=fhue+double(360.0);
11 -               end
12 -           hue(j1,i1)=double(fhue);
13 -           else
14 -           hue(j1,i1)=double(0.0);
15 -           end
16 -       end
17       end
```

图 3.1.1.4 自定义函数 C_to_SH

图 3.1.1.5 是自定义函数 Change_YSH,功能是给原图的亮度信号 in_y 乘以倍数 ym,饱合度信号 in_sat 乘以倍数 sm,色相信号 in_hue 加角度 hd。当色相计算值大于 360 时,减 360;当其计算值小于 0 时,加 360。

```
编辑器 - Change_YSH.m                             ⊙ ×   变量 - image_b
 color_ex.m  ×  Rgb_to_yc.m  ×  C_to_SH.m  ×  Change_YSH.m  ×  +
1    □function [out_y,out_sat,out_hue]=Change_YSH(in_y,in_sat,in_hue,ym,sm,hd,xsize,ysize)
2        %亮度、饱合度 色调的调整
3  -    □ for j1=1:ysize
4  -    □    for i1=1:xsize
5  -           out_y(j1,i1)= double(in_y(j1,i1)*ym);
6  -           out_sat(j1,i1)=double(in_sat(j1,i1)*sm);
7  -           out_hue(j1,i1)=double(in_hue(j1,i1)+hd);
8  -           if (out_hue(j1,i1)>360)
9  -               out_hue(j1,i1)=out_hue(j1,i1)-360;
10 -           end
11 -           if(out_hue(j1,i1)<0)
12 -               out_hue(j1,i1)=out_hue(j1,i1)+360;
13 -           end
14 -       end
15       end
```

图 3.1.1.5 自定义函数 Change_YSH

图 3.1.1.6 是自定义函数 SH_to_C,功能是通过变换后的饱合度信号和色相信号,计算变换后的色差信号 c1 和 c2。

```
编辑器 - SH_to_C.m                                      ⊗ ×  变量 - image_b

color_ex.m  ×  Rgb_to_yc.m  ×  C_to_SH.m  ×  Change_YSH.m  ×  SH_to_C.m  ×  +

1        function [c1,c2]=SH_to_C(sat,hue,xsize,ysize)
2        %由饱合度 色调计算色差信号
3            for j1=1:ysize
4                for i1=1:xsize
5                    rad=double(3.14159*hue(j1,i1)/180.0);
6                    c1(j1,i1)=double(sat(j1,i1)*sin(rad));
7                    c2(j1,i1)=double(sat(j1,i1)*cos(rad));
8                end
9            end
```

图 3.1.1.6　自定义函数 SH_to_C

图 3.1.1.7 是自定义函数 Yc_to_rgb,功能是根据变换后的亮度信号 y,色差信号 c1 和 c2,计算色彩变换后的彩色图像各像素点的红、绿、蓝分量灰度值。当计算的灰度值大于 255 时,让其等于 255;当计算的灰度值小于 0 时,让其等于 0。注意:在图像显示时,灰度值类型必须是 uint8 型,所示函数的最后部分应用强制类型转换,将 double 型的图像灰度值转换成 uint 8 型。

```
编辑器 - Yc_to_rgb.m                                    ⊗ ×  变量 - image_b

color_ex.m  ×  Rgb_to_yc.m  ×  C_to_SH.m  ×  Change_YSH.m  ×  SH_to_C.m  ×  Yc_to_rgb.m  ×  +

1        function [out_r,out_g,out_b]=Yc_to_rgb(y,c1,c2,xsize,ysize)
2        for j1=1:ysize
3            for i1=1:xsize
4                ir=y(j1,i1)+c1(j1,i1);
5                    if(ir>255)
6                        ir=255;
7                    end
8                    if(ir<0)
9                        ir=0;
10                   end
11               ig=double(y(j1,i1)-0.3/0.59*c1(j1,i1)-0.11/0.59*(c2(j1,i1)));
12                   if(ig>255)
13                       ig=255;
14                   end
15                   if(ig<0)
16                       ig=0;
17                   end
18               ib=y(j1,i1)+c2(j1,i1);
19                   if(ib>255)
20                       ib=255;
21                   end
22                   if(ib<0)
23                       ib=0;
24                   end
25               out_r(j1,i1)=uint8(ir);
26               out_g(j1,i1)=uint8(ig);
27               out_b(j1,i1)=uint8(ib);
28           end
29       end
```

图 3.1.1.7　自定义函数 Yc_to_rgb

四、数字图像的类型,图像的读入、显示和存储

MATLAB图像的读入、显示和存储的对应函数为 imread(),imshow() 和 imwrite()。读入与存储的图像类型有"bmp""jpg""png" 和"tif" 等。

Iinp＝imread('fig89.bmp')（读入图像函数）：可以根据所打开图像的字符串的文件后缀名，自适应运行打开相应图像的程序代码读入图像，将图像的数字图像矩阵读入工作区，用变量 Iinp 管理。

figure,imshow(Iinp)（显示图像函数）：输入参数是数字图像矩阵变量，其前面应用figure，表明图像在新生成的 figure 中显示，figure 序号由系统按顺序自动分配。

imwrite(Ig,'fig89gray.bmp','bmp')（存储图像函数）：Ig 是存储的图像在工作区中的变量名；'fig89gray.bmp'是存储图像的名称，默认是存储到 MATLAB 当前路径下；参数'bmp'是存储图像类型字符串，若存成.jpg 类型的文件，语句为 imwrite(Ig,'fig89gray.jpg'，'jpg')，存储成其他类型的文件，以此类推。

五、程序的结构框架及调试

MATLAB 程序结构框架如图 3.1.1.8 所示，采用顺序结构。主程序与自定义函数可以放在一个程序脚本文件中，也可以将自定义函数用单独的脚本文件来存储。

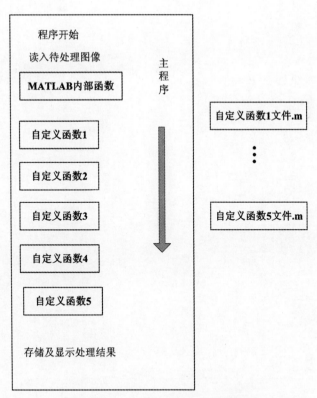

图 3.1.1.8　MATLAB 程序结构框架

在实例编程时，经常需要应用 MATLAB 定义的图像处理算法函数与自定义函数混合编程。在编程时，只需要清楚管理数字图像矩阵数据的变量关系及算法原理，将变量所代表的图像信息传递过程及逻辑编程实现即可。

如图3.1.1.9所示,可以在MATLAB脚本程序编辑框中,设置断点。当程序运行时,会在所设置断点处停止运行。此时可在工作区查看断点之前程序运行的变量的值。

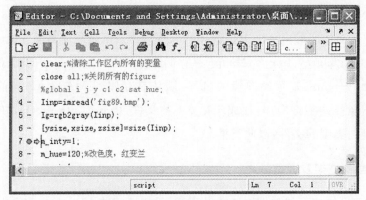

图3.1.1.9　程序运行断点设置

第二章　从C到C++

在C语言基础上，掌握C++语言，可以大幅度提升学生的编程能力。无论是开发集成软件系统，还是在嵌入式开发环境下，开发软件系统，面向对象技术都是必需的。本章介绍的内容是在应用VC++（Microsoft Visual C++的简称）平台开发集成软件系统时，可能用到的一些关于C++的新功能。这些内容也有助于学生快速掌握Python等其他编程工具。

一、C++的概念

C面向过程的程序设计，核心是功能分解。根据模块功能设计存储数据的数据结构，编写过程或函数对这些数据进行操作，最终的程序就是由这些过程构成的。其缺点是可重用性差，维护代价高。

C++面向对象程序设计，核心是将数据和方法看成一个整体，对象内的数据只能由与其形成整体的方法来完成。把对数据操作的方法定义在数据上就形成了一个C与C++编程思想的对比（见图3.2.1.1）。C++的优点是可重用性好。

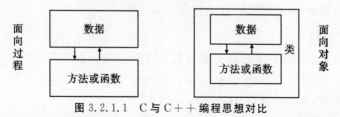

图3.2.1.1　C与C++编程思想对比

美国贝尔实验室在C语言的基础上，弥补了C的缺陷，增加了面向对象的特征，1980年开发出一种过程性与对象性结合的程序设计语言，最初把这种新语言叫"含有类的C"，1983年取名为C++。C++从小的方面增加了C的功能，从大的方面增加了面向对象特性。

二、C++语言的新特性

1.灵活的局部变量声明

变量声明可以出现在可执行语句的任何地方，如下例在使用变量 j 时，在使用之前声明即可，例如：

```
void   main()
{   inti;
    i = 5;
        { int j;   //C语言中该语句会出错
            j = 10;   }}
```

2. 带缺省参数的函数

在声明函数时,带缺省参数即为某些参数赋初值。此项功能经常用于设置函数常用功能,特别在类的构造函数中经常使用,以便生成具有默认属性的对象,例如:

void　fan(int a,int b,int c = 0,int d = 0){ ... }

函数调用"fan(1,2,3);"会将 1 赋给参数 a,2 赋给参数 b,3 赋给参数 c,参数 d 的值为默认值 0。

void　fan(int a,int c = 0,int b,int d = 0){...}　　// 出现语法错误

3. 函数重载

两个或两个以上的函数使用同一函数名,函数的参数类(类型或个数)或返回类型不同,例如:

```
＃include ＜ iostream ＞
int　abs(inti){return i ＞ 0? i：－i；}
long　abs(longi){return i ＞ 0? i：－i；}
float　abs(floati){return i ＞ 0? i：－i；}
void　main()
{　　int a =－5；
　　cout ＜＜ abs(a)；
　　float　f =－3.5；
　　cout ＜＜ abs(f)；}
```

在调用函数时,均调用 abs() 函数,但程序会根据调用函数时的输入参数,自动调用运行不同的函数体代码。函数重载机制是 C＋＋实现代码复用的机制之一。特别地,在定义类时,通过对类的构造函数重载,可以定义具有不同属性的对象。

4. 强制类型转换

强制类型转换是指在编程时根据需要实现不同数据类型之间的转换。在进行图像处理时,为了保持算法的计算精度,需要将 unsigned char 型转化成 double 型;在图像显示时,需要将 double 型图像灰度值,强制转化成 unsigned char 型。

例如,将一个整型数转换成双浮点数,程序如下:

inti = 10；

float　x = (doble)i；　或　x = double(i)；

C＋＋与 C 相同,数据类型所占的字节长度相同,int 占 16 个字节,short[int] 占 16 个字节, long[int] 占 32 个字节,unsigned[int] 占 16 个字节,unsigned short 占 16 个字节,unsigned long 占 32 个字节。

特别地,强制类型转换不仅可用于数值类型之间的转换,还可以用于类对象属性之间的转换,典型应用如下:

((CImageprocessDlg)pParent) －> width = 512；

此语句中,pParent 是 CWnd 类的指针,CImageprocessDlg 是 CWnd 类的派生类,CWnd 是 CImageprocessDlg 的基类。在程序运行过程中,指针 pParent 指向了 CImageprocessDlg 的对象 (基类的指针可以指向派生类的对象)。在通过指针 pParent 访问 CImageprocessDlg 中的数据成员 width,并将其值赋为 512 时,必须应用强制类型转换机制将指针 pParent 类型转换成 CImageprocessDlg。

在 Window 操作系统中,unsigned char 又被定义为 Byte。

5. new 和 delete 开辟及释放内存空间

new 和 delete 是 C++语言中动态开辟和释放内存的命令。在开辟内存时,开辟的内存是由多个单元组成的内存块,指针指向内存的首地址。例如:

```
#include <iostream>
void main()
{    int * i;
     char * j;
     i = new int(5);
     cout << * i << endl;
     j = new char[10];
     j = "abc";
     cout << j << endl;
     deletei;
     delete []j;}
```

语句"i = new int(5);"表示开辟整数类型的单个内存块,并将其值赋为 5。语句"delete []j;"表示释放由多个单元组成的内存块。

C++图像处理:编程处理彩色图像开辟内存存放数字图像矩阵及释放内存典型代码,m_Width、m_Height 分别表示数字图像水平方向和垂直方向分辨率,代码如下:

```
unsigned char * lpData;
lpData = new unsigned char [m_Width * m_Height * 3];
memset(lpData,unsigned char(0),m_Width * m_Height * 3);
...
if (lpData){
   delete []lpData;
      lpData = NULL;}
```

6. 函数参数值传递与地址传递

在用 C 语言编程时,在大多数情况下,应用 return 返回函数输出参数是不适用的。C 语言函数参数传递可以分为值传递和地址传递两种。在调用函数时,值传递是将变量 a 值向函数定义的内部变量 m1 拷贝一下,值传递也可称之为拷贝传递。地址传递有指针传递和变量引用传递两种。值传递演示程序如下:

```
#include <iostream>
void Swap(int m1,int n1)
{    int temp;
     temp = m1;
     m1 = n1;
     n1 = temp;
cout <<"m1 =" << m1 <<"   n1 =" << n1 << endl;}
int main(){
   int a = 5,b = 10;
     cout <<"a =" << a <<"   b =" << b << endl;
```

```
    Swap(a,b);
    cout <<"a = " << a <<"    b = " << b << endl;
    return 0;}
```

此程序在调用 Swap() 函数时,将变量 a 值拷贝给 m1,将变量 b 值拷贝给 n1,在调用函数时,将 m1 与 n1 的值进行了交换;当函数调用退出时,函数内部定义的局部变量 m1 和 n1 释放,而 a 和 b 的值并没有交换。

指针作为函数参数演示程序如下:

```
# include < iostream >
void Swap(int * m1,int * n1)
{ int temp;
  temp = * m1;
  * m1 = * n1;
  * n1 = temp;}
int main()
{   int a = 5,b = 10;
    cout <<"a = " << a <<"b = " << b << endl;
    Swap(&a,&b);
    cout <<"a = " << a <<"b = " << b << endl;
    return 0;}
```

上述程序在调用 Swap() 函数时,将变量 a 的地址传递给指针 m1,将变量 b 的地址传递给指针 n1。在运行函数过程中,将指针 m1 和 n1 所指的内存块内的数值进行了交换,也就是实现了变量 a 和 b 的值的交换。

综上所述,函数参数在采用值传递(拷贝传递)时,只能作为函数的输入参数,函数参数在采用指针传递时,既可用于输入参数也可用于输出参数。

7. 引用

引用是 C++ 中的一个新概念,它是能自动间接引用的一种指针。自动间接引用是指不必使用间接引用符 *,就可得到引用值。引用可以认为是变量的别名,主要用于函数参数及函数的返回类型。应用引用作为函数参数的示例如下:

```
# include < iostream >
void main()
{   int num = 10;
    int &def = num;    // 定义一个整数类型的引用 def,def 是变量 num 的别名,它们共用内存单元
    cout << num << def << endl;
    num = num + 10;
    cout << num << def << endl;}
```

再例如:

```
# include < iostream. h >
void main()
{      int num = 10;
       int   * pt;
       int &ref = num;
```

```
        pt = &ref;    // 将引用 def 的地址,也就是 num 的地址赋给指针,指针的本质是内存地址
        * pt = 20;
        cout << pt << endl;      // 输出内存地址
        cout << * pt << endl;    // 输出 20
        cout << num << endl;     // 输出 20
        cout << ref << endl;     // 输出 20
        cout << &ref << endl;    // 输出内存地址}
```

函数参数定义采用引用演示程序:

```
#include < iostream. h >
void Swap(int &m2,int &n2)    // 引用作为函数参数
{ int temp;
    temp = m2;
    m2 = n2;
    n2 = temp;}
int main()
{    int a = 5,b = 10;
    cout <<"a =" << a <<"   b =" << b << endl;
    Swap(a,b);
    cout <<"a =" << a <<"   b =" << b << endl;
    return 0;}
```

上述程序的运行结果是变量 a 和 b 的值进行了交换,因此变量引用既可以作为函数输入参数,也可以作为输出参数。

8.面向对象程序设计

(1)类。C++语言将数据及操作数据的函数封装在一起,形成了类。类是 C++中结构更为完全有效的数据类型,声明关键字是 class。类由数据成员和成员函数组成,数据成员和成员函数均有不同的访问属性,数据成员分为私有(private)成员 、公有(public)成员和保护(protected)成员,成员函数访问属性有私有(private)和公有(public)两种。私有数据成员,只有类的成员函数才能访问。在类的定义过程中,将类的数据成员和成员函数设定为不同的访问权限,可以在类的派生与继承过程中,将类的部分数据与功能保护起来,有利于在多重继承时,有序管理类的功能。

例如,定义一个 Point 类:

```
class   Point{
        private:   intx,y;        // 数据成员
        public:
            void   initial(int a,intb){x = a;y = b;} // 成员函数,在类的内部定义的成员函数
            intgetx(){return x;} // 通过成员函数操作访问数据成员
voidsety(int m_y);// 此函数只声明,类内部没有定义函数功能
};
```

类的成员函数可以在类的外部定义,例如:

```
void   Point::sety(int b){y = b;}
```

(2)对象的定义与引用。创建类的对象之后,类进行了实例化,其内定义的变量在计算机

内存中占用相关单元。例如：

```
void   main()
{      Point   ob1,ob2;
             ob1.initial(5,10);
             ob2 = ob1;       // 同类对象才能赋值
       cout << "data out is" << ob2.getx() << endl;
}
```

（3）类的构造函数与析构函数。构造函数是类的成员函数之一。

1）构造函数的作用：为对象分配内存，对数据成员进行初始化。

2）构造函数的特点：与类同名，没有返回类型，在创建对象时自动调用。

3）带缺省参数的构造函数：

```
Point::Point(int a = 0,int b = 0){x = a;y = b;}
```

4）对构造函数进行重载：

```
Point(){x = 0;y = 0;}
Point(int a){x = a;y = 0;}
Point(inta,int b){x = a;y = b;};
```

析构函数也是类的成员函数之一，在对象销毁时自动调用。其特征是与类同名，类名前面加"~"，既无返回类型也无参数。

（4）对象数组与对象指针。

对象数组的定义格式如下：

```
        类名    数组名[下标]
```

例如：

```
Point   ob[5];
```

对象指针指向单个对象的程序示例如下：

```
#include   < iostream. h >
class myclass {   private: int x;
public:void set(int a){x = a;}
       void show(){cout << x << endl;}};
void main()
{myclass   ob1, * p;
  ob1.set(5);
p = &ob1;   // 对象指针指向同类对象
p -> show();   // 应用对象指针调用类的成员函数 }
```

指针指向对象数组的程序示例如下：

```
void main(){myclass   ob1[5], * p;
       for(inti = 0;i < 5;i ++)
           ob1[i].set(i);
           p = ob1;
       for(;p < ob1 + 5;p ++)   // 注意指针的初值为默认值,p ++ 表示指针移动 1 个对象单元
           p-> show();}
```

（5）派生类和继承。通过对原有类增加或修改少量代码就可以得到新类，较好地解决代码

重用的问题。声明一个派生类的格式如下：

　　　　class　　派生类名：派生方式 基类名

例如：

class CMenuEx ：public CMenu

1) 派生方式：public 和 private 的主要区别是对基类中的公有成员的访问属性。对于基类中的私有成员，两种派生方式均无法访问，但可以通过基类中的公有成员函数访问。

2) 保护成员：派生类操作基类的私有成员，通过其提供的函数非常不便。为了使派生类调用基类中的私有成员，C＋＋提供了另一种访问属性的成员 —— 保护成员，保护成员是类声明中第三个类型，保护成员可以被派生类的成员函数访问，但对外界是隐藏起来的。

3) 基类成员在派生类中的访问权限见表 3.2.1.1。

表 3.2.1.1　访问权限

基类成员	私有派生	公有派生
私有成员	—	—
保护成员	private	protected
公有成员	private	public

4) 单一继承、多重继承：

class z：public x,y{　　　}；　//z 公有继承了 x,私有继承了 y

class　z：public　x,public y{　　}//z 公有继承了 x,y

图 3.2.1.2 是 MFC 中 CFileDialog 类的派生结构图，它是通过多重派生生成的。

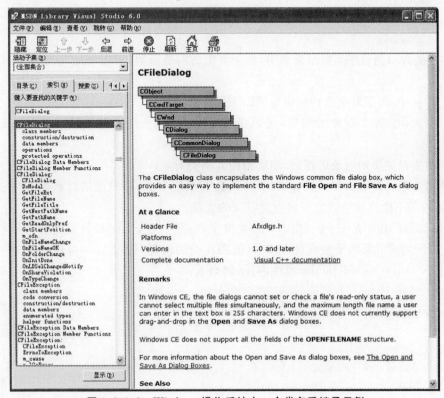

图 3.2.1.2　Windows 操作系统中一个类多重继承示例

（6）虚函数。C++引入虚函数实现动态调用的功能。虚函数在基类中用 virtual 说明，是在派生类中重新定义的函数。例如：

```
#include <iostream>
class my_base{ int a,b;
public:my_base(int x,int y) {a = x;b = y;}
          virtual void show()                 //定义虚函数
          {cout <<"my_base is..." << endl;
                    cout << a <<"  " << b << endl;}
};
classmy_class:public my_base{ int c;
     public:my_class(int x,int y,int z):my_base(x,y){c = z;} //派生类 my_class 的构造函数调用基类
                                                             //的构造函数
     void   show()        //重新定义虚函数
      { cout <<"my_class ...";
         cout << c << endl;}};
main()
{my_base   mb(50,50),* mp;
my_class   mc(10,20,30);
mp = &mb;
mp -> show();
mp = &mc;
mp -> show();}
```

上述虚函数示例程序运行结果表明，派生类中的构造函数，可以调用基类构造函数，实现代码复用。

在 C++中，关于对象指针调用遵循以下规则：

1）声明为指向基类对象的指针，可以指向其公有派生对象，但不可以指向其私有派生对象。

2）声明为派生类的对象的指针，不能指向其基类对象。

3）声明为指向基类对象的指针，当其指向公有派生对象时，只能访问派生类中从基类继承来的成员，而不能直接访问公有派生类定义的成员。

（7）this 指针。this 是 C++中的一个关键字，也是一个 const 指针，它指向当前对象，通过它可以访问当前对象的所有成员。this 只能用在类的内部，通过 this 可以访问类的所有成员，包括 private、protected、public 属性的。示例如下：

```
#include <iostream>
using namespace std;
class Stud{
public:
     voidsetname(char * name);
     void show();
private:
```

```
    char * name;  };
void Stud::setname(char * name){
    this —> name = name;}
void Student::show(){
cout <<" 学生姓名:" << this —> name << endl;}
int main(){
    Stud * pstu = new Student;
pstu —> setname(" 李三");
pstu —> show();
    return 0;}
```

在使用 VC＋＋开发程序时,为了实现文档类、视图类和对话框类的对象之间、对话框类与对话框类之间数据的访问与传递,经常用 this 指针作为对象创建时的输入参数,以便实现两个对话框类对象之间的传递。示例如下:

```
CMainDlg::OnMenuSetPara()    // CMainDlg 对话框类绑定的菜单消息响应函数
{ CSetDlg  m_setdlg(this); // 将 CMainDlg 类对象 this 指针作为 CSetDlg 构造函数的输入参数
M_setdlg.DoModal();} // 在 CSetDlg 类的构造函数中应用强制类型转换机制,获得对话框 CMainDlg 类
                     // 的指针
CSetDlg::CSetDlg(CWnd* pParent /* = NULL */):CDialogEx(CSetDlg::IDD, pParent)
{ m_width = ((CMainDlg)pParent) —> width;
}
```

在上述程序中,当 CSetDlg 类的对象创建时,将 CMainDlg 类的对象 this 指针作为 CSetDlg 类构造函数输入参数传递给 pParent,pParent 是 CWnd 类对象指针,CMainDlg 是 CWnd 类的派生类,基类的指针可以指向派生类的对象。通过((CMainDlg)pParent) 进行强制类型转换,获得 CMainDlg 类对象指针,后将 CMainDlg 中的数据成员 width 的值赋给 CSetDlg 类的数据成员 m_width,实现两个对话框类对象数据成员之间的数据交换。

第三章　从 C＋＋到 VC＋＋

在掌握了 C＋＋一些基本功能后,本章以开发基于 MFC 对话框的图像处理应用程序为目标,讲述程序开发过程。程序以彩色图像色彩变换算法为例,重点讲述图像读入、处理与显示等功能,使学生掌握 VC＋＋图像处理程序的基本框架,为开发图像处理集成软件打下基础。本章仍以色彩变换为例,希望学生在学习过程中能与 MATLAB 编程程序架构和编程细节相比较,能凸显出两种开发工具的联系与不同之处,深化对编程过程的认识。本章希望学生掌握的基本技能如下:

(1)掌握 VC＋＋MFC 对话框应用程序向导,能创建、编译、调试基于 MFC 对话框的应用程序。

(2)能够熟练地为应用程序添加控件,熟练地使用类向导为控件添加变量。掌握 Windows 操作系统的消息响应机制,应用类向导为控制添加消息响应函数。为对话框添加 WM_DESTORY 消息响应函数,为子对话框添加 OnInitDialog() 虚函数。

(3)能理解对话框应用程序的启动过程,能构建基于对话框应用程序的图像处理软件系统。

(4)根据色彩变换算法,在 VC＋＋环境下开发算法函数与程序。

(5)能够分析理解位图操作类,掌握位图文件结构与组成,掌握位图磁盘文件的读入与存储过程。

(6)在掌握了上述基本技能后,能应用基于 MFC 对话框应用程序框架的图像处理软件开发。

一、基于 MFC 对话应用程序框架的图像处理应用程序开发

下面展示应用程序开发过程,本示例是在 Visual Studio 2013 平台上开发完成的。

(1)应用 MFC 对话框应用程序向导创建程序工程"ImagePro",在程序工程资源标签中,找出主对话框并显示。创建主对话框,在主对话框上放置"Picture"控制(其长宽比近似为 4∶3,以免在显示图像时,图像变形),放置 3 个 BUTTON 控件,其 ID 分别为"ID_BUTTON_OPEN""ID_BUTTON_PRO""ID_BUTTON_SAVE",并为 3 个 BUTTON 添加双击消息响应函数。添加 3 个"Static"控制作为静态标签,将它们的"caption"属性改为"亮度变换系数""饱合度变换系数""色相变换角度"。添加 3 个"Edit"控件,将其 ID 改为"ID_EDIT_Y""ID_EDIT_H""ID_EDIT_S",用于人工改变色彩亮度变换系数、饱合度变换系数和色相变换角度。主对话

框创建完成后如图 3.3.1.1 所示。

图 3.3.1.1   色彩变换程序主界面

（2）在工程创建完成后，如图 3.3.1.2 所示，在类视图标签中可以看见"CImageproApp"和"CImageproDlg"，分别称为应用程序类和对话框类。"CCDib"类为操作位图的自定义类。主对话框是与类"CImageproDlg"绑定在一起的。启动"工程"→"类向导"，为"Edit"控件添加变量，为类"CImageproDlg"添加 WM_DESTORY 消息响应函数，掌握类向导功能。

图 3.3.1.2   应用 MFC 应用程序向导创建工程中的类

（3）当程序编辑运行时，其启动过程为创建"CImageproApp"的对象 theApp，在 theApp 对象实例化程序中创建"CImageproDlg"对象，并调用函数"DoModal"显示模式对话框。

在类"CImageproDlg"的对象对话框显示之前，先调用类"CImageproDlg"的构造函数，再调用类"CImageproDlg"的虚函数 OnInitDialog()，因此在编程时，经常在这两个函数里添加让程序初始化的一些代码。注意：在调用构建函数时，主对话框中的所有控件尚不存在，不能对它们进行初始化；在运行 OnInitDialog() 时，对话框加的控件已存在，可以对它们进行初始设置。

在 CImageproApp. cpp 文件中定义 CImageproApp 的唯一对象"CImageproApp theApp"，在"CImageproApp::InitInstance()"中定义主对话框的对象并显示。具体代码如下：

```
CImageproDlg dlg;
    m_pMainWnd = &dlg;
    INT_PTRnResponse = dlg.DoModal();
```

在基于 MFC 开发的应用程序中,其程序运行入口函数 WINMAIN 函数是隐藏的。应用程序编程一般只关注对话框类的对象的启动过程。

(4) 色彩变换程序构建。其基本思想是通过位图操作类或借助 Opencv 图像读入或显示位图,在主对话框类"CImageproDlg"的成员函数中添加位图操作类"CDib"的对象和存储图像数字图像矩阵的内存指针、图像的宽度、高度及色彩位数等信息。

将实现色彩变换的 5 个函数定义为对话框类"CImageproDlg"的成员函数,将色彩变换算法嵌入对话框类。具体代码如下:

```
#include "CDib.h"    // 添加定义位图操作类的头文件
#pragma once
classCImageproDlg : public CDialogEx
{   public:
CImageproDlg(CWnd * pParent = NULL);// 标准构造函数
doublem_fy;    // 传递亮度系统的变量
doublem_fhue;    // 传递色相角度的变量
doublem_fsat;    // 传递饱合度系统的变量
CCDib m_Dib;    // 位图操作类对象
BYTE * m_image_r;// 图像 R 分量数据指针
BYTE * m_image_g;// 图像 G 分量数据指针
BYTE * m_image_b;// 图像 B 分量数据指针
BYTE * m_image_none;
float * m_data_y;// 量度数据
float * m_data_ry;// 色差(R－Y)数据指针
float * m_data_by;// 色差(B－Y)数据指针
float * m_data_sat;// 饱合度数据指针
float * m_data_hue;// 色相数据指针
intm_xsize;// 图像宽度
intm_ysize;// 图像高度
intm_perLineByte;// 图像每行字节数
BYTE * m_pImageAll;
// 将色彩变换算法开发成 5 个类的成员函数来实现
voidRgb_to_yc(BYTE * image_r, BYTE * image_g, BYTE * image_b, float * y, float * c1, float
* c2, int xsize, int ysize); // 注意 float * y, float * c1, float * c2 三个变量是输出参数
    void C_to_SH(float * c1, float * c2, float * sat, float * hue, int xsize, int ysize); // 注意 float * sat,
//float * hue 两个变量是输出参数
    void Change_YSH(float * in_y, float * in_sat, float * in_hue, float * out_y, float * out_sat, float
* out_hue, float ym, float sm, float hd, int xsize, int ysize); // 注意 float * out_y, float * out_sat, float
// * out_hue 三个变量是输出参数
```

```
voidSH_to_C(float * sat, float * hue, float * c1, float * c2, int xsize, int ysize); // 注意 float * c1,
//float * c2 两个变量是输出参数
    voidYc_to_rgb(float * y, float * c1, float * c2, BYTE * image_r, BYTE * image_g, BYTE
* image_b, int xsize, int ysize); // 注意 BYTE * image_r, BYTE * image_g, BYTE * image_b 三个变量是
                        // 输出参数
    CString m_sOpenFilePath; // 保存图像文件的路径
    CString m_sSaveFilePath;
    BOOL m_IsExistImage; // 有图像读入
    // 对话框数据
    enum { IDD = IDD_IMAGEPRO_DIALOG };
    protected:
    virtual voidDoDataExchange(CDataExchange * pDX); // DDX/DDV 支持
    protected:
    HICONm_hIcon;
    // 生成的消息映射函数
    virtual BOOLOnInitDialog();
    afx_msg void OnSysCommand(UINT nID, LPARAM lParam);
    afx_msg void OnPaint();
    afx_msg HCURSOR OnQueryDragIcon();
    DECLARE_MESSAGE_MAP()
    public:
    afx_msg void OnBnClickedButtonSave();    // 用类向导生成的 3 个按钮的消息响应函数
    afx_msg void OnBnClickedButtonOpen();
    afx_msg void OnBnClickedButtonPro();
    doublem_fyc;        // 用类向导为 Edit 控件添加的变量,注意在程序中这 3 个变量并没有使用
    doublem_fhuec;      // 使用控件绑定的变量实现界面数据交互需调用 UpdateData(true)
    doublem_fsatc;      //UpdateData(false) 方法,这种方法执行效率低
    };
```

为了对比分析 MATLAB 编程和 VC++编程的相似与不同之处,将开发的色彩变换算法实现过程的 5 个 C++函数程序举例如下:

```
    void CImageproDlg::Rgb_to_yc(BYTE * image_r, BYTE * image_g, BYTE * image_b, float * y,
float * c1, float * c2, int xsize, int ysize)
    { int i, j;
    floatfr, fg, fb;
    for (j = 0; j < ysize; j++)
    { for (i = 0; i < xsize; i++)
        { fr = (float)(* (image_r + j * xsize + i)); // 指针所指的数字图像矩阵访问
            fg = (float)(* (image_g + j * xsize + i));  // 某一像素点的灰度值
            fb = (float)(* (image_b + j * xsize + i));
            * (y + j * xsize + i) = (float)(0.3 * fr + 0.59 * fg + 0.11 * fb);
            * (c1 + j * xsize + i) = (float)(0.7 * fr - 0.59 * fg - 0.11 * fb);
```

```
    * (c2 + j * xsize + i) = (float)(− 0. 3 * fr − 0. 59 * fg + 0. 89 * fb);
    }}}
void CImageproDlg::C_to_SH(float * c1, float * c2, float * sat, float * hue, int xsize, int ysize)
{ inti, j;
floatfhue, length;
for (j = 0; j < ysize; j++)
{for (i = 0; i < xsize; i++)
    {length = (float)( * (c1 + j * xsize + i)) * (float)( * (c1 + j * xsize + i)) + (float)( * (c2 +
j * xsize + i)) * (float)( * (c2 + j * xsize + i));
        * (sat + j * xsize + i) = (float)(sqrt((double)length));
        if ( * (sat + j * xsize + i) > 0. 0)
        {fhue = (float)(atan2((double)( * (c1 + j * xsize + i)), (double)( * (c2 + j * xsize +
i))) * 180. 0 / 3. 14159);
            if (fhue < 0) fhue = fhue + (float)360. 0;
            * (hue + j * xsize + i) = fhue;
        }else * (hue + j * xsize + i) = (float)0. 0;
    }}}
void CImageproDlg::Change_YSH(float * in_y, float * in_sat, float * in_hue, float * out_y, float *
out_sat, float * out_hue, float ym, float sm, float hd, int xsize, int ysize)
{int i, j;
for (j = 0; j < ysize; j++)
    {for (i = 0; i < xsize; i++)
    { * (out_y + j * xsize + i) = (float)( * (in_y + j * xsize + i) * ym);
        * (out_sat + j * xsize + i) = (float)( * (in_sat + j * xsize + i) * sm);
        * (out_hue + j * xsize + i) = (float)( * (in_hue + j * xsize + i) + hd);
        if ( * (out_hue + j * xsize + i) > 360)
            * (out_hue + j * xsize + i) = * (out_hue + j * xsize + i) − 360;
        if ( * (out_hue + j * xsize + i) < 0)
            * (out_hue + j * xsize + i) = * (out_hue + j * xsize + i) + 360;
    }}}
void CImageproDlg::SH_to_C(float * sat, float * hue, float * c1, float * c2, int xsize, int ysize)
{int i, j;
float rad;
for (j = 0; j < ysize; j++)
{   for (i = 0; i < xsize; i++)
    {rad = (float)(3. 14159 * ( * (hue + j * xsize + i)) / 180. 0);
        * (c1 + j * xsize + i) = (float)( * (sat + j * xsize + i) * sin((double)rad));
        * (c2 + j * xsize + i) = (float)( * (sat + j * xsize + i) * cos((double)rad));
    }}}
void CImageproDlg::Yc_to_rgb(float * y, float * c1, float * c2, BYTE * image_r, BYTE * image_g,
BYTE * image_b, int xsize, int ysize)
```

```
{   int i, j;
floatir, ig, ib;
for (j = 0; j < ysize; j++)
{for   (i = 0; i < xsize; i++)
    {ir =  * (y + j * xsize + i) +  * (c1 + j * xsize + i);
    if (ir > 255)ir = 255;
    if (ir < 0)ir = 0;
ig = (float)( * (y + j * xsize + i) - 0.3 / 0.59 * ( * (c1 + j * xsize + i)) - 0.11 / 0.59 * ( * (c2 +
j * xsize + i)));
                if (ig > 255)ig = 255;
                if (ig < 0)ig = 0;
                ib =  * (y + j * xsize + i) +  * (c2 + j * xsize + i);
                if (ib > 255)ib = 255;
                if (ib < 0)ib = 0;
                 * (image_r + j * xsize + i) = (BYTE)ir;
                 * (image_g + j * xsize + i) = (BYTE)ig;
                 * (image_b + j * xsize + i) = (BYTE)ib;
        }}}
```

在下面对话框类"CImageproDlg"的构造函数中添加代码实现类中数据成员变量的初始化。

```
CImageproDlg::CImageproDlg(CWnd *  pParent / *  = NULL * /)：CDialogEx(CImageproDlg::IDD,
pParent)，m_fhuec(0)，m_fsatc(1)，m_fyc(1)// 对 Edit 控件绑定变量赋初值
{   m_image_r = NULL;
    m_image_g = NULL;
    m_image_b = NULL;
    m_pImageAll = NULL;
    m_data_y = NULL;
    m_data_ry = NULL;
    m_data_by = NULL;
    m_data_sat = NULL;
    m_data_hue = NULL;
    m_xsize = 0;
    m_ysize = 0;
    m_perLineByte = 0;
    m_IsExistImage = FALSE;
    m_hIcon = AfxGetApp() -> LoadIcon(IDR_MAINFRAME);
}
```

下面开发"打开图像""处理图像""保存图像"3 个 BUTTON 按钮的消息响应函数代码，实现图像的处理存储与显示。

```
void CImageproDlg::OnBnClickedButtonOpen()
    {// TODO:    在此添加控件通知处理程序代码
    if(m_IsExistImage)   // 清空上一次打开位图所开辟的内存空间
    {if(m_image_r)   // 为根据新打开的位图的分辨率重新开辟内存空间做准备
        {   delete[]m_image_r;   // 使程序可以适应于处理不同分辨率的图像
            m_image_r = NULL;}
    if(m_image_g)
    {   delete[]m_image_r;
        m_image_r = NULL;}
    if(m_image_b)
    {   delete[]m_image_r;
        m_image_r = NULL;}
    if(m_pImageAll)
    {   delete[]m_pImageAll;
        m_pImageAll = NULL;}
    m_IsExistImage = FALSE;    // 将位图打开标志改为没有位图打开
    }
    CFileDialog fd(true, NULL, NULL, OFN_HIDEREADONLY,_T( "Windows Bmp files( * . bmp) | * .
bmp | All files( * . * ) | * . * ||"));
    if(fd.DoModal() != IDOK)   // 弹出对话框,让用户选择将要存储的 DIB 文件名
    { return;}
    m_sOpenFilePath = fd.GetPathName();   // 获取打开位图文件全路径
    m_Dib.LoadBmp(m_sOpenFilePath);    // 调用位图操作类 LoadBmp 函数将磁盘位图文件数据读入位
                                       // 图操作对象 m_Dib 中,查看 LoadBmp() 函数代码可以明晰磁
                                       // 盘文件读入过程
    m_xsize = m_Dib.Width;   // 读取位图对像 m_Dib 公有数据成员,获得图像的宽度
    m_ysize = m_Dib.Height;   // 读取 m_Dib 公有数据成员,获得图像的高度
    m_perLineByte = m_Dib.Bpl;   // 读取 m_Dib 公有数据成员,获得图像色彩位数;24 表示真彩色图像
    if(m_Dib.BPP == 24)
    {// 为新打开的图像分配内存
        m_image_r = new BYTE[m_xsize * m_ysize];
        m_image_g = new BYTE[m_xsize * m_ysize];
        m_image_b = new BYTE[m_xsize * m_ysize];
        m_data_y = new float[m_xsize * m_ysize];
        m_data_ry = new float[m_xsize * m_ysize];
        m_data_by = new float[m_xsize * m_ysize];
        m_data_sat = new float[m_xsize * m_ysize];
        m_data_hue = new float[m_xsize * m_ysize];}
```

以下是将内存中的彩色图像的数字图像矩阵显示在"Picture"控件(ID:IDC_PIC)中的典型代码,这种显示机制可以根据"Picture"控件在对话框中的大小实现图像自适应缩放。

```
    CRect rcView, rcResource;
```

```
CWnd  * pWnd;

pWnd = GetDlgItem(IDC_PIC);   // 获得"Picture"控件的 CWnd 类指针

pWnd -> GetClientRect(&rcView);   // 获得"Picture"控件有对话框中的大小

rcResource. top = 0;   // 设置显示时,内存中"图像"的区域参数

rcResource. left = 0;       // 注意改变这些参数可以将内存中"图像"的一部分显示在"Picture"控件中

rcResource. right = m_xsize;

rcResource. bottom = m_ysize;

m_Dib. Draw(pWnd -> GetDC() -> GetSafeHdc(), rcView, rcResource);
```
// 调用位图操作类的 Draw 函数,实现位图的显示。Draw 函数的第 1 个参数 pWnd -> GetDC() ->
　//GetSafeHdc() 中 pWnd -> GetDC() 获得 CWnd 类中 CDC 类的对象指针,pWnd -> GetDC() ->
　//GetSafeHdc() 获得绘图设备句柄中 HD
// Windows 操作系统应用 CDC 类及其派生类在设备环境对象(Device-Context Object)中绘制图像,设备
　// 环境对象指显示器、打印机、和窗口的客户区等。用 VC++ 编写打印程序可必须应用到 CDC 类
```
m_IsExistImage = TRUE;}  // 色彩变换算法运行过程用"图像处理"按钮消息响应函数实现
void CImageproDlg::OnBnClickedButtonPro()
```
{   // 从 Dlg 控件中输入参数值,转换成传统中变像的值典型代码,这种方法比从用控制变量 +
　　//UpdateData() 函数内部调用 DoDataExchange 方法调用机制更简捷
// UpdateData(true) 将控件值传给变量 UpdateData(false) 将变量值传给控制显示,这种方式要对对话
　// 框进行刷新,因此程序运行效率低
　// 采用 GetDlgItemText 无需刷新对话框,程序运行效率高
```
CString  mstrfy;

GetDlgItemText(IDC_EDIT_Y, mstrfy);    ·// 从界面控件中将手动输入值传递 CString 变量
CString  mstrsat;

GetDlgItemText(IDC_EDIT_S, mstrsat);

CString  mstrhue;

GetDlgItemText(IDC_EDIT_H, mstrhue);

m_fy = _tstof(mstrfy);   // 将 CString 变量值转为 float 型

m_fhue = _tstof(mstrhue);

m_fsat = _tstof(mstrsat);
```
　// 将系统变量中的值显示在控件中的典型代码
　//CString str1;
　//str1. Format(_T("%. 2f",m_fy));
　//SetDlgItemText(IDC_EDIT_Y, str1);
if (m_IsExistImage && m_Dib. BPP == 24)
{ // 读入新图像数据
m_pImageAll = m_Dib. GetBuffer(); // 从位图操作类对象中获得位图数据图像矩阵指针
for (int j = 0; j < m_ysize; j++)   // 应用 for 循环嵌套,由彩色图像数据图像矩阵,分别获得彩色图像
                                     // 红、绿、蓝 3 个分量的数据图像矩阵(在 C 语言中均为一维数
                                     // 组),注意从位图磁盘文件读入的位图的数据图像矩阵色彩
                                     // 的排列顺序是蓝、绿、红,而不是红、绿、蓝。注意在 C 与 C++
                                     // 编程中指针变量与数组变量其语法等价的,下面代码用访问数
```
```

```
                                 // 据的方式访问内存指针所指内存块内的数据
{for (inti = 0; i < m_xsize; i++)
{   m_image_b[j * m_xsize + i] = m_pImageAll[j * m_perLineByte + 3 * i];
    m_image_g[j * m_xsize + i] = m_pImageAll[j * m_perLineByte + 3 * i + 1];
    m_image_r[j * m_xsize + i] = m_pImageAll[j * m_perLineByte + 3 * i + 2];
        }}
    float * out_y = new float[m_xsize * m_ysize];
    float * out_sat = new float[m_xsize * m_ysize];
    float * out_hue = new float[m_xsize * m_ysize];
```

// 调用实现色彩变换算法的 5 个函数

```
Rgb_to_yc(m_image_r, m_image_g, m_image_b, m_data_y, m_data_ry, m_data_by, m_xsize, m_ysize);
C_to_SH(m_data_ry, m_data_by, m_data_sat, m_data_hue, m_xsize, m_ysize);
Change_YSH(m_data_y, m_data_sat, m_data_hue, out_y, out_sat, out_hue, m_fy, m_fsat, m_fhue,
m_xsize, m_ysize);
    SH_to_C(out_sat, out_hue, m_data_ry, m_data_by, m_xsize, m_ysize);
    Yc_to_rgb(out_y, m_data_ry, m_data_by, m_image_r, m_image_g, m_image_b, m_xsize, m_ysize);
    m_Dib. ReWrite2(m_image_r, m_image_g, m_image_b, m_xsize, m_ysize, m_perLineByte);
```

// 将色彩变换结果图像红绿兰数字图像矩阵写入位图操作类中,以便调用位图操作类进行显示

```
if (out_y){delete[]out_y;    // 释放色彩变换过程中用 new 开辟的内存空间
    out_y = NULL;}
if (out_sat)
{   delete[]out_sat;
    out_sat = NULL;}
if (out_hue)
{   delete[]out_hue;
    out_hue = NULL;}
```

将内存中的彩色图像的数字图像矩阵显示在"Picture"控件,与"打开图像"中相同。

```
CRect rcView, rcResource;
CWnd * pWnd;
pWnd = GetDlgItem(IDC_PIC);
pWnd -> GetClientRect(&rcView);
rcResource. top = 0;
rcResource. left = 0;
rcResource. right = m_xsize;
rcResource. bottom = m_ysize;
m_Dib. Draw(pWnd -> GetDC() -> GetSafeHdc(), rcView, rcResource);}}
```

"保存图像"按钮的消息响应函数代码示例如下:

```
void CImageproDlg::OnBnClickedButtonSave()
{LPCTSTR fn;
CFileDialog fd(false, NULL, NULL, OFN_HIDEREADONLY | OFN_OVERWRITE
PROMPT,_T("Windows Bmp files(*.bmp)|*.bmp|All files(*.*)|*.*||"));
```

```
if (fd. DoModal() == IDOK)    // 弹出对话框,让用户选择将要存储的 DIB 文件名
{m_sSaveFilePath = fd. GetPathName();
if (m_sSaveFilePath. Find(_T(". bmp")) == -1)
{ m_sSaveFilePath = m_sSaveFilePath + _T(". bmp");}
fn = m_sSaveFilePath. GetBuffer(100);
m_Dib. SaveBmp(fn); }    // 调用位图操类的 SaveBmp 成员函数,根据内存中对象 m_Dib 的数据,存
                        // 储生成磁盘文件
Invalidate(); }    // 向 CImageproDlg 类对话框发消息,调用 void CImageproDlg::OnPaint() 函数重绘主
                  // 对话框。如果想在主对话框中绘制背景或显示图,将代码添加在 OnPaint() 函数中
```

(5) 在 CImageproDlg 类 OnDestroy 函数中添加释放 new 开辟的内存及程序运行过程中生成的设备句柄。

```
void CImageproDlg::OnDestroy()
{CDialogEx::OnDestroy();
// TODO:在此处添加消息处理程序代码
if (m_image_r)
{    delete[]m_image_r;
    m_image_r = NULL;}
if (m_image_g)
{    delete[]m_image_r;
    m_image_r = NULL;}
if (m_image_b)
{    delete[]m_image_r;
    m_image_r = NULL;}
if (m_pImageAll)
{    delete[]m_pImageAll;
    m_pImageAll = NULL;}}
```

二、位图操作类

要了解位图操作类的定义,需熟悉位图文件格式。位图文件格式包括位图文件头结构(BITMAPFILEHEADER)、位图信息头结构(BITMAPINFO)、调色板及数字图像矩阵 4 部分。其中位图文件头结构(BITMAPFILEHEADER)、位图信息头结构(BITMAPINFO) 在 Windows 操作系统已定义。位图操作头文件定义如下:

```
# include < fstream >
# include "stdio. h"
# define PALVERSION 0x300
# define RECTWIDTH(lpRect)    ((lpRect) -> right - (lpRect) -> left)
# define RECTHEIGHT(lpRect)    ((lpRect) -> bottom - (lpRect) -> top)
using namespace std;
classCCDib
{    public:
```

```
      /** 类的数据成员***********/
private:
BYTE * m_Buffer;    // 位图数据图像矩阵管理指针
HPALETTEm_hPal;    // 调节板结构变量
public:
RGBQUAD     * m_Quad;
DWORDm_BmpLoaded;
BITMAPFILEHEADERm_BmpFH;     // 位图文件头结构变量
BITMAPINFO   * m_BmpInfo;    // 位图信息头结构变量
// 位图数据
DWORD Width;    // 位图宽度(像素)
DWORD Height;    // 位图高度(像素)
DWORD BPP;      // 位图色彩深度
DWORDBufferSize;    // 位图数据区尺寸(字节)
DWORD Bpl;    // 位图每一行占据的字节数
DWORDNumberOfColors;    // 调色板中的颜色数目
WORDBmpMarker;    // 位图标识
      /** 类的成员函数*****************/
private:
BOOLCreatePalette();
DWORDPaletteSize();
void CalBmpData();    // 从磁盘文件获得图像大小、色彩深度、数据图像矩阵数据
public:
    CCDib();    // 位图操作类的构造函数
virtual ~ CCDib();    // 位图操作内的析构函数
BITMAPINFOHEADERGetImageInfo(LPCTSTR fn,DWORD &w,DWORD &h);
    BOOL Draw(HDChDC,LPRECT rcDest,LPRECT rcSrc);// 显示位图
BOOLSaveBmp(LPCTSTR fn);// 位存图
BOOLLoadBmp(LPCTSTR fn);// 读位图
    BYTE * GetBuffer();// 获取数字图像矩阵内存指针
void ReWrite2(BYTE * image_in_r,BYTE * image_in_g,BYTE * image_in_b,int m_xsize,int m_ysize,
int m_Bpl);    // 将处理完的彩色图像数据写入 m_Buffer 指针所指的内存块
void Free();    // 释放所有内存
};    //CDib 类定义结束
```

位图操作类源文件如下,定义了类的功能:

```
#include "CDib.h"
CCDib::CCDib()    // 类的构造函数,初始化变量
{m_BmpLoaded = FALSE;
m_Buffer = 0;
m_BmpInfo = 0;
m_Quad = 0;
```

```
m_hPal = 0;
BmpMarker = ('M' << 8) | 'B';    // 位图文件头结构中 bfType 变量的值为"BM",表示是位图文件
Width = 0;
Height = 0;}
CCDib::~CCDib()   // 类的析构函数
{  Free();// 释放所有动态分配的内存 }
void CCDib::Free()
{    if(m_Buffer)
  {  delete[] m_Buffer;
    m_Buffer = 0; }
        if(m_BmpInfo)
    {  delete[]m_BmpInfo;
    m_BmpInfo = 0; }
  if(m_Quad)
    {  delete[]m_Quad;
    m_Quad = 0;}}
BOOLCCDib::LoadBmp(LPCTSTR fn) // 从文件中读取位图
{       if(fn == _T(""))
    { return FALSE; }
    Free();    // 打开 bmp 文件
    ifstream files(fn,ios::binary);
    if(!files.is_open())
     {   return FALSE; }
      files.read((LPSTR)&m_BmpFH,sizeof(BITMAPFILEHEADER));    // 读取 BITMAP
                                                               //FILEHEADER
      if(m_BmpFH.bfType! = BmpMarker)// 判断是否为 BMP 文件
    {    return FALSE; }    // 读取 BITMAPINFO
    DWORD bmpinfosz;
    bmpinfosz = m_BmpFH.bfOffBits - sizeof(BITMAPFILEHEADER) + 256 * sizeof(RGBQUAD);
    m_BmpInfo = (LPBITMAPINFO) new BYTE[bmpinfosz];
    files.read((char *)m_BmpInfo,m_BmpFH.bfOffBits - sizeof(BITMAPFILEHEADER));
  CalBmpData();// 计算位图相关数据信息
    if(BPP < 8 || BPP > 32) // 只支持 8 位以上的位图
    { Free();
    return FALSE; }    // 读入位图数据
    m_Buffer = new BYTE[BufferSize];
    files.read((char *)m_Buffer,BufferSize);
    if(m_BmpInfo -> bmiHeader.biCompression! = BI_RGB)
    { Free();
      return FALSE; }
    if(!CreatePalette())
```

```
        { Free();
    return FALSE;}
    m_BmpLoaded = TRUE;
    return TRUE;}
BOOLCCDib::SaveBmp(LPCTSTR fn) //将内存中的位图存入文件
{   if(fn == _T(""))
{   return FALSE;}
if(!m_BmpLoaded)
{   return FALSE; }
if(m_BmpInfo == 0 || m_Buffer == 0)
{   return FALSE;}
//1.更改 m_BmpInfo -> bmiHeader.bisizeimage;
//biSizeImage = 位图数据的大小
m_BmpInfo -> bmiHeader.biSizeImage = BufferSize;
//2.填充 BMPFH 结构
BITMAPFILEHEADERbmpfh;
memset(&bmpfh,0,sizeof(BITMAPFILEHEADER));
bmpfh.bfType = BmpMarker;
//bmpfh.bfSize = BITMAPFILEHEADER + BITMAPINFO + 调色板 + Buffer
bmpfh.bfSize = sizeof(BITMAPFILEHEADER) + sizeof(BITMAPINFO) + (NumberOfColors − 1) * sizeof
(RGBQUAD) + BufferSize;
bmpfh.bfReserved1 = 0;
bmpfh.bfReserved2 = 0;
bmpfh.bfOffBits = (DWORD)sizeof(BITMAPFILEHEADER) + m_BmpInfo -> bmiHeader.biSize +
PaletteSize();
//3.写文件
FILE * fp;
size_t sz;
int s32err;
CStringA stringA(fn);   //LPCTSTR 转 const char *
const char * constCharP = stringA;
s32err = fopen_s(&fp, constCharP, "wb");   //VS 2005 以后版本支持的函数
if (s32err != 0)
{fclose(fp);
return FALSE; }   // 写入 BITMAPFILEHEADER
sz = fwrite((void *)&bmpfh,sizeof(BITMAPFILEHEADER),1,fp);
if(sz! = 1)
{fclose(fp);
return FALSE;}   // 写入 BITMAPINFO
sz = fwrite((void)m_BmpInfo,sizeof(BITMAPINFO) + (NumberOfColors−1) * sizeof(RGBQUAD),1,fp);
if(sz! = 1)
```

```
{fclose(fp);
return FALSE  ;}    // 写入位图数据
sz = fwrite(m_Buffer,1,BufferSize,fp);
if(sz! = BufferSize)
{fclose(fp);
return FALSE;
}
fclose(fp);
return TRUE;}
BYTE * CCDib::GetBuffer()    // 获取位图内存地址
{return m_Buffer; }
void CCDib::CalBmpData()
{   if(m_BmpInfo == 0)
  {   return;  }
    Width = m_BmpInfo -> bmiHeader. biWidth;    // 位图宽度
    Height = m_BmpInfo -> bmiHeader. biHeight;    // 位图高度
    BPP = m_BmpInfo -> bmiHeader. biBitCount;    // 位图色彩深度
    Bpl = (Width * (BPP/8) + 3)& ~ 3;    // 位图每一行占据的字节数,注意必须是 4 的倍数
    BufferSize = Bpl * Height; // 位图数据区尺寸(字节)
    // 为 m_Quad 分配内存 ,如果色彩数目大于 8 则返回
    if(m_BmpInfo -> bmiHeader. biBitCount >= 16 || m_BmpInfo -> bmiHeader. biBitCount < 8)
    {NumberOfColors = 0;
     return; }
    if(m_BmpInfo -> bmiHeader. biClrUsed == 0)
    {   NumberOfColors = 256; }
    else{   NumberOfColors = m_BmpInfo -> bmiHeader. biClrUsed; }
m_Quad = new RGBQUAD[NumberOfColors];
    for(DWORDi = 0;i < NumberOfColors;i ++){m_Quad[i] = m_BmpInfo -> bmiColors[i]; }}
DWORDCCDib::PaletteSize()    // 求调色板大小
{   if(m_BmpInfo == 0)
    {   return 0;  }
  return (DWORD)NumberOfColors * sizeof(RGBQUAD);}
BOOLCCDib::CreatePalette()    // 创建调色板
{   if(m_BmpInfo == 0)
  {   return FALSE;  }
  if(BPP >= 16)
  {   return TRUE;  }
  DWORDi;    // 为调色板分配内存块
LPLOGPALETTElpPal = (LPLOGPALETTE) new BYTE[sizeof(LOGPALETTE) + sizeof(PALETT
EENTRY) * NumberOfColors];
  if(lpPal == 0)    // 如果内存分配失败返回
```

```
{    return FALSE；}
lpPal－>palVersion = PALVERSION；  //设置调色板版本号
lpPal－>palNumEntries = (WORD)NumberOfColors；
   for(i = 0；i < NumberOfColors；i++)
   {    lpPal－>palPalEntry[i]. peRed = m_Quad[i]. rgbRed；
       lpPal－>palPalEntry[i]. peGreen = m_Quad[i]. rgbGreen；
       lpPal－>palPalEntry[i]. peBlue = m_Quad[i]. rgbBlue；
       lpPal－>palPalEntry[i]. peFlags = 0；}
   if(m_hPal)  //创建调色板并获取其句柄
   {∷DeleteObject((HGDIOBJ)m_hPal)；}
m_hPal =∷CreatePalette(lpPal)；
   if(!m_hPal)
   {    return FALSE；}
   delete[]lpPal；
   return TRUE；}
BOOLCCDib∷Draw(HDC hDC,LPRECT rcDest,LPRECT rcSrc)   //在指定的设备环境中绘制位图
{    if(!m_BmpLoaded)
{    return FALSE；}
HPALETTEhOldPal = 0；   //旧调色板
if(m_hPal! = 0)  //获取 DIB 的调色板,然后将其选入设备环境
{    hOldPal =∷SelectPalette(hDC,m_hPal,TRUE)；}
∷SetStretchBltMode(hDC,COLORONCOLOR)；//使用最适合颜色位图的显示方式
//确定是使用 strechDIBits() 还是 SetDIBits TO Device(),当 rcDest 与 rcSrc 大小相同时,也就是内存中
//图像分辨率和显示区域内的图像分辨率相同时,调用 SetDIBits TO Device(),否则调用 strechDIBits()
//实现缩放显示,这就是为什么在对话框中拖放 Picture 控件时,最好将其宽高比例设定为 4∶3 的原因
BOOL Ok；
if((RECTWIDTH(rcDest) == RECTWIDTH(rcSrc))&&(RECTHEIGHT(rcDest) == RECTHEI
GHT(rcSrc)))
        {Ok =∷SetDIBitsToDevice(hDC,//hDC
                            rcDest－>left,    //DestX
                            rcDest－>top,      //DestY
                            RECTWIDTH(rcDest),//nDestWidth
                            RECTHEIGHT(rcDest),//nDestHeight
                            rcSrc－>left,
                            Height－rcSrc－>top－RECTHEIGHT(rcSrc),//SrcY
                            0,    //nStartScan
                            (WORD)Height,    //nNumScans
                            m_Buffer,//lpBits
                            m_BmpInfo,//lpBitsInfo
                            DIB_RGB_COLORS)；  //wUsage}
    else{Ok =∷StretchDIBits(hDC,//hDC
```

```
                              rcDest -> left,    //DestX
                              rcDest -> top,     //DestY
                              RECTWIDTH(rcDest), //nDestWidth
                              RECTHEIGHT(rcDest),//nDestHeight
                              rcSrc -> left,
                              rcSrc -> top,
                              RECTWIDTH(rcSrc),  //nSrcWidth
                              RECTHEIGHT(rcSrc), //nSrcHeight
                              m_Buffer, //lpBits
                              m_BmpInfo, //lpBitsInfo
                              DIB_RGB_COLORS, //wUsage
                      SRCCOPY);          //dwROP
    }
    if(hOldPal! = 0) / * Reselect old palette * /
    { ::SelectPalette(hDC,hOldPal,TRUE);}
    return Ok;}
    BITMAPINFOHEADERCCDib::GetImageInfo(LPCTSTR fn,DWORD &w,DWORD &h)
// 获取位图属性
    {     BITMAPFILEHEADERbmpfilehdr;
    BITMAPINFOHEADERbmpinfohdr;
    w = 0;
    h = 0;
    memset(&bmpfilehdr,0,sizeof(BITMAPFILEHEADER));
    memset(&bmpinfohdr,0,sizeof(BITMAPINFOHEADER));
    ifstream file(fn,ios::binary);
    if(!file.is_open())
    {   return bmpinfohdr;}
    file.read((char * )&bmpfilehdr,sizeof(bmpfilehdr));
    if(bmpfilehdr.bfType! = (WORD)BmpMarker)
    {   return bmpinfohdr;}
    file.read((char * )&bmpinfohdr,sizeof(bmpinfohdr));
        w = bmpinfohdr.biWidth;
    h = bmpinfohdr.biHeight;
    returnbmpinfohdr;}
    void CCDib::ReWrite2(BYTE * image_in_r,BYTE * image_in_g,BYTE * image_in_b,int m_xsize,
int m_ysize,int m_Bpl)
    {   int i,j;
    if(BPP == 24&&m_Buffer! = NULL)
    {   memset(m_Buffer, 0, sizeof(BYTE) * BufferSize);
        for(j = 0;j < m_ysize;j ++)
        {   for(i = 0;i < m_xsize;i ++)
```

```
    {m_Buffer[j * m_Bpl + i * 3] = (BYTE)image_in_b[j * m_xsize + i];
     m_Buffer[j * m_Bpl + i * 3 + 1] = (BYTE)image_in_g[j * m_xsize + i];
     m_Buffer[j * m_Bpl + i * 3 + 2] = (BYTE)image_in_r[j * m_xsize + i];}
}}}
```

关于磁盘位图操作的几个细节：

(1) 在打开位图磁盘文件后，所读入的数字图像矩阵是一个一维数组，指针指向图像左下角第一个像素点(当图像显示时)，每一个像素点的红、绿、蓝三个像元的排列顺序是蓝、绿、红而不是红、绿、蓝。

(2) 在用高版本的软件生成的位图磁盘文件中，没有调色板数据。

通过对上述位图操作类实现代码的分析，可以深入理解 C++ 类的定义与应用的优点。当然，在开发 VC++ MFC 图像处理程序时，可以借助 OpenCV 图像的读入与存储函数，获得磁盘图像数据。与上述开发过程相同的过程是，只需在对话框类内，调用 OpenCV 图像的读入函数获得图像的数字图像矩阵、宽度和高度等数据，图像处理过程用对话框类的自定义函数来实现。关于 VC++ 中数字图像矩阵数据与 OpenCV 中图像数据 Mat 之间的相互访问，可以参阅 OpenCV 编程资料与文献[5]。

第四篇　典型工程技术开发示例

第一章　　图像采集处理集成软件系统开发示例

掌握了基于 MFC 的图像处理程序后,应用指针对图像数据进行调用与处理的机制和编程技巧已掌握。本章以开发图像采集与处理集成软件系统为目的,重点讲述应用工业相机 SDK 如何构建大型集成软件。详细讲述了相机 SDK 的组成与应用,应用 MFC 对话框应用程序框架从相机实时采集处理并显示图像,应用配置文件(.ini 文件)存储软件系统参数,应用前次存在配置文件中的相机设置参数在程序中启动对相机的自动设置。本章希望学生掌握的能力如下:

(1)熟悉相机的 SDK,掌握在 MFC 程序框架下开发操作相机的应用程序必须具备的相机资源。

(2)能够熟练地将相机开发资源嵌入 MFC 应用程序中,掌握"打开相机""相机参数设置""图像采集""关闭相机"的编程技能,在 MFC 对话框应用程序中实现相机的"打开相机""相机设置""图像采集""图像处理""关闭相机"操作,实现软件程序正常关闭。

(3)能理解、分析、实现实时图像采集处理及显示的技术途径,能熟练应用一种软件系统框架,开发性能优良的图像实时采集处理显示系统。

(4)能够使用配置文件存储系统参数或实现系统的自动配置。

(5)能够熟练地使用菜单,熟悉模式对话框和非模式对话框,能够使用非模式对话框实现系统参数设置。

(6)掌握采用对象指针和全局变量实现不同对对话框对象之间数据传递的方法并完成相应程序功能设计。

下面以 Sentech 公司 STC-MCS163U3V 彩色相机为例,讲述图像处理集成软件开发过程。

第一步,准备相机的 SDK。SDK 是相机的软件开发包,要求包括"Bin""Doc""Drv""include""Lib""Sample"这几个部分。

"Bin"是打包编译完成的 DEMO 程序,可以实现相机打开、图像采集显示以及关闭相机等基本操作。用 DEMO 程序验证驱动是否完装正确,相机能否正常工作。注意,在这个文件夹下有操作函数的 Dll 文件,如:StCamD. dll 和 StUSBD. dll。

"Doc"文件夹下有相机使用说明书和操作相机的 API 函数详解,对相机 API 函数的语法有详细的说明,用户可以通过阅读相机 API 函数语法说明,正确使用相机 API 函数。相机 API 函数一般包括相机初始化及打开、相机参数设置、图像采集及浏览、相机关闭几方面。

"Drv"文件下有相机的驱动程序,根据计算机操作系统版本安装对应的驱动程序。在相机驱动程序安装完成后,计算机的"设备管理器"里"通用串行总线控制器"中出现"Sentech USB3 Vision Camera"项,且没有任何异常标识,表明相机作为计算机的一个外设,处于正常工作状态。

"include""Lib"这两个文件夹下有相机 API 函数定义的头文件(如 StCamD. h)和调用相机 dll 的库文件(如 StCamD. Lib)。头文件、动态链接库和库文件是将相机操作功能嵌入 MFC 应用程序,实现用相机采集图像的三个常用文件。特别地,有的相机不提供库文件,可以应用调用函数指针的机制,在程序中调用相机 API 函数,实现操作相机的功能。

"Sample"文件夹提供实现相机操作的示例程序,有 VB、VC 和 VC♯ 等多种版本。对于初学者,可以先选择自己使用的软件开发平台(VC ++)将相应的示例程序打开编译运行,确保购买相机时厂商提供的 SDK 资源可用。

在购买相机时,以上 SDK 资源需主动要求,才能全部获得,一般地,厂商只提供相机驱动和 DEMO 程序。

第二步,应用 MFC 创建对话框应用程序工程"Camerapro",并在 Dialog 中添加 1 个 Picture 控制(ID:IDC_PIC),用于显示从相机采集的图像,2 个 BUTTON 控件(ID:ID_BUTTON_OPEN 和 ID_BUTTON_CLOSE),用于打开或关闭相机。

第三步,为工程添加菜单。设置菜单 ID:IDR_MENU_SYS,在下拉菜单中添加"相机参数设置"项(ID 为 ID_MENU_CAMERASET),在程序主对话框(IDD_CAMERAPRO_DIALOG)的属性"Menu"中选中菜单 ID:IDR_MENU_SYS,实现主对话框与菜单的绑定。应用类向导,为主对话框管理类 "CCameraproDlg" 的菜单 ID: ID_MENU_CAMERASET 添加消息响应函数:void CCameraproDlg::OnMenuCameraset()。为主对话框管理类"CCameraproDlg"的 WM_TIMER 定时器消息添加消息响应函数 CCameraproDlg::OnTimer(UINT_PTR nIDEvent)。

第四步,为工程添加子对话框 IDD_DIALOG_CAMERASET,在此对话中添加两个水平 SLIDER 控件(ID:ID_SLIDER_S 和 ID_SLIDER_G),用于设置相机的曝光时间和灰度增益。2 个 EDIT 控件(ID:ID_EDIT_S 和 ID_EDIT_G),如图 4.1.1.1 所示用于显示曝光时间和曝光增益的大小。在类向导中为对话框类添加虚函数 BOOL CCameraSetDlg::OnInitDialog(),添加 WM_DETORY 消息响应函数 void CCameraSetDlg::OnDestroy(),添加 WM_HSCROLL 消息响应函数 void CCameraSetDlg::OnHScroll(UINT nSBCode, UINT nPos, CScrollBar * pScrollBar)。在类 CCameraSetDlg 的定义中加入数据成员:CWnd * m_pParent;// 父类的指针,用此指针将主对话框类的指针传递到子对话框中。

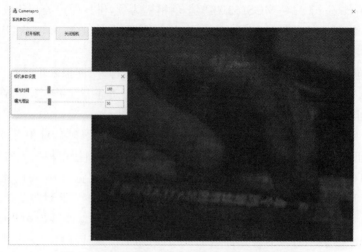

图 4.1.1.1　基于 MFC 图像处理集成软件界面

第五步,应用对菜单"相机参数设置"项(ID 为 ID_MENU_CAMERASET)的消息响应函数:void CCameraproDlg::OnMenuCameraset() 中添加代码。当程序运行时点击此菜单项,系统弹出"相机参数设置子对话框"。"相机参数设置子对话框"弹出采用无模式对话框,其典型编程代码包括以下几步:

(1) 在主对话框类中添加子对话框的对象指针作为数据成员"CCameraSetDlg * dlgCameraset;"。

(2) 在菜单的消息响应函数中加入如下代码,弹出无模式对话框:

```
void CCameraproDlg::OnMenuCameraset()
{   dlgCameraset = new CCameraSetDlg(this);      // 注意此处用到了 C++语言定义的 this 指针。此处的
                                                 //this 指针 CCameraproDlg 类的 OnMenuCameraset()
                                                 // 函数中是主对话框类 CCameraproDlg 类的 this 指针
    dlgCameraset -> Create(IDD_DIALOG_CAMERASET);
    dlgCameraset -> ShowWindow(SW_SHOW);}
```

(3) 在子对话框类 CCameraproDlg 的 void CCameraSetDlg::OnDestroy() 添加代码"delete this;"语句在子对话框关闭时显式删除子对话框对象指针。这里的 this 指针由于在 void CCameraSetDlg::OnDestroy() 中,指的是子对话框类 CCameraSetDlg 的对象指针。

第六步,将操作相机的资源文件嵌入 MFC 应用程序中。需要进行以下四方面的操作:

(1) 将相机 API 函数定义头文件加入软件工程中。

(2) 在软件工程 Camerapro 属性的"配置属性"→"链接器"→"输入"→"附加依赖项"中加入操作相机的库文件"StCamD. Lib"。为了方便,将此库文件拷贝到 OpenCV 库文件路径下,在向工程添加 OpenCV 库文件时,同时添加便于操作与记忆。

(3) 将操作相机的动态 StCamD. dll 和 StUSBD. dll 拷贝到工程的 exe 路径下(如:debug)。程序在编译时,开发平台会自动找到动态链接库完成编译过程。

(4) 在主对话框内的头文件处,加入 #include "StCamD. h"将操作相机的头文件引入工程,在主对话框类的成员函数中,即可调用操作相机的 API 函数。

第七步,查阅相机 SDK 文档,熟悉相机操作的各函数语法。如:

(1) 打开相机:HANDLE StCam_Open(DWORD dwInstance);返回的是相机句柄,句柄是设备指针。在获得相机句柄后,后续所有对相机的操作,均是通过相机句柄来操作的,当此函数返回无效句柄,则表示相机打开失败,可以应用 SDK 中的 DEMO 程序检查相机驱动是否安装成功。

(2) 关闭相机:VOID StCam_Close(HANDLE hCamera);通过相机句柄关闭相机。

(3) 在相机打开后,启动相机操作线程连续采集图像:BOOL StCam_StartTransfer(HANDLE hCamera)。

(4) 关闭相机图像采集线程,停止图像采集:BOOL StCam_StopTransfer(HANDLE hCamera)。

(5) 在 相 机 图 像 采 集 线 程 启 动 状 态 下, 抓 拍 一 帧 图 像:BOOL StCam_Take PreviewSnapShot(HANDLE hCamera,PBYTE pbyteBuffer,DWORD dwBufferSize,PDWORD pdwNumberOfByteTrans,PDWORD pdwFrameNo,DWORD dwMilliseconds);。参数 PBYTE

pbyteBuffer 是采集的数字图像矩阵的指针,DWORD dwBufferSize 是数字图像矩阵的大小,PDWORD pdwNumberOfByteTrans 是总传输字节数,PDWORD pdwFrameNo 是帧编号,DWORD dwMilliseconds 是超时时间。

(6)改变相机参数设置。设置相机的曝光时间 BOOL StCam_SetExposureClock(HANDLE hCamera ,DWORD dwExposureClock)。设置图像灰度增益 BOOL StCam_SetGain(HANDLE hCamera,WORD wGain)。

第八步,在主对话框类的定义中添加公有数据成员与成员函数:

HANDLEm_hCamera; // 相机句柄

BOOLm_bIsTransfer; // 相机图像采集线程是否启动

BOOLm_bIsRunning; // 相机图像采集是否启动

DWORDdwBufferSize; // 所采集图像大小

DWORDdwWidth, dwHeight; // 所采集国像宽度与高度

DWORDdwLinePitch;

BOOLbReval;

DWORDdwLastErrorNo;

CRect rcView, rcResource; // 显示图像时用的变量,见 VC++ 编程部分

CWnd * pWnd;

BITMAPINFO2 bm;

HWNDm_hwnd;

HDC hdc1;

PBYTEpbyteImageBuffer; // 相机所采集的图像数字图像矩阵的指针

CCameraSetDlg * dlgCameraset; // 显示无模式对话框的指针

voidSystemset(); // 进行相机参数设置与存储功能的函数

WORDm_cemeraExpT; // 相机曝光时间

DWORDm_cemeraExpTL;

WORDm_cemeraGain; // 相机灰度增益

第九步,在主对话框源文件开始加以下代码:

```
#define RECTWIDTH(lpRect)    ((lpRect) -> right - (lpRect) -> left)
#define RECTHEIGHT(lpRect)    ((lpRect) -> bottom - (lpRect) -> top)
voidTcharToChar(const TCHAR * tchar, char * _char)
{
intiLength;  // 获取字节长度
iLength = WideCharToMultiByte(CP_ACP, 0, tchar, -1, NULL, 0, NULL, NULL);
// 将 tchar 值赋给 _char
WideCharToMultiByte(CP_ACP, 0, tchar, -1, _char, iLength, NULL, NULL);
}
```

在主对话框的构造函数中加入以下代码,初始化成员变量:

```
m_hCamera = NULL;
m_bIsTransfer = FALSE;
m_bIsRunning = FALSE;
```

```
dwBufferSize = 0;
dwWidth = 0;
dwHeight = 0;
dwLinePitch = 0;
bReval = TRUE;
dwLastErrorNo = NO_ERROR;
pbyteImageBuffer = NULL;
```

第十步，向主对话框的 BOOL CCameraproDlg::OnInitDialog() 加入代码，将位于工程 exe 文件相同路径下的配置文件"Config.ini"中保存的相机曝光时间的键"ExpTime"的值读入并赋于类的数据成员 m_cemeraExpT，保存的相机灰度增益的键"Gain"的值读入并赋于类的数据成员 m_cemeraGain。程序如下：

```
TCHARszFilePath[MAX_PATH] = _T("");
TCHARszExePathAll[MAX_PATH] = _T("");
charchExePathAll[MAX_PATH];
char drive[_MAX_DRIVE] = "";
chardir[_MAX_DIR] = "";
charfname[_MAX_FNAME] = "";
charext[_MAX_EXT] = "";
GetModuleFileName(::GetModuleHandle(NULL), szExePathAll, MAX_PATH);
TcharToChar(szExePathAll, chExePathAll);
_splitpath_s(chExePathAll, drive, dir, fname, ext);
wsprintf(szFilePath, _T("%s%sConfig.ini"), CString(drive), CString(dir));
// 获得配置文件的全路径，存储在变量 szFilePath 中
m_cemeraExpT = ::GetPrivateProfileInt(_T("CAMERASET"), _T("ExpTime"), 500, szFilePath);
// 从配置文件读入键 ExpTime 的值赋给主对话框的数据成员 m_cemeraExpT，500 为默认值
m_cemeraGain = ::GetPrivateProfileInt(_T("CAMERASET"), _T("Gain"), 100, szFilePath);
```

用记事本打开配置文件"Config.ini"，如图 4.1.1.2 所示。

图 4.1.1.2 查看配置文件内容

第十一步，给打开"相机按钮"添加消息响应函数，实现相机打开功能。程序如下：

```
void CCameraproDlg::OnBnClickedButtonOpen()
{   m_hCamera = StCam_Open(0);  // 打开相机，获得相机句柄
    m_cemeraExpTL = m_cemeraExpT * 1800;
```

StCam_SetExposureClock(m_hCamera, m_cemeraExpTL);// 设置相机曝光时间

StCam_SetGain(m_hCamera, m_cemeraGain);// 根据配置文件中的值设置相机增益

m_bIsTransfer = StCam_StartTransfer(m_hCamera);// 启动相机图像采集

if (m_bIsTransfer)

｛ bReval = StCam_GetPreviewDataSize(m_hCamera, &dwBufferSize, &dwWidth, &dwHeight, &dwLinePitch)； // 从相机中获得图像大小、宽度和高度等属性参数

　　if (!bReval)

　　｛ dwLastErrorNo = StCam_GetLastError(m_hCamera)； ｝

　//Get Preview Pixel Format

　　DWORDdwPreviewPixelFormat；

　　bReval = StCam_GetPreviewPixelFormat(m_hCamera, &dwPreviewPixelFormat)；

　　if (!bReval)

　　｛ dwLastErrorNo = StCam_GetLastError(m_hCamera)； ｝

　　//Allocate Memory

　　pbyteImageBuffer = (PBYTE) new BYTE[dwBufferSize]；

　　// 为在内存在存储所采集的图像开辟内存空间

　　if (!pbyteImageBuffer)

　　｛ bReval = FALSE；

　　　　dwLastErrorNo = ERROR_NOT_ENOUGH_MEMORY； ｝

SetTimer(1, 40, NULL)； // 启动标识为 1 的定时器开始采集图像

m_bIsRunning = TRUE；｝｝

　第十二步,在定时器消息响应函数中添加下列程序代码,实现图像采集处理及显示：

void CCameraproDlg::OnTimer(UINT_PTR nIDEvent) // 参数表示启动的定时器标识

｛ DWORDdwNumberOfByteTrans, dwFrameNo；

　DWORDdwMilliseconds = 1000；

if (nIDEvent == 1)

｛ //Take Snap Shot

　　bReval = StCam_TakePreviewSnapShot(m_hCamera, pbyteImageBuffer,dwBufferSize, &dwNumberOfByteTrans, &dwFrameNo, dwMilliseconds)； // 采集 1 帧图像数据

　　if (!bReval)

　　｛dwLastErrorNo = StCam_GetLastError(m_hCamera)；

　　 return；｝

　　else ｛

// 在此处加入图像处理算法(本示例中没有加图像处理算法),若加图像处理算法,只需在此处对指针

//pbyteImageBuffer 所指的数字图像矩阵进行运算即可。若需借助 OpenCV 实现图像处理算法,则在此

// 处将指针 pbyteImageBuffer 所指的数字图像矩阵数据传向 OpenCV 的 Mat 图像数据,完成图像处理算

// 法后,再获取处理后的图像数据指针进行显示

　　　　pWnd = GetDlgItem(IDC_PIC);// 以下代码将图像显示在指定的 PIC 控件中

　　　　pWnd -> GetClientRect(&rcView);// 代码功能参见位图操作类 Draw 函数

　　　　rcResource. top = 0；

```
        rcResource. left = 0;
        rcResource. right = dwWidth;
        rcResource. bottom = dwHeight;
        DrawImg(pWnd -> GetDC() -> GetSafeHdc(), rcView, rcResource);
    }
}
CDialogEx∷OnTimer(nIDEvent);}
```

在一些大型程序中,经常要用 C＋＋ 和 OpenCV 混合编程,实现图像处理算法。只需清楚所处理的对象在 C＋＋语言中用 pbyteImageBuffer 管理,在 OpenCV 中用相对应的 Mat 管理,并做好指针管理数据与 Mat 管理数据之前的传递即可,有关内容请参见参考文献[5] 相关章节。

注意,在 MFC 应用程序中,可以同时启动多个定时器,所有定时器的消息响应函数均为 void CCameraproDlg∷OnTimer(UINT_PTR nIDEvent),不同定时器的功能通过参数响应 nIDEvent 在消息响应函数中加以区分。如:

```
if (nIDEvent == 1){…… 定时器 1 的需执行的代码}
if (nIDEvent == 2){…… 定时器 2 的需执行的代码}
```

依次类推。

第十三步,添加关闭相机按钮消息响应函数:

```
void CCameraproDlg∷OnBnClickedButtonClose()
{   if (m_bIsRunning)
{       if (m_bIsTransfer)
        StCam_StopTransfer(m_hCamera);   // 关闭相机图像采集线程
    if (m_hCamera)
      StCam_Close(m_hCamera);   // 关闭相机,释放句柄
    KillTimer(1);// 关闭定时器
    if (pbyteImageBuffer)
    {   delete[] pbyteImageBuffer;   // 释放数字图像所占内存
        pbyteImageBuffer = NULL;}
    m_bIsRunning = FALSE;
}}
```

第十四步,添加图像显示函数,参见位图操作类 Draw 函数:

```
BOOLCCameraproDlg∷DrawImg(HDC hDC, LPRECT rcDest, LPRECT rcSrc) // 显示位图
{   bm. bmiHeader. biSize = sizeof(BITMAPINFOHEADER);
bm. bmiHeader. biPlanes = 1;
bm. bmiHeader. biCompression = 0; // BI_RGB;
bm. bmiHeader. biSizeImage = dwHeight ∗ dwWidth;
bm. bmiHeader. biXPelsPerMeter = 0;
bm. bmiHeader. biYPelsPerMeter = 0;
bm. bmiHeader. biClrUsed = 0;
```

```
    bm. bmiHeader. biClrImportant = 0;
    bm. bmiHeader. biWidth = dwWidth;
    bm. bmiHeader. biHeight = dwHeight;
    bm. bmiHeader. biBitCount = 24;
    for ( inti = 0; i < 256; i++){
        bm. bmiColors[i]. rgbRed = i;
        bm. bmiColors[i]. rgbGreen = i;
        bm. bmiColors[i]. rgbBlue = i;
        bm. bmiColors[i]. rgbReserved = 0;
    }
    // 使用最适合颜色位图的显示方式
    ::SetStretchBltMode(hDC, COLORONCOLOR);
    // 确定是使用 strechDIBits() 还是 SetDIBits TO Device()
    BOOL Ok;
    if ((RECTWIDTH(rcDest) == RECTWIDTH(rcSrc)) && (RECTHEIGHT(rcDest) ==
RECTHEIGHT(rcSrc)))
    {    Ok = ::SetDIBitsToDevice(hDC,//hDC
        rcDest -> left,    //DestX
        rcDest -> top,     //DestY
        RECTWIDTH(rcDest), //nDestWidth
        RECTHEIGHT(rcDest),//nDestHeight
        rcSrc -> left,
    dwWidth - rcSrc -> top - RECTHEIGHT(rcSrc),//SrcY
        0,         //nStartScan
        (WORD)dwHeight,          //nNumScans
        pbyteImageBuffer,//lpBits
        (BITMAPINFO * )&bm, //lpBitsInfo
        DIB_RGB_COLORS);   //wUsage
    }
    else{   Ok = ::StretchDIBits(hDC,//hDC
        rcDest -> left,    //DestX
        rcDest -> top,     //DestY
        RECTWIDTH(rcDest), //nDestWidth
        RECTHEIGHT(rcDest),//nDestHeight
        rcSrc -> left,
        rcSrc -> top,
        RECTWIDTH(rcSrc), //nSrcWidth
        RECTHEIGHT(rcSrc),//nSrcHeight
        pbyteImageBuffer,//lpBits
        (BITMAPINFO * )&bm, //lpBitsInfo
```

```
        DIB_RGB_COLORS，//wUsage
        SRCCOPY）；        //dwROP
    }
    return Ok；}
```

第十五步，添加相机参数设置与存储函数代码：

```
void CCameraproDlg：：Systemset（）
{
TCHARszFilePath[MAX_PATH] = _T("")；
TCHARszExePathAll[MAX_PATH] = _T("")；
charchExePathAll[MAX_PATH]；
char drive[_MAX_DRIVE] = ""；
chardir[_MAX_DIR] = ""；
charfname[_MAX_FNAME] = ""；
charext[_MAX_EXT] = ""；
GetModuleFileName（：：GetModuleHandle（NULL），szExePathAll，MAX_PATH）；
TcharToChar（szExePathAll，chExePathAll）；
_splitpath_s（chExePathAll，drive，dir，fname，ext）；
wsprintf（szFilePath，_T("%s%sConfig. ini")，CString（drive），CString（dir））；
// 获取配置文件的全路径，即 exe 文件路径
CString strValue；
if（m_hCamera）
{StCam_SetGain（m_hCamera，m_cemeraGain）；    // 根据子对话框 SLIDER 控件值，设置相机增益
strValue. Format（_T("%d")，m_cemeraGain）；    // 将增益值存入配置文件
：：WritePrivateProfileString（_T("CameraSet")，_T("Gain")，strValue，szFilePath）；
m_cemeraExpTL = m_cemeraExpT ∗ 1800；// 根据相机特征设置比例
StCam_SetExposureClock（m_hCamera，m_cemeraExpTL）；    // 与上面相类似
strValue. Format（_T("%d")，m_cemeraExpT）；
：：WritePrivateProfileString（_T("CameraSet")，_T("ExpTime")，strValue，szFilePath）；
}}
```

第十六步，在子对话框"相机参数设置"对话框中加入代码，实现 Slider 控件对相机参数的设置。

（1）在 CCameraSetDlg 的构造函数中添加"m_pParent = pParent；"，m_pParent 是 CWnd ∗，它传递的是创建非模式对话框时（dlgCameraset = new CCameraSetDlg（this）；）传递的 CCameraproDlg 类的对象指针，即主对话框类的对象指针。

（2）在 BOOL CCameraSetDlg：：OnInitDialog（）中添加代码，用主对话框中相机曝光时间（m_cemeraExpT）和增益（m_cemeraGain）成员变量的值设置 Slider 控件的值和 Edit 控件的显示值。

```
CString strValue；
m_sliderg. SetRange（0，255）；
```

```
m_sliderg. SetPos(((CCameraproDlg * )m_pParent) —> m_cemeraGain);
// 注意此处用到 C++ 中的强制类型转换机制和"基类的指针可以指向派生类对象"机制,即将形式上
// 的基类 CWnd 类指针指向派生类 CCameraproDlg 的对象。由于用 this 指针传递的本质是 CCameraproDlg
// 类的对象指针,所以通过这种机制才能在 CCameraSetDlg 类对象中访问到 CCameraproDlg 类公有的数据
// 成员和成员函数。这种机制实现了多个对话框窗类对象之间数据的传递,是 VC++ 构建大型集成软件
// 常用方法之一
strValue. Format(_T("%d"), ((CCameraproDlg * )m_pParent) —> m_cemeraGain);
SetDlgItemText(IDC_EDIT_G, strValue);   // 将增益值显示在 Edit 控件中
m_sliderExpt. SetRange(0,1000);
m_sliderExpt. SetPos(((CCameraproDlg * )m_pParent) —> m_cemeraExpT);
strValue. Format(_T("%d"), ((CCameraproDlg * )m_pParent) —> m_cemeraExpT);
SetDlgItemText(IDC_EDIT_S, strValue);
```

最后一步,在 WM_HSCROLL 消息响应函数中添加代码,实现相机参数设置与存储:

```
void CCameraSetDlg::OnHScroll(UINT nSBCode, UINT nPos, CScrollBar * pScrollBar)
{CSliderCtrl * pSlider = (CSliderCtrl *)pScrollBar;
intnValue = pSlider —> GetPos();
CString strValue;
switch (pScrollBar —> GetDlgCtrlID())   // 注意同一对话框中添加的所有水平 SLIDER 控件可以
{case IDC_SLIDER_S:   // 通过返回的 ID 号区分,如果操作的是曝光时间对应的 SLIDER 控件
    ((CCameraproDlg * )m_pParent) —> m_cemeraExpT = nValue;   // 将 SLIDER 控件赋给主对话框
    strValue. Format(_T("%d"), nValue);   // 类的数据成员 m_cemeraExpT,同时在 EDIT 控件显示
    SetDlgItemText(IDC_EDIT_S, strValue);   // 显示所设定的曝光时间值
    break;
case IDC_SLIDER_G:
    ((CCameraproDlg * )m_pParent) —> m_cemeraGain = nValue;
    strValue. Format(_T("%d"), nValue);
    SetDlgItemText(IDC_EDIT_G, strValue);
    break;}
((CCameraproDlg * )m_pParent) —> Systemset();   // 通过调用主对话框的函数完成相机参数设置和
                                                  // 参数向配置文件"Config. ini"中存储
CDialogEx::OnHScroll(nSBCode, nPos, pScrollBar);
}
```

上述通过对象指针实现数值传递访问,在 VC++ 编程过程中程序运行效率高,使得数据传输效率很"轻便"。VC++ 实现不同对话框对象之间数据进行传递的另一种常见机制是采用全局变量。将全局变量设置成应用程序类的公有数据成员,即 theApp 对象的数据成员,便于在对话框类对象之间进行访问,如在各对话框源文件开始加入代码(extern CCameraproApp theApp;),各窗体对象即可访问 theApp 对象,具体编程细节可参见参考文献[3]相关内容。

注意,在图像采集处理集成软件开发过程中,图像的采集过程与处理过程经常需要用多个线程来处理,本章示例中,应用相机自带的 StCam_StartTransfer 函数启动相机图像采集线程,

应用定时器线程实现图像的抓拍,图像抓拍采用相机自带的StCam_TakePreview SnapShot函数,其本身解决了多线程同步和图像内存区共享管理问题。同时,图像处理算法加在定时器消息响应函数中,当将定时器周期稍大于图像处理耗时,程序即可正常工作。在对于视觉观察时,帧频20帧以上,视觉观测基本没有卡顿感觉。关于多线程访问相同内存数据的问题,可参考文献[3]多线程编程章节。

在本章的基础上,加入串口通信功能,可以实现指令控制步进电机功能,或通过串口发指领,实现串行接口传感器数据采集。若将传感器数据采集指令通过定时器定时发送,即可实现不同节点状态监控功能。如果加入数据库访问功能,即可实现数据的实时显示功能。使集成软件系统具有图像处理处理、步进电机控制、多点数据实时采集和数据存储等多种功能。串口通信程序的步骤及代码参见本书附录4。

第二章   可见光成像光学系统设计示例

工程示例 1   机器视觉高分辨率光学系统设计

1.设计要求

机器视觉是人工智能正在快速发展的一个分支,随着科技的飞速发展,机器视觉的应用日趋广泛,对测量精度、识别准确性的要求也不断提高,归根结底是对分辨率的要求不断提高,普通工业镜头已经逐渐难以满足日益增长的使用需求。在此背景之下,设计了一款机器视觉高分辨率双远心镜头,设计指标如下:

工作波段为可见光;

工作距离:大于 200 mm;

系统焦距:35 mm;

F 数:2 ~ 16;

系统分辨率优于 500 万像素;

在 150 lp/mm 处各视场的 MTF 均大于 0.3;

光学畸变在 2% 以内。

根据以上指标要求查找相应的资料和研究方法确定光学系统的初始结构,通过对光学系统的优化和像质的评价从而达到以上的成像质量要求。

2.成像原理

如图 4.2.1.1 所示,一个经典的机器视觉应用系统,所使用的技术主要包括光源照明技术、系统控制技术、机械工程技术、光学成像技术、传感器技术、模拟与数字视频技术和图像处理技术等。机器视觉系统具体的组成器件主要包括光源、镜头、相机(包括 CCD 相机或 COMS 相机)、图像处理单元(或图像捕获卡)、图像处理软件、监视器和通信输入 / 输出单元等。

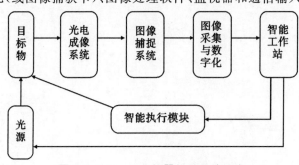

图 4.2.1.1   工业机器视觉系统组成

机器视觉系统在特定的光照(包括可见光、紫外线、红外线甚至超声波等)条件下,利用相机将待检测目标的三维场景信息转换成二维图像信息,并将图像发送至图像处理系统,再根据像素点的分布位置和颜色、亮度等信息,将二维图像转化成数字信号。由图像处理系统对数字信号进行各种操作来提取待测目标的特征点,再根据预设好的阈值或其他条件来输出结果,包括角度、尺寸、个数、有/无、合格/不合格等,实现自动识别功能。本次设计主要针对其中的光学成像系统部分进行设计。

在测量光学系统中,目标物的距离经常会改变,导致成像的高度产生改变,最终测量得到的目标物的尺寸大小也会随之改变;即便是在有些情况下物体到探测器的距离是固定不变的,也会由于装配工艺和装调误差的影响,探测器接收面很难精确调节到像平面上,这种情况也一样也会引起误差。为了解决以上种种误差,远心镜头应运而生。远心镜头又可分为物方远心镜头、像方远心镜头、物方像方双远心镜头。其中,物方远心镜头能够有效减小因物距改变所引起的测量误差,像方远心镜头能够有效减小因探测器位置偏差所引起的测量误差,而双远心镜头结合了物方远心镜头和像方远心镜头的优点,具有高分辨率、低畸变和大景深等独特的光学性能,但是镜片较多,制造和安装成本较高。

物方像方双远心镜头又称双远心镜头,光路如图4.2.1.2所示。前透镜组的后焦点和后透镜组的前焦点重合,孔径光阑位于前组后焦点和后组前焦点处,使得光学系统物方主光线(入射光线)和像方主光线(出射光线)均平行于光轴,放大倍率固定。

在一些精密测量环境中,目标物由于台面震动等因素,通常会存在一些微小的位移,并且由于环境温度、装配精度等的影响,像面接收器也会存在轻微的位移,均会对测量精度造成一定的影响。而远心光学系统拥有大景深的特点,当被测量目标物发生微小位移时,远心光学系统的光学放大倍率不会随之变化。另外,由于系统成像的稳定性较好,所以对探测器的定位精度要求较低,这为有利于确保测量结果的准确性。

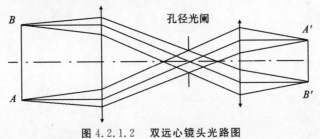

图4.2.1.2   双远心镜头光路图

3.设计结果

经过多次优化调整,所设计的双远心高分辨率光学系统已经符合设计指标要求,最终结构的光路图如图4.2.1.3所示。

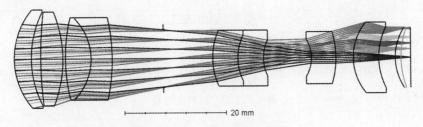

图4.2.1.3   设计结果光路图

所使用的主要评价函数如图 4.2.1.4 所示。

类型	标注								
EFFL ▾		3					35.000	1.000	35.019	0.030
RAID ▾	18	1	0.000	1.000	0.000	0.000	0.000	0.000	0.021	0.000
RAID ▾	18	1	0.000	0.700	0.000	0.000	0.000	0.000	0.039	0.000
RAID ▾	18	1	0.000	0.500	0.000	0.000	0.000	0.000	0.150	0.000
RAID ▾	18	1	0.000	0.300	0.000	0.000	0.000	0.000	0.731	0.000
OPLT ▾	2						0.020	1.000	0.021	1.500E-04
OPLT ▾	3						0.020	1.000	0.039	0.028
OPLT ▾	4						0.020	1.000	0.150	1.360
OPLT ▾	5						0.020	1.000	0.731	40.529
BLNK ▾										
BLNK ▾										
DIST ▾	0	3	0				0.000	1.000	0.097	0.753
DIMX ▾	2	3	0				0.000	1.000	0.392	12.324
SPHA ▾	0	3					0.000	1.000	0.068	0.370
COMA ▾	0	3					0.000	1.000	0.032	0.082
AXCL ▾	0	0	0.000				0.000	1.000	0.070	0.396
FCUR ▾	0	3					0.000	1.000	0.133	1.419
ASTI ▾	0	3					0.000	1.000	-0.014	0.017
RWCE ▾	3	0	0.000	1.000			0.000	10.000	0.095	7.222
RWCE ▾	3	0	0.000	0.700			0.000	10.000	0.105	8.777
RWCE ▾	3	0	0.000	0.500			0.000	10.000	0.081	5.286
RWCE ▾	3	0	0.000	0.300			0.000	10.000	0.095	7.260
RWCE ▾	3	0	0.000	0.000			0.000	10.000	0.097	7.512

图 4.2.1.4　主要评价函数

标准点列图及光线光扇图如图 4.2.1.5 和图 4.2.1.6 所示。

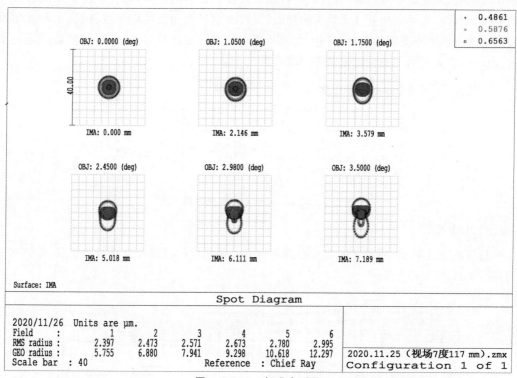

图 4.2.1.5　标准点列图

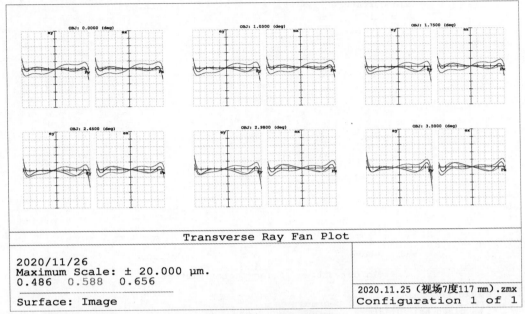

图 4.2.1.6 光学光扇图

可以看出，在 0 视场、0.3 视场、0.5 视场时，球差、彗差等像差均得到了很好的校正，最大均方根 RMS 半径仅为 2.9 μm，满足成像要求。0.7 视场和 1 视场的球差也基本消除，仍存在少量彗差，但已经不影响成像。垂轴色差也得到了很好的校正（见图 4.2.1.7），基本都小于艾里斑大小。

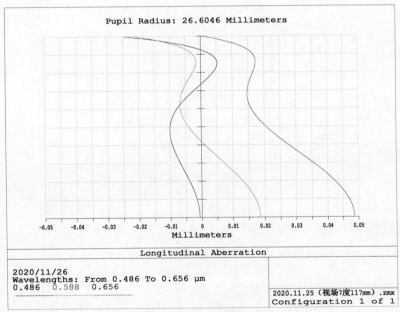

图 4.2.1.7 垂轴色差图

场曲控制在 ±0.05 以内，畸变也达到设计指标要求的小于 1%，场曲／畸变图如图 4.2.1.8 所示。

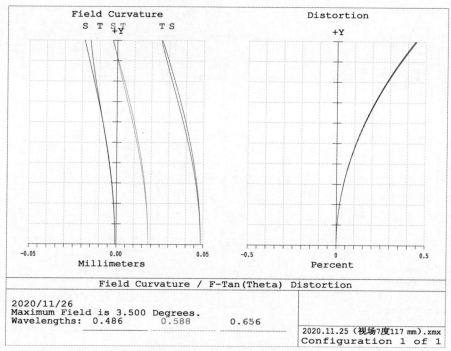

图 4.2.1.8　场曲/畸变图

整个系统的赛德尔图如图 4.2.1.9 所示。

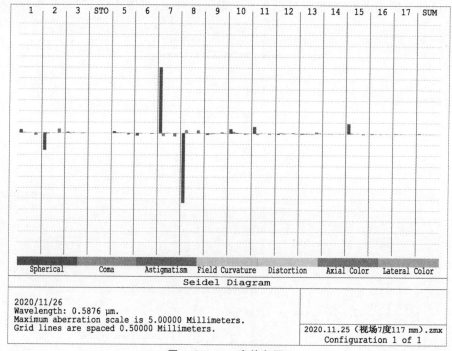

图 4.2.1.9　赛德尔图

从图 4.2.1.9 中可以看出,虽然第 7 面存在较大的正球差,但第 8 面也存在较大的负球差,正负球差相互抵消,整个系统总的球差得到很好的校正。同样的,彗差也主要存在于第 1 面和第 6 面,但第 1 面的负球差与第 6 面的正球差相互抵消。系统的像差主要集中在前组,产生这一现象的原理尚且不明,仍需在未来的设计中展开深入的研究。光学传递函数 MTF 在 150 lp/mm 处的曲线图如图 4.2.1.10 所示。

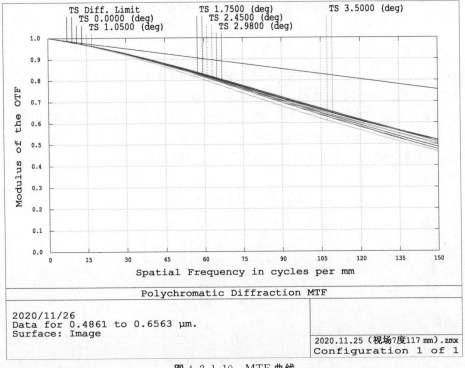

图 4.2.1.10 MTF 曲线

图 4.2.1.10 中可以清晰的看到该系统各个视场的光学传递函数 MTF 值在 150 lp/mm 处优于 0.3,达到设计指标的要求。详细镜头数据参数如图 4.2.1.11 所示。

表面:类型	标注	曲率半径	厚度	材料	膜层	净口径	延伸区	机械半直径
标准面 ▾		无限	25.000			2.239	0.000	2.239
标准面 ▾		13.796 V	3.387 V	TIF6 S		9.257	0.000	9.257
标准面 ▾		18.394 V	1.887 V			8.844	0.000	9.257
标准面 ▾		68.730 V	4.381 V	P-PK53 S		8.845	0.000	8.845
标准面 ▾		-23.149 V	0.506 V			8.759	0.000	8.845
标准面 ▾		31.397 V	4.999 V	N-PSK57 S		7.771	0.000	7.771
标准面 ▾		-10.615 V	4.109 V	LASF35 S		7.507	0.000	7.771
标准面 ▾		-33.973 V	10.004 V		☐	7.647	0.000	7.771
标准面 ▾		无限	9.765 V			5.496	0.000	5.496
标准面 ▾		12.321 V	5.012 V	LAFN10 S		5.265	0.000	5.265
标准面 ▾		9.431 V	5.006 V	N-SF14 S		4.290	0.000	5.265
标准面 ▾		7.618 V	9.355 V			3.360	0.000	5.265
标准面 ▾		-6.690 V	4.775 V	N-LASF9 S		3.519	0.000	4.933
标准面 ▾		-16.461 V	3.421 V			4.933	0.000	4.933
标准面 ▾		10.160 V	5.006 V	N-LAK33B S		6.661	0.000	6.661
标准面 ▾		12.194 V	3.293 V			5.738	0.000	6.661
偶次非球面 ▾		10.025 V	1.144 V	N-SF11 S		5.678	0.000	5.678
标准面 ▾		15.536 V	1.871 V			5.587	0.000	5.678
标准面 ▾		无限	-			5.692	0.000	5.692

图 4.2.1.11 镜头数据参数

总而言之,整个光学系统的像差总和基本得到了很好的校正,各项设计指标要求均已达标。

工程示例 2　非球面手机镜头设计

1. 设计要求

随着手机镜头加工工艺的不断完善,感光元件的不断升级,图像处理技术的不断革新,高像素手机镜头已完全取代了低端手机镜头。像素的不断升级到目前为止已有所放缓,如果想要在市场上占有一席之地就需要在结构上更简洁,像质上更清晰,价格上更低廉,这样才能提高产品的竞争力。此外,现在高次非球面加工技术和精度都有了很大提升,再加上新型材料的出现,为研制高像素手机镜头创造了条件。要求完成一款满足设计指标的手机镜头的设计,设计指标见表 4.2.2.1。

表 4.2.2.1　系统结构参数表

参数名称	指标大小
相对孔径	1/2.2
视场角	78°
光学总长	$\leqslant 5$ mm
后焦距	$\geqslant 0.45$ mm
相对照度	$\geqslant 35\%$
畸变	$\leqslant \pm 3\%$
场曲	$\leqslant \pm 50$ μm
MTF	223 lp/mm 处全视场大于 0.3
点列图 RMS 半径	全视场 $\leqslant 3.36$ μm
最大主光线角	$\leqslant 33.25°$

2. 成像原理

(1) 手机镜头的组成。手机镜头的组成部分主要有保护套、光学镜头、音圈电机、红外滤光片、图像传感器和线路连接基板,如图 4.2.2.1 所示。

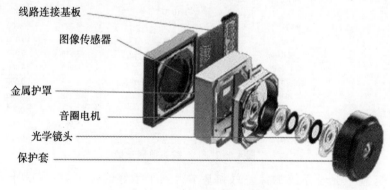

线路连接基板

图像传感器

金属护罩

音圈电机

光学镜头

保护套

图 4.2.2.1　手机镜头的组成结构

　　光学镜头是手机镜头系统中的最重要的构成部分之一,也是本次设计的目标,它负责的是将被拍摄的景物成像于图像传感器 COMS 上。镜头中的镜片个数往往根据手机镜头像质要求的不同而不同,但一般片数越多越好,因为镜片能够过滤杂光,镜片越多过滤的杂光也越多,像质自然也会更好。手机镜头有两个重要的参数,一个是焦距,它决定了镜头成像的大小且一般和视场成反比;另一个是光圈,光圈就是相对孔径的倒数,镜头成像的光照度与相对孔径的二次方成正比,光圈越大则像面光照度越小,景深越小。

　　音圈电机用来实现手机镜头的自动对焦功能。其原理是当镜头拍摄景物时,通过在不同位置快速采集图片,再通过图像处理算法分析出成像最佳位置,然后通过电机带动镜片,完成自动对焦功能。

　　红外滤光片位于镜头与 COMS 之间,用来滤除人眼不能感应,但传感器能感应到的红外光。

　　图像传感器也是手机镜头设计的关键之一,它需要与光学镜头的性能参数相匹配,同时也是决定拍摄像质的主要因素之一,通常所说的像素数就是由它决定的。它能将通过镜头成像的光线转换为电信号。在光学设计成像领域,常用的图像传感器有 CMOS 和 CCD 两种。

　　线路连接基板,即 PCB 板,有三种类型,分别为软板、硬板和软硬组合板。对于 CMOS 而言,三种均能采用,但对于 CCD 而言,只能用最后一种。

　　DSP 芯片,主要负责手机镜头中的 A/D 转换工作。一般在 CCD 中,DSP 是单独存在的,而在 COMS 中,它已和 COMS 集成为了一体。

　　(2) 非球面透镜。非球面透镜是指从中心到边缘的曲率在连续发生变化的透镜。在如今的光学技术中,非球面的面形是多种多样的,若将这些面形做一个简单的分类,大致可以分为以下四种:旋转对称非球面、非旋转对称非球面、自由曲面和阵列表面。一般常采用回转对称非球面,它包括二次曲面和偶次和奇次非球面三种。

　　若将光轴设为 z 轴,非球面的顶点设为坐标原点,则可得到二次曲面的表达式为

$$z = \frac{cr^2}{1 + \sqrt{1 - (1+k)c^2 r^2}} \qquad (4.2.2.1)$$

式中,k 是圆锥系数,当 $k < -1$ 时,为双曲面,当 $k = -1$ 时,为抛物面,当 $-1 < k < 0$ 时,为椭球面,当 $k = 0$ 时,面形为圆形;r 是非球面上任意一点到光轴的距离;c 是非球面顶点处的曲率。

　　对二次曲面的表达式进行一些附加变形,即可以得到偶次非球面和奇次非球面的表达式,分别为

$$z = \frac{cr^2}{1 + \sqrt{1 - (1+k)c^2 r^2}} + \alpha_1 r^1 + \alpha_2 r^3 + \alpha_3 r^5 + \cdots \qquad (4.2.2.2)$$

$$z = \frac{cr^2}{1 + \sqrt{1 - (1+k)c^2 r^2}} + \beta_1 r^4 + \beta_2 r^6 + \beta_3 r^8 + \cdots \qquad (4.2.2.3)$$

式中,$\alpha_1 r^1$,$\alpha_2 r^3$,$\beta_1 r^4$,$\beta_2 r^6$ 等项,就是对二次曲面的附加变形。因二次曲面基准部分已包含了 r^2 项,若后面再出现 r 的二次项,就会对基准面形造成影响,因此附加项中没有 r^2 项。

手机镜头是一个典型的大视场短焦光学系统,其系统的像差较大,因此在进行光学设计时必须对系统进行全面的像差矫正。但如果使用传统的球面透镜进行矫正,则需要多片透镜,不能满足手机镜头小尺寸的要求。而非球面透镜则不同,相比于传统的球面透镜,非曲面透镜拥有诸多优势,主要体现在以下几方面:

1)非球面透镜可以有效的矫正全部的7种像差,因此对于像差矫正而言,可以大大提高光学系统的像质;

2)能够极大地减少光学系统镜片的个数,降低整个系统的总长和质量,从而降低成本;

3)非球面透镜可以极大地增加系统的优化设计的自由度;

4)由于使用非球面镜片可以有效减少系统镜片的个数,所以可以极大地调高系统的透光率。

3.设计结果

经过多次优化调整,最终结构的光路图如图4.2.2.2所示,相关参数如图4.2.2.3和图4.2.2.4所示。

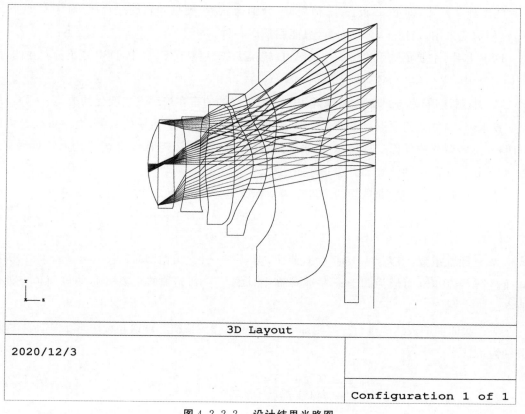

图 4.2.2.2　设计结果光路图

Surf:Type		Comment	Radius	Thickness	Glass	Semi-Diameter	Conic
OBJ	Standard		Infinity	Infinity		Infinity	0.000
STO	Standard		Infinity	-0.226		0.867	0.000
2	Even Asph..		1.653	0.573	APL5514ML	0.876	-0.421
3	Even Asph..		7.989	0.270		0.933	-3.004
4	Even Asph..		-4.457	0.301	EP6000	0.949	11.985
5	Even Asph..		11.951	0.120		1.002	-78.764
6	Even Asph..		2.740	0.631	APL5514ML	1.078	-9.501
7	Even Asph..		-8.058	0.399		1.262	-97.835
8	Even Asph..		-0.821	0.301	EP6000	1.279	-6.185
9	Even Asph..		-1.251	0.108		1.487	-0.557
10	Even Asph..		1.529	1.000	K26R	1.726	-15.237
11	Even Asph..		1.578	0.600		2.459	-6.079
12	Standard		Infinity	0.300	N-BK7	2.818	0.000
13	Standard		Infinity	0.334 M		2.885	0.000
IMA	Standard		Infinity	-		3.003	0.000

图 4.2.2.3　最终光学系统结构参数

Surf:Type		Par 2 (unused)	Par 3 (unused)	Par 4 (unused)	Par 5 (unused)	Par 6 (unused)	Par 7 (unused)	Par 8 (unused)
OBJ	Standard							
STO	Standard							
2	Even Asph..	3.451E-005	0.087	-0.419	0.936	-1.207	0.816	-0.250
3	Even Asph..	0.021	-0.548	2.228	-5.406	7.160	-4.974	1.410
4	Even Asph..	0.032	-0.368	1.804	-4.421	5.924	-4.115	1.175
5	Even Asph..	-0.050	-0.144	1.155	-2.694	3.309	-2.057	0.518
6	Even Asph..	-0.063	-0.046	0.223	-0.345	0.112	0.108	-0.065
7	Even Asph..	0.038	-0.184	0.247	-0.218	0.124	-0.036	8.314E-004
8	Even Asph..	-0.351	0.796	-1.665	2.431	-1.946	0.795	-0.134
9	Even Asph..	0.044	0.032	-0.140	0.291	-0.204	0.060	-6.330E-003
10	Even Asph..	-0.137	0.027	0.016	-0.019	7.998E-003	-1.716E-003	1.597E-004
11	Even Asph..	-0.054	0.014	-2.486E-003	2.352E-005	3.863E-005	-3.270E-006	-1.040E-007

图 4.2.2.4　最终光学系统非球面参数

如图4.2.2.5所示,系统像面各视场弥散斑的RMS半径最大为3.35 μm,满足所有视场均小于3.36 μm 的设计要求。

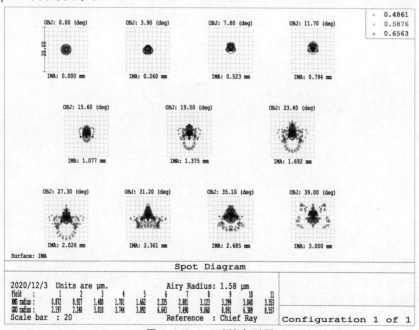

图 4.2.2.5　系统点列图

如图 4.2.2.6 所示,MTF 在 200 lp/mm 处所有视场均大于 0.34,在 400 lp/mm 处 0.7 视场 MTF 曲线大于 0.2,满足对成像质量的要求。系统畸变如图 4.2.2.7 所示,在全视场范围内,畸变小于±3%。

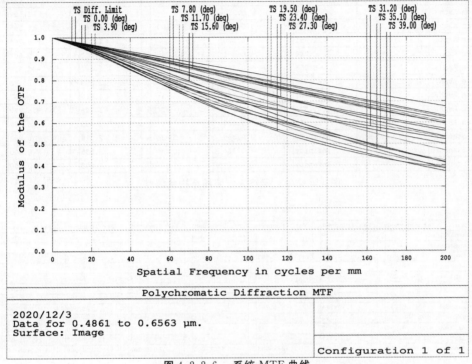

图 4.2.2.6　系统 MTF 曲线

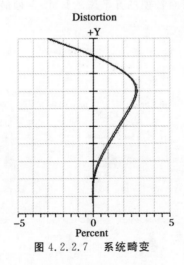

图 4.2.2.7　系统畸变

4. 光学制图

一套完整的光学图纸包含一张系统图和若干张零件图,系统图画出所有光学零件,标注零件之间的相对位置和光学系统的主要性能参数等。零件图标注每个零件的曲率、厚度、口径、加工精度及材料要求等参数。给出系统图和第一片透镜的零件图作为参考,系统设计总图和部分非球面元件加工图纸如图 4.2.2.8 和图 4.2.2.9 所示。

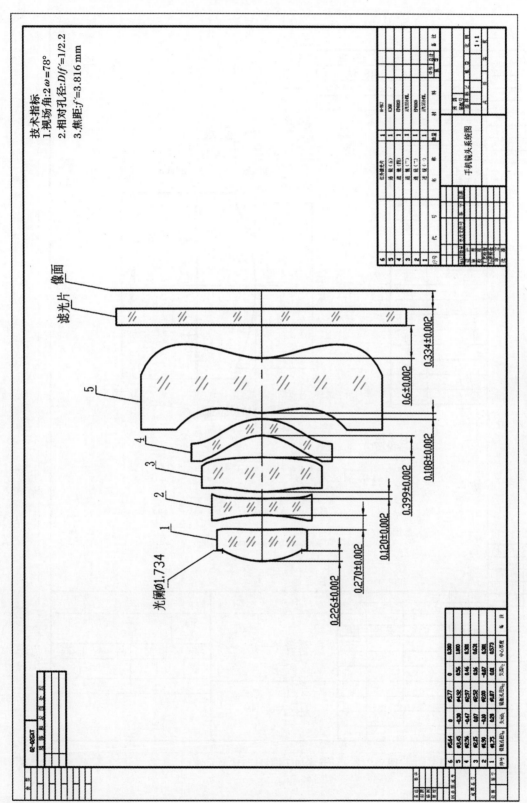

图4.2.2.8　系统设计总图

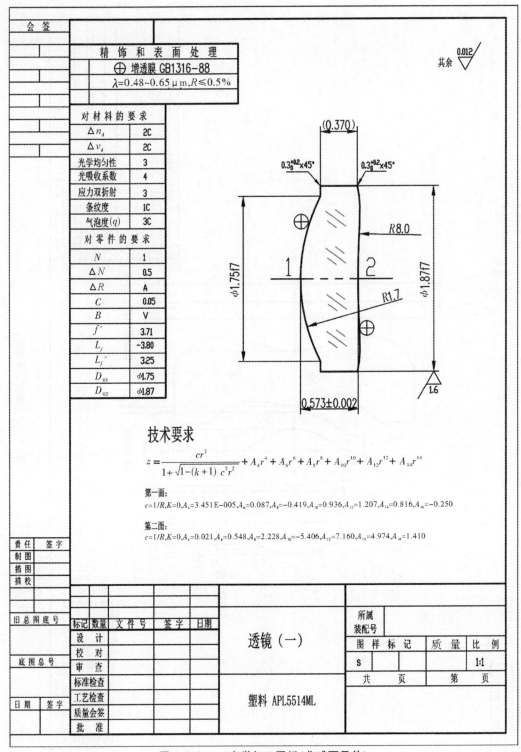

会 签	

精 饰 和 表 面 处 理

⊕ 增透膜 GB1316-88

$\lambda=0.48\sim0.65\,\mu m, R\leqslant0.5\%$

其余 $\overline{0.012}$▽

对 材 料 的 要 求

Δn_d	2C
Δv_d	2C
光学均匀性	3
光吸收系数	4
应力双折射	3
条纹度	1C
气泡度(q)	3C

对 零 件 的 要 求

N	1
ΔN	0.5
ΔR	A
C	0.05
B	V
f'	3.71
L_f	-3.80
L_f'	3.25
D_{01}	$\phi1.75$
D_{02}	$\phi1.87$

(0.370)

$0.3^{+0.2}_{0}\times45°$ $0.3^{+0.2}_{0}\times45°$

$\phi1.75f7$ $\phi1.87f7$

R8.0

R1.7

0.573 ± 0.002

1.6

技术要求

$$z=\frac{cr^2}{1+\sqrt{1-(k+1)\,c^2r^2}}+A_4r^4+A_6r^6+A_8r^8+A_{10}r^{10}+A_{12}r^{12}+A_{14}r^{14}$$

第一面:

$c=1/R, K=0, A_4=3.451E-005, A_6=0.087, A_8=-0.419, A_{10}=0.936, A_{12}=1.207, A_{14}=0.816, A_{16}=-0.250$

第二面:

$c=1/R, K=0, A_4=0.021, A_6=0.548, A_8=2.228, A_{10}=-5.406, A_{12}=7.160, A_{14}=4.974, A_{16}=1.410$

责 任	签 字				
制 图					
描 图					
描 校					

旧总图底号					
底图总号					
日 期	签 字				

标记	数量	文件号	签字	日期
设 计				
校 对				
审 查				
标准检查				
工艺检查				
质量会签				
批 准				

透镜（一）

塑料 APL5514ML

所属装配号			
图样标记	质 量	比 例	
s			1:1
共 页		第 页	

图 4.2.2.9　光学加工图纸（非球面元件）

第三章　　红外成像光学系统设计示例

工程示例 1　　长波红外光学系统设计

1.设计要求

红外光属于电磁波的范畴一般可分为近红外、中红外和长波红外。在光谱中波长 $8 \sim 12$ μm 的波段被称为长波红外。红外波段光学系统拥有诸多优势,例如红外系统接收的是目标自身的热辐射,不论白天还是黑夜,红外系统都能观测。另外,红外光学系统接收的是目标自身的辐射目标,更隐蔽安全,且不易被干扰。光学系统设计指标如下:

(1)工作波段 $7.9 \sim 9.7$ μm;

(2)焦距 $f = 150$ mm;

(3)相对孔径 1/3;

(4)像面大小 12 mm,像元大小 24 μm;

(5)像质要求轴上视场调制传递函数在空间截止频率 20 lp/mm 处接近衍射极限,0.7 视场和轴外点大于 0.3。

2.设计方法及参数计算

最重要的是计算系统参数和选型,找到合理的初始结构,运用光学设计的一般步骤如下:

(1)明确问题,根据光学系统的使用目的,确定系统的焦距、F 数、视场、倍率、使用波段、对成像质量要求以及对外形尺寸的要求等。

(2)选型:选择能满足以上要求的初始结构形式。

(3)校正像差:修改曲率半径、间距、面型,更换不同折射率的光学材料等。

(4)像质检验。

本设计主要是在光学系统设计的基础上讨论红外光学系统设计,并以此设计出制冷型红外光学系统。

如图 4.3.1.1 所示是现代光学系统设计的步骤流程图。利用光学设计软件,简化了计算,提高了设计的效率和精度。

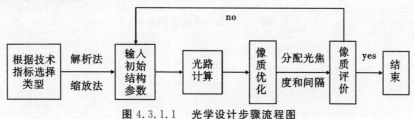

图 4.3.1.1　光学设计步骤流程图

由几何光学成像计算公式可得

$$y' = -f' \tan\omega' \tag{4.3.1.1}$$

$$f = 150 \text{ mm}, \ y' = 12 \text{ mm}$$

由式(4.3.1.1)可得

$$\tan\omega' = 6/150, \ 2\omega' \geqslant 4.48°$$

$$D/f' = 1/3 \tag{4.3.1.2}$$

$$D = 50 \text{ mm}$$

因此该红外系统的光学特性为:相对孔径为 $1:3$,$f' = 150$ mm,$D = 50$ mm,$2\omega' \geqslant 4.48°$。

3.设计结果

设计所得结构如图4.3.1.2所示,是结构的二维图。系统总长为188.1 mm,有限焦距为 -150.1 mm,实际 F 数为2.78,实际通光孔径为54.6 mm。再观察透镜参数,图4.3.1.3为透镜参数图表,各透镜结构正常,没有出现厚度过大或者曲率过大的情况;边界条件也正常。因此,本系统的整体结构达到设计指标。

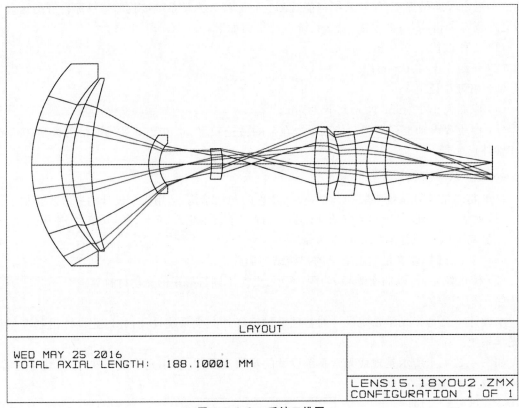

图4.3.1.2 系统二维图

Surf:Type		Radius		Thickness		Glass	Semi-Diameter
OBJ	Standard	Infinity		Infinity			Infinity
1	Standard	57.540	V	12.008		ZNSE	39.971
2	Standard	45.780	V	4.503			34.078
3	Standard	56.105	V	7.865		SILICON	34.202
4	Standard	107.24	V	23.656			33.444
5	Even Asph..	17.937	V	4.503		GERMANIUM	11.599
6	Standard	12.085	V	21.585			8.459
7	Standard	-32.94	V	4.503		GERMANIUM	5.483
8	Standard	-25.96	V	37.046			6.033
9	Standard	70.794	V	6.004		GERMANIUM	14.426
10	Standard	-110.1	V	4.308			14.182
11	Standard	-29.29	V	6.755		GERMANIUM	11.316
12	Standard	-79.35	V	4.428			12.650
13	Standard	31.576	V	7.505		SILICON	14.255
14	Binary 2	53.119	V	17.118			12.576
STO	Standard	Infinity		26.321	V		5.397
IMA	Standard	Infinity		-			6.703

图 4.3.1.3　**透镜参数图**

4.像质评价

(1)波像差。实际出射波面与理想出射波面之间的差异就是系统的波像差,如图 4.3.1.4 所示为系统全视场的波前图,可以看到本系统实际出射波面相对于理想出射波面的差异。波像差对系统做像质评价,存在着以下两个特点。

1)单位:用波长元作为波像差的单位,而其他像差单位都用微米(μm)来表示;

2)评价方式:波像差的评价方法是采用波前的方式。

系统其他几何像差的存在会引起波像差的产生,并且,当其他的几何像差增大或减小时,对应的波像差也会随着增大或减小。通常情况下,用 1/4 波长作为实际出射波面与理想出射波面差异的界限来判定系统的成像质量是否良好。作为一种用于评价望远、显微等小像差光学系统的方法。本系统属于红外系统,由波像差可以得到,成像质量良好。

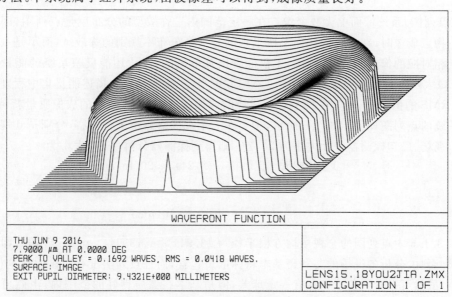

WAVEFRONT FUNCTION

THU JUN 9 2016
7.9000 μm AT 0.0000 DEG
PEAK TO VALLEY = 0.1692 WAVES, RMS = 0.0418 WAVES.
SURFACE: IMAGE
EXIT PUPIL DIAMETER: 9.4321E+000 MILLIMETERS

LENS15.18YOU2JIA.ZMX
CONFIGURATION 1 OF 1

图 4.3.1.4　**波面图**

（2）传递函数。用光学传递函数评价系统成像质量，即把观测物体视为由各种频率的谱组成的，且这些频率各不相同，而光学系统对观测物体的不同频率段的传递能力可由调制传递函数 MTF 来反映。

一般来说，物体的轮廓传递情况可由低频部分来反映，层次传递情况可由中频部分来反映，细节传递情况可由高频部分来反映。

本设计的制冷型长波红外系统的光学传递函数（MTF）曲线如图 4.3.1.5 所示。各个参数均已达到设计要求，在奈奎斯特频率 20 lp/mm 时大于 0.3，并接近衍射极限，成像质量良好。

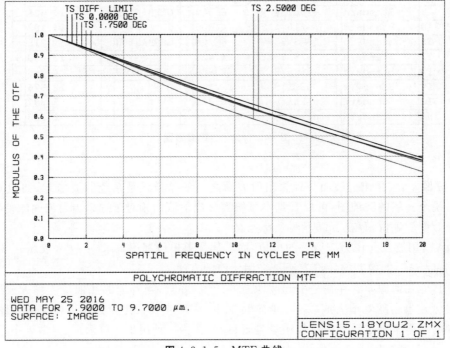

图 4.3.1.5　MTF 曲线

（3）点列图。系统像面上无数个像点在一定范围内呈弥散型的分布就是点列图，即光学系统对某一物点成像时，在系统的像面上所呈现的是一个分布不规则的弥散斑，而不是一个与被观测物点相对应的像点。通过点列图，不仅能看出弥散斑的大小，还能反映系统的能量集中程度。①GEO表示的是最大弥散圆的半径；②均方根半径 RMS 是用来描述能量集中程度的一个概念，即 RMS 的值越小，光学系统中心和边缘的成像锐度就越好，系统的成像质量就越高。

本系统的点列图如图 4.3.1.6 所示，主要在三个视场对系统进行考察，分别是 0 视场、0.5 视场和 1 视场。已知探测器像元大小为 24 μm，则得到探测器分辨率 N_r 大小为

$$N_r = 1\,000/2d = 1\,000/(2 \times 24) \approx 20(\text{lp/mm}) \tag{4.3.1.3}$$

则有

$$\frac{1}{N_r} = \frac{1}{20} = 0.05(\text{mm}) = 50(\mu\text{m}) \tag{4.3.1.4}$$

图 4.3.1.6 中点列图的全视场均方根半径为 13.944 μm。13.944 μm < 25 μm，即满足探测器要求。而且，分析各视场的艾利斑基本将弥散斑包含，而且点列图没有明显的彗星状，说明彗差较小。虽然可以看到各视场存有一定球差，但是基本在像质良好的范围内。由此可得系统成像质量良好。

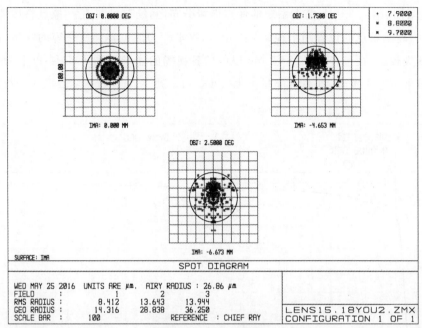

图 4.3.1.6　点列图

（4）像散场曲畸变图。如图 4.3.1.7 所示，是本系统的像散场曲畸变曲线图。左边的曲线是像散场曲图，各曲线与纵轴线的距离表示场曲的大小，子午线与弧矢线的距离表示像散的大小。由图中可以分析得到，最大场曲小于 1，最大的像散小于 0.5。各视场的子午线、弧矢线基本重合，表示球差色差较小。因此，本系统设计时像散场曲也是得到了有效控制。

图 4.3.1.7 右边是畸变图，即便对图像的清晰度不造成影响，它仅引起像的变形。图中可以看到，最大畸变小于 1％，且在 0.5％ 左右。

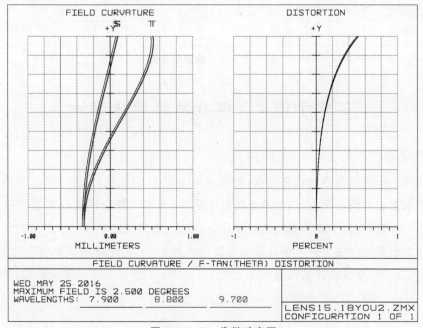

图 4.3.1.7　像散畸变图

（5）能量图。图 4.3.1.8 是本系统的像点能量分布图,绘制的是任一像点整体能量分布情况。横坐标为高斯像点的包容圆半径（单位：μm）,纵坐标为该包容圆所包容的能量。由图可知,系统能量损失较小,在包容圆半径 12 μm 以内的各视场的能量达到了 60% 以上,而且各视场能量都与极限值基本重合,即系统能量损失较少。

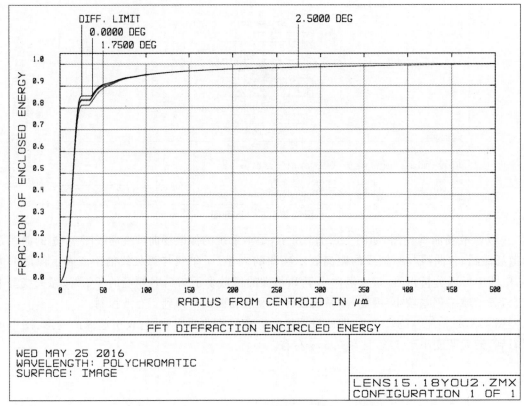

图 4.3.1.8　能量分布图

工程示例 2　红外监控镜头设计

1.设计要求

红外成像系统以其自身的诸多优点,如被动工作方式、隐蔽性好、图像直观和易于观察等,广泛应用于各类光电设备中。长波红外系统对于浓烟、大雾等复杂环境的适应性更好,适宜作为监控镜头。许多场合对于光学系统的轻量化、小型化、成像性能都提出了更高的要求。目前红外成像系统的研究已经成为光学设计领域的研究热点之一,在此背景下要求设计大相对孔径红外监控镜头,光学系统设计指标见表 4.3.2.1。

表 4.3.2.1　光学系统参数表

成像波段	$8 \sim 12~\mu m$
F 数	1.2
探测器	640 像素 × 512 像素
像元大小	$17~\mu m$
焦距	50 mm
系统总长	$\leqslant 90$ mm
光学后焦	> 10.7 mm
相对照度	$> 94\%$
RMS 半径	$\leqslant 11~\mu m$

2.设计方法及参数计算

最重要的是计算系统参数和选型,找到合理的初始结构,运用光学设计的一般步骤如下:

(1)明确问题,根据光学系统的使用目的,确定系统的焦距、F 数、视场、倍率、使用波段、对成像质量要求、对外形尺寸的要求等。

(2)选型:选择能满足以上要求的初始结构形式。

(3)校正像差:修改曲率半径、间距、面型,更换不同折射率的光学材料等。

(4)像质检验。

光学设计步骤流程图参照工程示例 1。本设计主要是在光学系统设计的基础上讨论红外光学系统设计,并以此设计出制冷型红外光学系统。

利用光学设计软件,简化了计算,提高了设计的效率和精度。

由 F 数为 1.2,可得相对孔径为

$$D/f' = 1/F = 1/1.2 \tag{4.3.2.1}$$

又因 $f' = 50$ mm,可得

$$D = (1/1.2) \times 50 = 41.67 (\text{mm}) \tag{4.3.2.2}$$

由于选用的探测器像素为 640×512,像元大小为 $17~\mu m$,所以对应的像高为

$$y' = \sqrt{(640 \times 17)^2 + (512 \times 17)^2} \approx 14.0 (\text{mm}) \tag{4.3.2.3}$$

根据像元大小 $17~\mu m$,确定系统传递函数的奈奎斯特频率为

$$\frac{1}{2N} = \frac{1}{2 \times 0.017} \approx 30~(\text{lp/mm}) \tag{4.3.2.4}$$

根据像高 $y' = 14$ mm 及焦距 $f' = 50$ mm,可得

$$\omega = \arctan\left(\frac{y'}{2f'}\right) = \arctan\left(\frac{7}{50}\right) \approx 8° \tag{4.3.2.5}$$

3.设计结果

设计所得结构如图 4.3.2.1 所示,是结构的二维图。系统总长为 85 mm,有限焦距为 49.9 mm,实际 F 数为 1.2,实际通光孔径为 56 mm。再观察透镜参数,图 4.3.2.1 为系统结

构图,各透镜结构正常,没有出现厚度过大或者曲率过大的情况;边界条件也正常。因此本系统的整体结构达到设计指标。

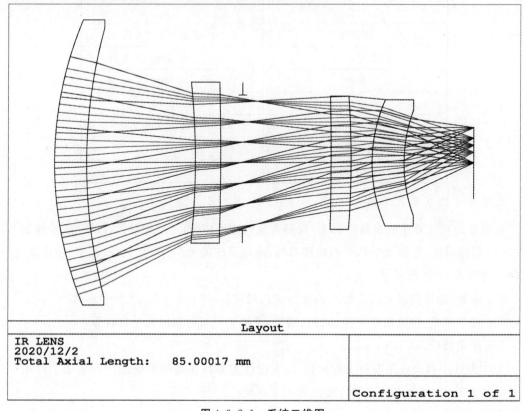

图 4.3.2.1　系统二维图

4.像质评价

(1)波像差。实际出射波面与理想出射波面之间的差异就是系统的波像差,如图4.3.2.2所示为系统全视场的波前图,可以看到本系统实际出射波面相对于理想出射波面的差异。波像差对系统做像质评价,存在着以下两个特点:

1)单位:用波长元作为波像差的单位,而其他像差单位都用微米(μm)来表示;

2)评价方式:波像差的评价方法是采用波前的方式。

系统其他几何像差的存在会引起波像差的产生,并且,当其他的几何像差增大或减小时,对应的波像差也会随着增大或减小。通常情况下,用1/4波长作为实际出射波面与理想出射波面差异的界限来判定系统的成像质量是否良好。作为一种用于评价望远、显微等小像差光学系统的方法。本系统属于红外系统,由波像差可以得到,成像质量良好。

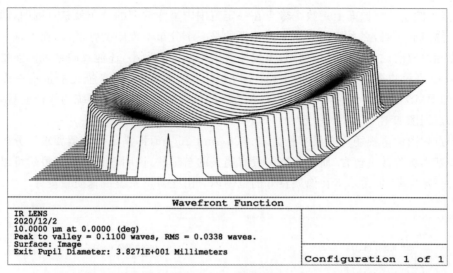

图 4.3.2.2　波面图

（2）传递函数。用光学传递函数评价系统成像质量，即把观测物体视为由各种频率的谱组成的，且这些频率各不相同，而光学系统对观测物体的不同频率段的传递能力可由调制传递函数 MTF 来反映。

一般来说，物体的轮廓传递情况可由低频部分来反映，层次传递情况可由中频部分来反映，细节传递情况可由高频部分来反映。

本设计的制冷型长波红外系统的光学传递函数（MTF）曲线如图 4.3.2.3 所示。各个参数均已达到设计要求，在奈奎斯特频率 30 lp/mm 时大于 0.4，并接近衍射极限，成像质量良好。

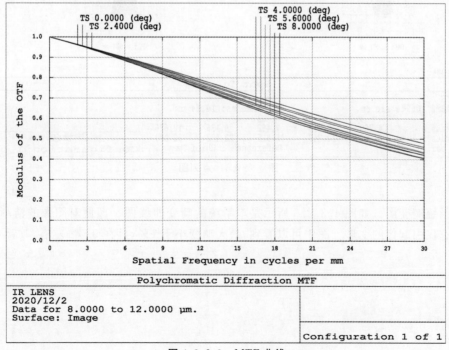

图 4.3.2.3　MTF 曲线

（3）点列图。系统像面上无数个像点在一定范围内呈弥散型的分布就是点列图，即光学系统对某一物点成像时，在系统的像面上所呈现的是一个分布不规则的弥散斑，而不是一个与被观测物点相对应的像点。通过点列图，不仅能看出弥散斑的大小，还能反映系统的能量集中程度。①GEO 表示的是最大弥散圆的半径；②均方根半径 RMS 是用来描述能量集中程度的一个概念，即 RMS 的值越小，光学系统中心和边缘的成像锐度就越好，系统的成像质量就越高。本系统的点列图如图 4.3.2.4 所示。

图中点列图的全视场均方根半径为 12.626 μm＜25 μm，即满足探测器要求。分析各视场的艾利斑基本将弥散斑包含，而且点列图没有明显的彗星状，说明彗差较小。虽然可以看到各视场存有一定球差，但是基本在像质良好的范围内。由此得出系统成像质量良好。

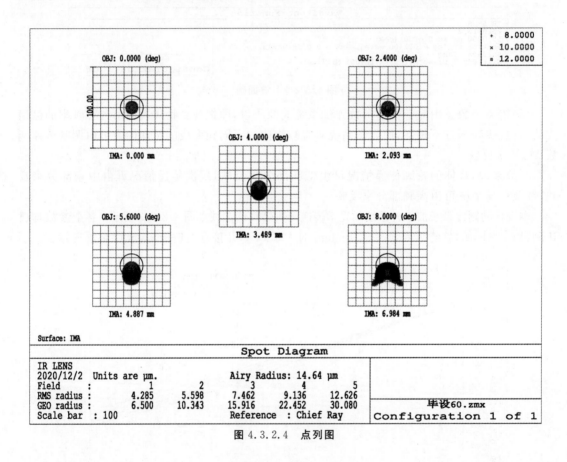

图 4.3.2.4　点列图

（4）系统畸变图。如图 4.3.2.5 所示是本系统的畸变曲线图。即便对图像的清晰度不造成影响，它仅引起像的变形。图中可以看到，最大畸变小于 1％，且在 0.5％左右。

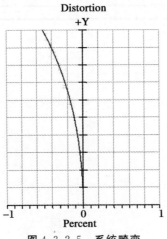

图 4.3.2.5　系统畸变

（5）能量图。图 4.3.2.6 是本系统的像点能量分布图,绘制的是任一像点整体能量分布情况。横坐标为高斯像点的包容圆半径（单位 μm）,纵坐标为该包容圆所包容的能量。由图可知,系统能量损失较小,在包容圆半径 12 μm 以内的各视场的能量达到了 80％以上,而且各视场能量都与极限值基本重合,即系统能量损失较少。

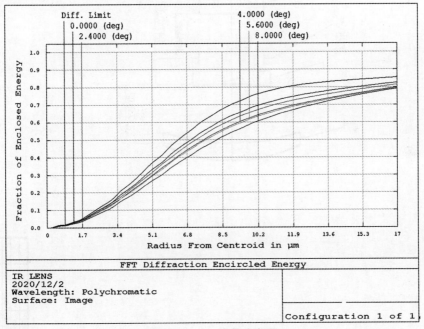

图 4.3.2.6　能量分布图

5.光学制图

一套完整的光学图纸包含一张系统图和若干张零件图,系统图画出所有光学零件,标注零件之间的相对位置和光学系统的主要性能参数等。零件图标注每个零件的曲率、厚度、口径、加工精度及材料要求等参数。给出系统图和第一片透镜的零件图作为参考。系统系统设计总图和部分元件加工图纸如图 4.3.2.7 和图 4.3.2.8 所示。

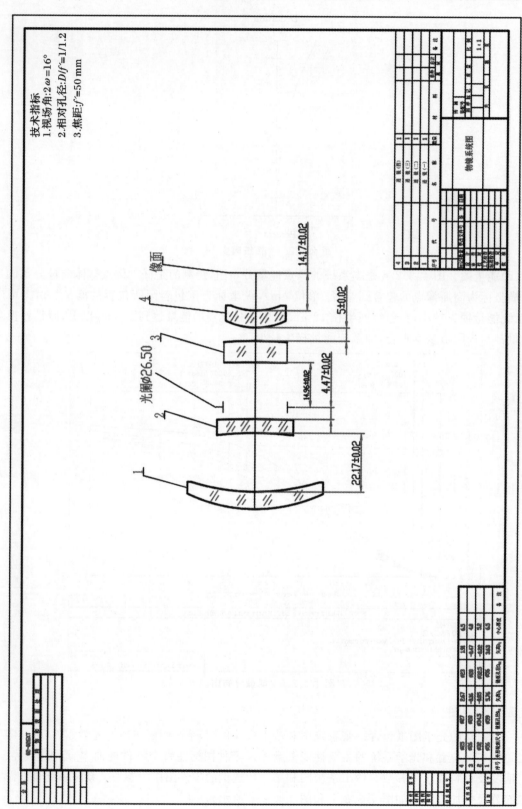

图4.3.2.7 红外系统设计总图

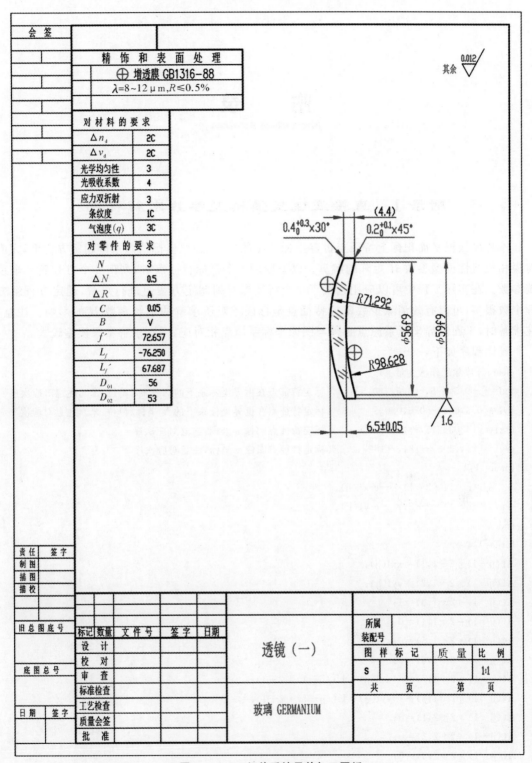

会　签		

精饰和表面处理
⊕ 增透膜 GB1316-88
$\lambda=8\sim12\mu m, R\leqslant0.5\%$

其余 ▽ 0.012

对材料的要求	
Δn_d	2C
Δv_d	2C
光学均匀性	3
光吸收系数	4
应力双折射	3
条纹度	1C
气泡度(q)	3C
对零件的要求	
N	3
ΔN	0.5
ΔR	A
C	0.05
B	V
f'	72.657
L_f	-76.250
L_f'	67.687
D_{01}	56
D_{02}	53

$0.4_0^{+0.3}\times30°$　(4.4)　$0.2_0^{+0.1}\times45°$

R71.292　R98.628　$\phi56f9$　$\phi59f9$　6.5 ± 0.05　1.6

标记	数量	文件号	签字	日期		所属装配号		
设　计						图样标记	质量	比例
校　对					透镜（一）	S		1:1
审　查						共　页	第　页	
标准检查								
工艺检查				玻璃 GERMANIUM				
质量会签								
批　准								

图 4.3.2.8　红外系统元件加工图纸

附　　录

附录 1　直接线性变换模型参数求解程序

　　本程序根据平面靶标上特征点世界坐标和图像坐标点对(坐标值),求解超定方程组,完成对摄相机线性模型参数 $\boldsymbol{H}$ 矩阵的解算。以下应用 4 个靶标特征点对,列出 8 个方程解 8 个系统参数。在实际工程中可以应用远大于 4 个特征点对列超定方程组进行求解,超定方程组方程个数很多,可以有效消除少数靶标特征点坐标误差对所求解的系统参数 $\boldsymbol{H}$ 的影响。注意,在求解时,平面世界坐标系原点必须与图像坐标系原点相对应,否则求解结果误差较大。

　　具体程序如下:

```
clear;%清除工作区变量
xxI=[-0.5,0.5,-0.5,-0.5];        %标定特征点在世界坐标系下的 X 坐标(单位:米),注意对应次序
yyI=[0.6,0.6,-0.6,0.6];          %标定特征点在世界坐标系下的 Y 坐标(单位:米),注意对应次序
crx1=[-203,215,-197,200];        %标定特征点图像 u 坐标,注意对应次序
cry1=[214,200,-184,-182];        %标定特征点图像 v 坐标,注意对应次序
for ii=1:4
    U((ii-1)*2+1)=-crx1(ii);
    U((ii-1)*2+2)=-cry1(ii);
end
forjj=1:4
A((jj-1)*2+1,1)=xxI(jj);
A((jj-1)*2+1,2)=yyI(jj);
A((jj-1)*2+1,3)=1;
A((jj-1)*2+1,4)=0;
A((jj-1)*2+1,5)=0;
A((jj-1)*2+1,6)=0;
A((jj-1)*2+1,7)=-xxI(jj)*U((jj-1)*2+1);
A((jj-1)*2+1,8)=-yyI(jj)*U((jj-1)*2+1);
A((jj-1)*2+2,1)=0;
A((jj-1)*2+2,2)=0;
A((jj-1)*2+2,3)=0;
A((jj-1)*2+2,4)=xxI(jj);
A((jj-1)*2+2,5)=yyI(jj);
A((jj-1)*2+2,6)=1;
```

```
A((jj-1) * 2+2,7)=-xxI(jj) * U((jj-1) * 2+2);
A((jj-1) * 2+2,8)=-yyI(jj) * U((jj-1) * 2+2);
end
B=A';
E=B * A;
F=inv(E);
H=F * B * U'
```

附录 2 弹孔中心坐标反演求解程序

```
clear;
close all;
H=[ -208.7059        %系统标定所求解的系统参数
    -0.7004
    -6.1920
    -3.4360
    -193.9263
    -10.3242
    -0.0050
    -0.0060];
ximage=[-107,122,-11];    %从图像中所识别的弹孔中心特征点的 u 坐标
yimage=[63,61,-95];        %从图像中所识别的弹孔中心特征点的 v 坐标
for ii=1:3
    C1(1,1)=h1(1)-h1(7) * ximage(ii);
    C1(1,2)=h1(2)-h1(8) * ximage(ii);
    C1(2,1)=h1(4)-h1(7) * yimage(ii);
    C1(2,2)=h1(5)-h1(8) * yimage(ii);
D1=[ximage(ii)-h1(3),yimage(ii)-h1(6)]';
B1=C1';
E1=B1 * C1;
F1=inv(E1);
y1=F1 * B1 * D1;
cximage1(ii)=y1(1);    %所计算靶标平面中弹孔中心的 X 坐标
cyimage1(ii)=y1(2);     %所计算靶标平面中弹孔中心的 Y 坐标
end
```

附录 3　直线运动目标模糊图像复原算法
MATLAB 程序源代码

1. 仿真运动模糊图像的复原程序

```
clear;
close all;
j=imread('C:\fig1.jpg');    %读入任一原清晰图像;
figure(1),imshow(j);title('原图像');
PSF=fspecial('motion',15,20);
mh=imfilter(j,PSF,'replicate');            %仿真生成模糊图像
figure(2),imshow(mh);title('模糊图像');
gray=rgb2gray(mh);                         %彩色图像灰度化
figure(3),imshow(gray);title('灰度图像');
I=im2double(gray);
%获得所读取图像的频谱图并进行预处理
F=fft2(I);                                 %对图像进行快速傅里叶变换
FC=fftshift(F);          %将变换后的矩阵的原点移动到频率矩形的中心
P=log(1+abs(FC));                 %对傅里叶变换值的动态范围进行压缩
figure(4),imshow(P);
level=graythresh(P);
J=im2bw(P, level);                   %将居中压缩后的频谱图二值化
figure(5),imshow(J);title('二值图像');
eg=edge(double(J),'canny',0.9);          %使用 canny 算子进行边缘检测
figure(6),imshow(eg);title('边缘检测图像');
%估计模糊方向
angle=0;
for   a=0:1:179
    [R,xp]=radon(eg, a);%对处理后的频谱图求 0 到 179 度的 Radon 变换
    if   a==0
z=max(R);
    else
z=[z, max(R)];
      end
end
plot(z);xlabel('角度');ylabel('Radon 变换值');%画出模糊方向鉴别曲线
z_max=z(1);
for   i=1:1:180
    if(z(i)>z_max)
z_max=z(i);
      angle=(i-1)*1;
```

```
    end
end
％估计模糊长度
cinrot＝imrotate(I,－angle,'bilinear','crop');   ％将原灰度模糊图像旋转至水平方向,得到 g(i,j);
LAP＝[0.5,－0.5];
daoshu＝conv2(cinrot,LAP,'same');   ％求 g(i,j)在水平轴方向上的一阶微分图像 g'(i,j);
[m,n]＝size(cinrot);
for   i＝1:m
    S(i,:)＝xcorr(daoshu(i,:),daoshu(i,:));   ％对 g'(i,j)每行求自相关 S
end
Sadd＝sum(S,1);
x＝ －n+1:n－1;
y＝Sadd(x+n);                        ％对 S 按列求和
plot(x,y);grid on;
xlabel('长度');ylabel('和值');
％计算出模糊长度 len
minSadd＝min(Sadd(n:2 * n－1));
for   i＝1:2 * n－1
    if   (Sadd(i)＝＝minSadd)
        len＝abs(i－n);
     end
end
％滤波复原
psf＝fspecial('motion',len,angle);
wnr＝deconvwnr(mh,psf,0.01);
figure(7),imshow(wnr);title('维纳滤波复原图像');
lucy＝deconvlucy(mh,psf,20);
figure(8),imshow(lucy);title('lucy richardson 复原图像');
```

2.运动模糊车牌的复原程序

```
clear ;
close all;
img＝imread('C:\chepai.jpg');   ％读入车版图像;
figure(1),imshow(img);title('原图像');
gray＝rgb2gray(img);                        ％彩色图像灰度化
figure(2),imshow(gray);title('灰度图像');
I＝im2double(gray);
％获得所读取图像的频谱图并进行预处理
F＝fft2(I);                      ％对图像进行快速傅里叶变换
FC＝fftshift(F);            ％将变换后的矩阵的原点移动到频率矩形的中心
P＝log(1+abs(FC));            ％对傅里叶变换值得动态范围进行压缩
figure(3),imshow(P);
level＝graythresh(P);
```

```
J＝im2bw(P，level)；                    ％将居中压缩后的频谱图二值化
figure(4)，imshow(J)；title('二值图像')；
eg＝edge(double(J)，'canny'，0.9)；      ％ 使用 canny 算子进行边缘检测
figure(5)，imshow(eg)；title('边缘检测图像')；
％估计模糊方向
angle＝0；
for a＝0：1：179
    [R，xp]＝radon(eg，a)；    ％对处理后的频谱图求 0 到 179 度的 Radon 变换
    if   a＝＝0
        z＝max(R)；
    else
        z＝[z，max(R)]；
    end
end
plot(z)；xlabel('角度')；ylabel('Radon 变换值')；％画出模糊方向鉴别曲线
z_max＝z(1)；
for i＝1：1：180
  if(z(i)＞z_max)
    z_max＝z(i)；
    angle＝(i−1)＊1；
  end
end
％估计模糊长度
cinrot＝imrotate(I，−angle，'bilinear'，'crop')；   ％将原灰度模糊图像旋转至水平方向,得到 g(i,j)；
LAP＝[0.5，−0.5]；
daoshu＝conv2(cinrot,LAP,'same')；    ％求 g(i,j)在水平轴方向上的一阶微分图像 g'(i,j)；
[m,n]＝size(cinrot)；
for   i＝1：m
    S(i,：)＝xcorr(daoshu(i,：),daoshu(i,：))；   ％对 g'(i,j)每行求自相关 S
end
Sadd＝sum(S,1)；
x＝ −n+1：n−1；
y＝Sadd(x+n)；                          ％对 S 按列求和
plot(x,y)；grid on；
xlabel('长度')；ylabel('和值')；
％计算出模糊长度 len
minSadd＝min(Sadd(n：2＊n−1))；
for   i＝1：2＊n−1
    if  (Sadd(i)＝＝minSadd)
        len＝abs(i−n)；
    end
end
％滤波复原
```

```
psf＝fspecial('motion',len,angle);
wnr＝deconvwnr(img,psf,0.01);
figure(6),imshow(wnr);title('维纳滤波复原图像');
lucy＝deconvlucy(img,psf,20);
figure(7),imshow(lucy);title('lucy richardson 复原图像');
%对复原后的图像求 GMG 值,进行像质评价
img1＝double(I);
[r1,c1,b1]＝size(img1);
dx1＝1;　dy1＝1;
for　k＝1:b1
    band1＝img1(:,:,k);
    [dz1dx1,dz1dy1]＝gradient(band1,dx1,dy1);
    s1＝sqrt((dz1dx1.^2＋dz1dy1.^2)./2);
    g(k)＝sum(sum(s1)/((r1－1)*(c1－1)));
end
outval_gray＝mean(g);              %求得原灰度图像灰度平均梯度值
wnr1＝rgb2gray(wnr);
img2＝double(wnr1);
[r2,c2,b2]＝size(img2);
dx2＝1;　dy2＝1;
for　k＝1:b2
    band2＝img2(:,:,k);
    [dz2dx2,dz2dy2]＝gradient(band2,dx2,dy2);
    s2＝sqrt((dz2dx2.^2＋dz2dy2.^2)./2);
    p(k)＝sum(sum(s2)/((r2－1)*(c2－1)));
end
outval_wnr1＝mean(p);         %求得维纳滤波复原后图像的灰度平均梯度值
lucy1＝rgb2gray(lucy);
img3＝double(lucy1);
[r3,c3,b3]＝size(img3);
dx3＝1;　dy3＝1;
for　k＝1:b3
    band3＝img3(:,:,k);
    [dz3dx3,dz3dy3]＝gradient(band3,dx3,dy3);
    s3＝sqrt((dz3dx3.^2＋dz3dy3.^2)./2);
    q(k)＝sum(sum(s3)/((r3－1)*(c3－1)));
end
outval_lucy1＝mean(q);          %求得 L-R 算法复原后图像的灰度平均梯度值
```

3.旋转运动模糊图像复原程序

```
clear;
close all;
img＝imread('C:\fig1.bmp');　%读入旋转模糊图像
```

```
%裁剪图像,使旋转点位于图像中心,四个参数根据具体情况而定
I＝imcrop(img,[145,60,339,219]);
figure(1),imshow(I);
I1＝rgb2gray(I);
hold on
[ox oy]＝ginput(1);     %获得极坐标变换的原点
oy＝floor(oy);
ox＝floor(ox);
[m,n]＝size(I1);
%求中心点到图像四个角的距离
up_left＝sqrt((oy−1)^2+(ox−1)^2);
up_right＝sqrt((oy−1)^2+(ox−n)^2);
down_left＝sqrt((oy−m)^2+(ox−1)^2);
down_right＝sqrt((oy−m)^2+(ox−n)^2);
%求中心点距离四角距离的最大值,作为变换后图像的高。
radius＝round(max([up_left up_right down_left down_right]));
angle＝360;        %变换后图像的宽
imgn＝zeros(radius,angle);
for i＝1:radius
    for j＝1:angle
        h＝oy−i * sin(j * pi/180);
        w＝ox+i * cos(j * pi/180);
        hz＝floor(h);
        wz＝floor(w);
        p＝h−hz;
        q＝w−wz;
        if (hz>0 && wz> 0&& hz<m && wz<n   )
        imgn(i,j)＝(1−p) * (1−q) * I1(hz,wz)+q * (1−p) * I1(hz,wz+1)+p * (1−q) * I1(hz+1,wz)
                +p * q * I1(hz+1,wz+1);   %插值运算
        else
            imgn(i,j)＝0;
        end
    end
end
figure(2),imshow(uint8(imgn));
aa＝uint8(imgn);
[u,v] ＝ size(aa);
len＝10;          %估计模糊长度
fori＝1:u
    for j＝1:v
        if j>＝1 && j<＝84 && j>＝175 &&j<＝263
            theta＝180;                    %对图像进行分块确定模糊角度
        else
```

```
        theta＝0；
    end
  end
end
psf＝fspecial('motion',len,theta)；
lucy＝deconvlucy(aa,psf,20)；
figure,imshow(lucy)；
%像质评价
[r1,c1,b1]＝size(aa)；
aa1＝double(aa)；
dx1＝1；  dy1＝1；
for  k＝1:b1
    band1＝aa1(:,:,k)；
    [dz1dx1,dz1dy1]＝gradient(band1,dx1,dy1)；
    s1＝sqrt((dz1dx1.^2＋dz1dy1.^2)./2)；
    g(k)＝sum(sum(s1)/((r1－1)*(c1－1)))；
end
outval_aa1＝mean(g)；           %求得原灰度图像灰度平均梯度值
lucy1＝double(lucy)；
[r2,c2,b2]＝size(lucy1)；
dx2＝1；  dy2＝1；
for  k＝1:b2
    band2＝lucy1(:,:,k)；
    [dz2dx2,dz2dy2]＝gradient(band2,dx2,dy2)；
    s2＝sqrt((dz2dx2.^2＋dz2dy2.^2)./2)；
    p(k)＝sum(sum(s2)/((r2－1)*(c2－1)))；
end
outval_lucy1＝mean(p)；          %求得L－R算法复原后图像的灰度平均梯度值
%坐标反变换
%所选坐标系,X轴正向向右,Y正向向上
for y＝1:m
  for x＝1:n
  h1＝sqrt((x－ox)^2＋(y－oy)^2)；
    if (x－ox＞0)
      if(y－oy＞0)   %第4象限
        w1＝360＋atan(double((oy－y)/(x－ox)))/pi*180；
      else        %第1象限
        if(y－oy＜0)
        w1＝atan(double((oy－y)/(x－ox)))/pi*180；
        else
        w1＝0；
        end
      end
```

```
        else
         if(x-ox<0)
            if(y-oy>0)    %第3象限
              w1=180+atan(double((oy-y)/(x-ox)))/pi*180;
            else    %第2象限
               if(y-oy<0)
                 w1=180+atan(double((oy-y)/(x-ox)))/pi*180;
               else
                  w1=180;
               end
            end
         else
            w1=90;
         end
      end
      hz1=floor(h1);
      wz1=floor(w1);
      p1=h1-hz1;
      q1=w1-wz1;
      if (hz1>0 && wz1> 0&&.hz1< radius  && wz1<360.1  )
      reimg(y,x)=(1-p1)*(1-q1)*lucy(hz1,wz1)+q1*(1-p1)*lucy(hz1,wz1+1)
      +p1*(1-q1)*lucy(hz1+1,wz1)+p1*q1*lucy(hz1+1,wz1+1);   %双线性插值算法
      else
      reimg(y,x)=0;
          end
        end
      end
      figure,subplot(2,1,1),imshow(I);
      subplot(2,1,2),imshow(uint8(reimg));
```

附录 4　VC++串口通信应用程序

在 VC++应用程序框架下,串口通信可以采用串口操作类和串口控件两种方式。下面详述在基于对话框应用程序框架下,应用串口操作控件(MSCOMM32.OCX)开发串口操作应用程序的步骤及代码。

第一步,将串口操作控件添加到 VC++开发环境中。这个过程分两部分:

(1)将串口控件文件 MSCOMM32.OCX 拷贝到操作系统目录下(32 位操作系统拷贝到 System32 目录下,64 位操作系统拷贝到 SysWOW64 目录下),在操作系统 CMD 命令窗口下切换到相应路径,运动控件注册命令:C:\Windows\System32>regsvr32 MSCOMM32.OCX 或 C:\Windows\SysWOW64>regsvr32 MSCOMM32.OCX,注册成功提示"DllRegisterServer 在 mscomm32.ocx 中成功"。注意,在打开 CMD 命令窗口时,需以管理员身份登录。

(2)在 VC++程序 Dialog 打开界面,在"工具箱"标签中点击鼠标右键,在弹出的对话框

中点击"选择项",在弹出的对话框中,点击"COM"标签。在此标签中找注册成功的串口控件标识行,将其选中加入工程。加入成功后,在"工具箱"中出现串口通信控件图标。

第二步,应用工具箱中串口控件图标,在对话框中托动生成串口控件对象,并修改其 ID(如:ID_MSCOMM1)。选中对话框中生成的串口控件对象点右键,点击"添加事件处理程序",为串口添加通信接收事件响应函数。在类向导中为串口控件添加"control"类型的变量(如:m_ctlComm)。

第三步,将串口初始化函数添加成对话框类的成员函数。

具体程序如下:

```
BOOLCImageproDlg::InitComm()  //初始化串口
{CString ss;
UINTnBaudIndex, m_nPort;
m_nPort = 1;  //COM1
nBaudIndex = 2;  //波特率
switch (nBaudIndex)
{case 0: { ss = "2400,n,8,1"; break; }
case 1: { ss = "4800,n,8,1"; break; }
case 2: { ss = "9600,n,8,1"; break; }
default: { ss = "2400,n,8,1"; break; }}
if (! m_ctlComm.get_PortOpen())
{    m_ctlComm.put_CommPort(m_nPort);
     m_ctlComm.put_InBufferSize(128);
     m_ctlComm.put_OutBufferSize(128);
     m_ctlComm.put_InputMode(BinaryMode);   //set text mode,Binary Mode 为枚举类型定义的参
                                            //数,值为 1
     m_ctlComm.put_Settings(ss);
     m_ctlComm.put_RThreshold(1);   //收到 1 个字符就响应串口接收响应事件
     m_ctlComm.put_InputLen(0);
}else
{MessageBox(_T("串口处理打开状态,不允许初始化,请先关闭串口!"));
     Return FALSE;}
return TRUE;}
```

第四步,添加串口打开按钮的消息响应函数:

```
BOOLCImageproDlg::OpenComm()  //打开串口
{   if (! m_ctlComm.get_PortOpen())   //判断串口是否处于打开状态
{   m_ctlComm.put_PortOpen(TRUE);   //open COM port
    m_ctlComm.get_Input();   //先预读缓冲区以清除残留数据
    return TRUE;
}else return FALSE;}
```

第五步,添加关闭串口按钮消息响应函数:

```
BOOLCImageproDlg::CloseComm()  //关闭串口
{if (m_ctlComm.get_PortOpen())
{    m_ctlComm.put_PortOpen(FALSE); // close COM port
```

```
        return TRUE;
}else return FALSE;}
```

第六步,添加从串口发送指令函数代码,定义函数作为对话框类的成员函数:

```
void CImageproDlg::SendInst(unsigned char * p,long nsendBNum)
{unsigned charm_chart;
if (m_ctlComm.get_PortOpen())
{      m_ctlComm.get_Input();   //先预读缓冲区以清除残留数据
       CByteArray array;   //bit 类型数组用于发 ASC 码
       array.RemoveAll();
       array.SetSize(1);
       for (int i = 0; i<nsendBNum; i++)
       {   m_chart = *(p + i);
           array.SetAt(0, m_chart);
           m_ctlComm.put_Output(COleVariant(array));   // send
           Sleep(30);
       }
}elseAfxMessageBox(_T("串口处理关闭状态,不能发送数据!"));}
//下面是调用 SendInst()函数发指令的典型代码
unsigned char m_cSend[8];   //指令:=@SHXYE,机械归零指令,以 0x0D 为结束标志
m_cSend[0] = 0x3D;
m_cSend[1] = 0x40;
m_cSend[2] = 0x53;
m_cSend[3] = 0x48;
m_cSend[4] = 0x58;
m_cSend[5] = 0x59;
m_cSend[6] = 0x45;
m_cSend[7] = 0x0D;
SendInst(m_cSend, 8);
```

第七步,添加串口接收事件函数代码:

```
void CImageproDlg::OnCommMscomm1()
{   long i, nLen, nindex, nindex2, nlen2;
BYTEnCmd, nDataTwo[2], nData;
BYTE nD2;
CString str1, str2, m_str1;
unsigned charm_nRecv[20];
VARIANTm_varInput;   //注意 VARIANT 结构体是操作系统进行不同接口数据传输的通用接口,其
                     //内有各种类型的变量,在数据库编程从表中读入与存储数据时,也要用到此
                     //结构体
COleSafeArray m_arrInput;
if (m_ctlComm.get_CommEvent() == 2)   //收到 Byte 个数等于所设阈值,触发事件
{   m_varInput = m_ctlComm.get_Input();
    m_arrInput = m_varInput;
    nLen = m_arrInput.GetOneDimSize();   //接收到的 Byte 个数
```

```
for (i = 0; i<nLen; i++)
m_arrInput. GetElement(&i, m_nRecv + i);    //将接收到的字符转换成 unsigned char 类型数据。
                                            //下面可以将 unsigned char 类型数据转换成字符
                                            //串,数字等数据,完成对所接收数据的解析,在此
                                            //不再赘述
}}
```

至此串口通信程序开发完成,其主要包括初始化及打开、发送指令与接收数据、关闭串口三大部分。串口能否收到正确的数据,由 m_ctlComm. put_RThreshold(1);设置参数决定,由事件响应函数对收到的数据进行解析。如果串口收到的数据长度相等,则可将此参数设置与收到的数据长度相等;若收到的是不定长度的数据,建议将此参数设置为 1,不断地对接收到的字符转换成字符串进行追加,待接收到的字符串达到一定长度再作解析。

附录 5　空间光调制器幅值调制及相位调制模式简介

空间光调制器可以实现对光波空间分布的调制,它可以将信息加载到光学数据场上,这个数据场可以是一维的,也可以是二维的。同时,它能够有效地利用光波的光互连能力、并行性及固有速度,使其在光学信息处理、光计算等系统中成为一种最基本的构造单元或者重要的器件。空间光调制器含有许多独立的单元,每个独立的单元均可以通过电信号或者光信号进行控制,进而改变光学特性(如反射率、透射率及折射率等),实现对经过它的光束进行调制。它主要通过液晶来作为光调制的材料,由于液晶材料的特殊光电效应,因此在外加电场的作用下,液晶分子的排列分布、位置和形状等都会发生改变,使得液晶的物理性质发生改变,最直观的就是光学性质发生改变。

空间光调制器能对光波的相位、振幅、偏振态等参量的空间分布进行变换或调制,因此,可以将空间光调制器看作一个滤光片,这个滤光片是通过写入信号来控制光波复振幅透过率的,即可以将光的相关信息通过写入信号输送到空间光调制器相对应的位置,来调整空间光调制器光透过率。利用空间光调制器对光分布振幅或强度、相位、偏振态及波长的调制作用,或者可以把非相干光转化成相干光,实现对干涉、衍射及全息再现等多种光学现象的演示。空间光调制器含有许多独立单元,它们在空间上排列成一维或二维阵列。每个单元都可以独立地接受光学信号或电学信号的控制,并按此信号来改变液晶分子的取向结构,利用各种物理效应(如泡克尔斯效应、克尔效应、声光效应、磁光效应、半导体的自电光效应和光折变效应等)改变自身的光学特性,从而对照明在其上的光波进行调制。

1. 基本结构及参数

反射式相位型空间光调制器的结构如图 F.5.1.1 所示,上、下两个极板之间充有向列液晶层,透明的取向模紧贴着液晶层的上下内表面,作用是使得液晶分子的取向平行于取向模表面。最上层覆盖透明玻璃,透明玻璃的内表面涂有透明导电层,最下层是硅基板,上面刻蚀有可独立寻址电极,电极上面镀有高反射率铝膜。

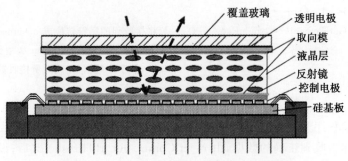

图 F.5.1.1　反射式空间光调制器结构示意图

液晶层由许多液晶晶胞组成,这些晶胞在空间上呈一维或二维分布,每个晶胞独立接受电信号的控制,液晶结构类似于一个正交光栅。

表 F.5.1.1 是一种空间光调制器(Spatial Light Modulator,SLM)的各项技术指标。

表 F.5.1.1　产品技术指标

型　号	F-MOES-P-064A
调制类型	纯相位调制
液晶类型	反射式
像　素	1 920×1 080
像　元	6.4 μm
相面尺寸	12.29 mm×6.91 mm
相位范围	2π

2.液晶的电光效应

晶体的电光效应是在探讨当光通过受电场影响的晶体时所发生的变化。对于某些晶体来说,施加电场会改变折射率椭球(见图 F.5.1.2)的方向进而改变折射率大小。以图 F.5.1.3 所示垂直取向的液晶排列方式为例,在未施加电场前,液晶的折射率椭球是垂直站立的。入射光由下方射入,此时所得到光偏振面与折射率椭球的横切面为一个圆,因此可得 $n_e = n_o$,即无论用什么方向的偏振态入射,液晶只是各项同性的介质不改变其偏振态。在施加电场后,液晶分子受电场的影响会慢慢地旋转倾斜,所得的横切面则会变成椭圆,即 $n_e > n_o$。n_e 随着电场的增强而变大,极大值会发生在折射率椭球旋转 90°。当液晶分子受电场影响而旋转时,不同偏振方向的光会得到不同的折射率,不同的折射率造成不同的光程及相位差,相位差则可造成光的偏振态改变,在应用上通常会在液晶的前、后加上起偏器(Polarizer)与检偏器(Analyzer)来把空间光调制器调整成振幅调制器或是相位调制器。

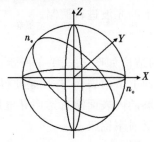

图 F.5.1.2　液晶折射率椭球

传播方向

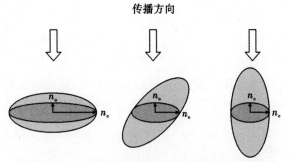

图 F.5.1.3　折射率椭球受电场影响而改变其折射率

3. 琼斯矩阵

琼斯矩阵(Jones Matrix)由 R.C.Jones 在 1940 年提出,是一个在处理光的偏振态的问题上相当强大的工具。它将光的偏振态以一个 2×1 的矩阵来表示,而各种光学元件皆以 2×2 的矩阵表示,光通过各种元件的结果即为这些矩阵相乘。最后所得到的 2×1 矩阵就是光通过光学元件后的最终状态(偏振方向、振幅大小、相位变化)。

琼斯矩阵以 2×1 的矩阵来表示光的偏振态:

$$\boldsymbol{E} = \begin{bmatrix} E_x \\ E_y \end{bmatrix} \tag{F.5.1.1}$$

式中,E_x、E_y 为复数,实部表示振幅强度,虚部表示相位。当光学元件或晶体快慢轴以光轴为轴偏转 φ 时,为简化计算可利用线性代数旋转矩阵的方法来改变原先入射光的坐标轴 xOy 至新的坐标轴 uOv,如图 F.5.1.4 所示,可用公式表示为

$$\begin{bmatrix} E_u \\ E_v \end{bmatrix} = \begin{bmatrix} \cos\varphi & \sin\varphi \\ -\sin\varphi & \cos\varphi \end{bmatrix} \begin{bmatrix} E_x \\ E_y \end{bmatrix} = \boldsymbol{R}(\varphi) \begin{bmatrix} E_x \\ E_y \end{bmatrix} \tag{F.5.1.2}$$

式中,$\boldsymbol{R}(\varphi)$ 为旋转矩阵,$\begin{bmatrix} E_x \\ E_y \end{bmatrix}$ 为旋转后新坐标轴所表示的入射光偏振态。

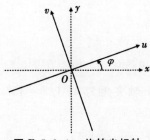

图 F.5.1.4　旋转坐标轴

假设有一个单轴晶体其折射率分别为 n_e 及 n_o,其中 n_e 为顺着 Ou 轴的折射率,n_o 为顺着 Ov 轴的折射率,当光通过此晶体时新的偏振态为

$$\begin{bmatrix} E'_u \\ E'_v \end{bmatrix} = \begin{bmatrix} \exp\left(-\mathrm{j}n_e\,\dfrac{\omega}{c}l\right) & 0 \\ 0 & \exp\left(-\mathrm{j}n_o\,\dfrac{\omega}{c}l\right) \end{bmatrix} \begin{bmatrix} E_u \\ E_v \end{bmatrix} \tag{F.5.1.3}$$

写成以 xOy 轴的形式可变成

$$\begin{bmatrix} E'_u \\ E'_v \end{bmatrix} = \begin{bmatrix} \exp\left(-\mathrm{j}\, n_e\, \dfrac{\omega}{c} l\right) & 0 \\ 0 & \exp\left(-\mathrm{j} n_o\, \dfrac{\omega}{c} l\right) \end{bmatrix} \boldsymbol{R}(\varphi) \begin{bmatrix} E_x \\ E_y \end{bmatrix} \qquad (\text{F.}5.1.4)$$

式中,ω 为频率;c 为光速;l 为晶体厚度。当给液晶施加电场,液晶的折射率椭球会改变方向,n_e 也会随之改变,这会产生光程差的变化并且也会造成相位的改变,而且不同的入射偏振角也会造成许多不同的变化。

4. 振幅调制与相位调制

如图 F.5.1.5 所示,在 xOy 平面上,Ox 轴与 Oy 轴分别对应非寻常光轴与寻常光轴,其折射率分别是 n_o 及 n_e,起偏器与 Ox 轴的夹角为 β,起偏器与检偏器的夹角为 χ,并将入射光强度归一化,因此入射光通过起偏器、空间光调制器、检偏器后的偏振态可以写为

$$\begin{bmatrix} E'_x \\ E'_y \end{bmatrix} = \begin{bmatrix} \cos^2(\beta-\chi) & \sin(\beta-\chi)\cos(\beta-\chi) \\ \sin(\beta-\chi)\cos(\beta-\chi) & \sin^2(\beta-\chi) \end{bmatrix} \cdot$$
$$\begin{bmatrix} \exp\left(-\mathrm{j}\, n_e\, \dfrac{\omega}{c} l\right) & 0 \\ 0 & \exp\left(-\mathrm{j}\, n_o\, \dfrac{\omega}{c} l\right) \end{bmatrix} \begin{bmatrix} \cos\beta \\ \sin\beta \end{bmatrix} \qquad (\text{F.}5.1.5)$$

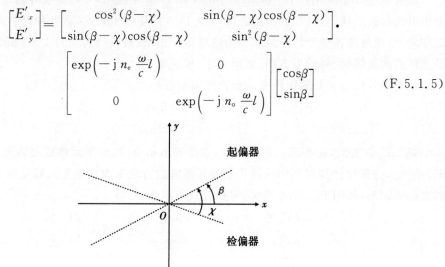

图 F.5.1.5　起偏器、检偏器与 x 轴的相对角度

穿透率 T 为

$$T = \cos^2\chi - \sin 2(\beta-\chi)\sin(2\beta)\sin^2\left[\frac{\pi}{\rho} l(n_e-n_o)\right] \qquad (\text{F.}5.1.6)$$

式中,ρ 为光波波长。当起偏器与 Ox 轴夹角为 $45°(\beta=45°)$、与检偏器夹角为 $90°(\chi=90°)$ 时,穿透率为

$$T_A = \sin^2\left[\frac{\pi}{\rho} l(n_e-n_o)\right] \qquad (\text{F.}5.1.7)$$

随着供给电压的不同(灰度不同),n_e 随之变化,由式(F.5.1.7)可知穿透率 T_A 会随着 n_e 呈二次正弦函数变化,此时空间光调制器工作在振幅调制模式。

当起偏器与 Ox 轴、检偏器的夹角均为 $0°$ 时,穿透率 T 为 1,单入射光的偏振方向与非寻常光轴相同,存在可电控的相位延迟:

$$\varphi = \exp\left(-\mathrm{j}\frac{2\pi}{\rho} l\, n_e\right) \qquad (\text{F.}5.1.8)$$

此时,空间光调制器工作在相位调制模式。

参 考 文 献

[1] 谭浩强. C 语言程序设计[M]. 5 版. 北京:清华大学出版社,2017.

[2] 陈维兴,林小茶. C++面向对象程序设计教程[M]. 北京:清华大学出版社,2000.

[3] 胡峪,刘静. Visual C++编程技巧与示例[M]. 西安:西安电子科技大学出版社,2000.

[4] 陈兵旗,孙明. Visual C++实用图像处理[M]. 北京:清华大学出版社,2004.

[5] 刘瑞祯,于仕琪. OpenCV 教程:基础篇[M]. 北京:北京航空航天大学出版社,2007.

[6] 井上诚喜,八木伸行. C 语言实用数字图像处理[M]. 白玉林,译. 北京:科学出版社,2003.

[7] 钟登华. 新工科建设的内涵与行动[J]. 高等工程教育研究,2017(3):1-6.

[8] 叶民,孔寒冰,张炜. 新工科:从理念到行动[J]. 高等工程教育研究,2018(1):24-30.

[9] 高松. 实施"新工科 F 计划",培养工科领军人才[J]. 高等工程教育研究,2019(4):19-25.